东方元素 在时装设计中的 创造性转化

唐俊◎著

四川大学出版社
SICHUAN UNIVERSITY PRESS

图书在版编目（CIP）数据

东方元素在时装设计中的创造性转化 / 唐俊著 .
成都：四川大学出版社，2024. 9. -- ISBN 978-7-5690-
7220-4

Ⅰ．TS941.2

中国国家版本馆 CIP 数据核字第 2024GH3150 号

书　　名：东方元素在时装设计中的创造性转化
　　　　　Dongfang Yuansu zai Shizhuang Sheji zhong de Chuangzaoxing
　　　　　Zhuanhua
著　　者：唐　俊

选题策划：梁　平　杨　果
责任编辑：梁　平
责任校对：孙滨蓉
装帧设计：裴菊红
责任印制：李金兰

出版发行：四川大学出版社有限责任公司
　　　　　地址：成都市一环路南一段 24 号（610065）
　　　　　电话：（028）85408311（发行部）、85400276（总编室）
　　　　　电子邮箱：scupress@vip.163.com
　　　　　网址：https://press.scu.edu.cn
印前制作：四川胜翔数码印务设计有限公司
印刷装订：成都市川侨印务有限公司

成品尺寸：170 mm×240 mm
印　　张：16.5
插　　页：12
字　　数：354 千字

版　　次：2024 年 10 月 第 1 版
印　　次：2024 年 10 月 第 1 次印刷
定　　价：78.00 元

本社图书如有印装质量问题，请联系发行部调换

扫码获取数字资源

四川大学出版社
微信公众号

彩图 1　华伦天奴
（2013 年）1

彩图 2　郭培
（2019 年）1

彩图 3　德赖斯·范·诺顿
（2012 年）

彩图 4　郭培
（2016 年）1

彩图 5　汤姆·福特
（2013 年）

彩图 6　华伦天奴
（2002 年）

彩图 7　香奈儿
（2010 年）1

彩图 8　三宅一生
（1995 年）1

彩图 9　保罗·波
烈（1912 年）

彩图 10　卡洛姐妹
（1922—1925 年）

彩图 11　特拉维
斯·班通（1926 年）

彩图 12　皮
埃尔·巴尔曼
（1969—1970 年）

彩图 13　皮
埃尔·巴尔曼
（1999 年）

彩图 14　卡洛姐妹
（1923—1924 年）

彩图 15　森英惠（1974 年）

彩图 16　伊夫·圣洛朗
（1977 年）

彩图 17　郭培
（2020 年）（1）

彩图 18　克里斯汀·迪奥
（2009 年）

彩图 19　詹巴迪斯塔·瓦利
（2013 年）

彩图 20　华伦天奴
（2013 年）2

彩图 21　华伦天奴
（2005 年）

彩图 22　罗伯特·卡沃利
（2009 年）

彩图 23　香奈儿
（1930 年）

彩图 24　郭培
（2016 年）2

彩图 25　郭培
（2019 年）2

彩图 26　伊夫·圣洛朗
（2004 年）

彩图 27　川久保玲
（2021 年）

彩图 28　香奈儿
（2010 年）2

彩图 29　华伦天奴
（2020 年）

彩图 30　乔治·阿玛尼
（2015 年）1

彩图 31　乔治・阿玛尼
（2015 年）2

彩图 32　乔治・阿玛尼
（2015）年 3

彩图 33　乔治・阿玛尼
（2015 年）4

彩图 34　乔治・阿玛尼
（2015 年）5

彩图 35　乔治・阿玛尼
（2015 年）6

彩图 36　乔治・阿玛尼
（2015 年）7

彩图 37　森英惠
（1989 年）

彩图 38　森英惠
（1966—1969 年）

彩图 39　三宅一生
（1995 年）2

彩图 40　三宅一生
（1993 年）

彩图 41　三宅一生
（1983 年）

彩图 42　三宅一生
（1989 年）

彩图 43　三宅一生
（1992 年）

彩图 44　米索尼
（20 世纪 70 年代初）1

彩图 45　米索尼
（20 世纪 70 年代初）2

彩图 46　罗伯特·卡沃利
（2005 年）

彩图 47　玛丽·卡特兰佐
（2011 年）

彩图 48　爱德华·莫利纳
（1924 年）

彩图 49　让娜·浪凡（1924 年）　　　　　　彩图 50　迈松·阿涅斯 – 德雷
科尔（1930 年）

彩图 51　香奈尔
（1984 年）

彩图 52　拉夫·劳伦
（2011 秋冬）

彩图 53　郭培
（2016 年）3

彩图 54　香奈儿
（1926—1927 年）
1

彩图 55　日本菊花秋草饰品盒

彩图 56　香奈儿
（1926—1927 年）2

彩图 57　德赖斯·范·诺顿
（2008 年）

彩图 58　华伦天奴
（2004 年）1

彩图 59　华伦天奴
（2004 年）2

彩图 60　华伦天奴
（2021 年）1

彩图 61　华伦天奴
（2021 年）2

彩图 62　森英惠
（1983 年）

彩图 63　郭培
（2020 年）2

彩图 64　克里斯汀·迪奥
（2022 年）

彩图 65　德赖斯·范·诺顿
（2011 年）1

彩图 66　德赖斯·范·诺顿
（2011 年）2

彩图 67　德赖斯·范·诺顿
（2011 年）3

彩图 68　西式礼服
（1927 年）

彩图 69　香奈儿
（2010 年）3

彩图 70　香奈尔
（2010 年）4

彩图 71　香奈尔
（2010 年）5

彩图 72　香奈尔
（2010 年）6

彩图 73　郭培
（2020 年）3

彩图 74　郭培
（2020 年）4

彩图 75　郭培
（2020 年）5

彩图 76　德赖斯·范·诺顿
（2006 年）

彩图 77　古驰
（2011 年）

彩图 78　罗伯特·卡沃利
（2003 年）

彩图 79　华伦天奴
（2013 年）3

彩图 80　华伦天奴
（约 1970 年）1

彩图 81　华伦天奴
（约 1970 年）2

彩图 82　保罗·波烈
（1919 年）

彩图 83　让－保罗·高缇耶
（2010 年）1

彩图 84　让－保罗·高缇耶
（2010 年）2

彩图 85　让－保罗·高缇耶
（2001 年）

彩图 86　川久保玲
（2007 年）1

彩图 87　川久保玲
（2007 年）2

彩图 88　川久保玲
（2007 年）3

彩图 89　川久保玲
（2007 年）4

彩图 90　川久保玲
（2007 年）5

彩图 91　古驰
（2016 年）

彩图 92　玛德琳·维奥内
（1917 年）

彩图 93　罗伯特·卡沃利
（2013 年）

彩图 94　罗伯特·卡沃利
（2014 年）

彩图 95　罗伯特·卡沃利
（2017 年）

彩图 96　罗伯特·卡沃利
（2018 年）1

彩图 97　罗伯特·卡沃利
（2018 年）2

彩图 98　华伦天奴
（1966 年）1

彩图 99　华伦天奴
（1966 年）2

彩图 100　华伦天奴
（2015 年）1

彩图 101　华伦天奴
（2015 年）2

彩图 102　华伦天奴
（2015 年）3

彩图 103　华伦天奴
（2015 年）4

彩图 104　华伦天奴
（2015 年）5

彩图 105　华伦天奴
（2019 年）1

彩图 106　华伦天奴
（2019 年）2

彩图 107　华伦天奴
（2022 年）1

彩图 108　华伦天奴
（2022 年）2

彩图 109　华伦天奴
（2019 年）3

彩图 110　华伦天奴
（2019 年）4

彩图 111　华伦天奴
（2019 年）5

彩图 112　华伦天奴
（2021 年）3

彩图 113　华伦天奴
（2019 年）6

彩图 114　华伦天奴
（2021 年）4

彩图 115　华伦天奴
（2021 年）5

彩图 116　伊夫·圣洛朗
（2004 年）

彩图 117　大红缂丝八团彩云
金龙女吉服袍（中国清代）

彩图 118　华伦天奴
（2013 年）1

彩图 119　华伦天奴
（2013 年）2

彩图 120　华伦天奴
（2013 年）3

彩图 121　华伦天奴
（2015 年）

彩图 122　马切萨
（2011 年）

彩图 123　古驰
（2020 年）

彩图 124　川久保玲
（1992 年）1

彩图 125　德赖斯·范·诺顿
（2013 年）1

彩图 126　川久保玲
（1992 年）2

彩图 127　德赖斯·范·诺顿
（2013 年）2

彩图 128　川久保玲
（1992 年）3

彩图 129　德赖斯·范·诺顿
（2013 年）3

彩图 130　马里亚诺·佛图尼
（约 1920 年）

彩图 131　华伦天奴·克利
门地·鲁德维科·加拉瓦尼
（1970 年）1

彩图 132　华伦天奴·克利
门地·鲁德维科·加拉瓦尼
（1970 年）2

前　　言

　　在当下，中国的时尚行业对传统文化的挖掘与运用已然成为一种自觉的实践。中国的服装设计师们大多都自觉地将传统文化与当下的流行一同思考。不过，将东方元素运用于时装设计中和东方元素在时装设计中的创造性转化并不是同一个概念。时装设计师对东方元素的运用包含了不同的意识形态。在诸多运用东方元素的时装作品中，只有一部分能称为对东方元素的创造性转化。说到底，东方元素在时装设计中的创造性转化实际上是一个如何看待东方文化的问题。若将东方元素的时装设计运用者区分为文化持有者及他者两类，则上述问题可被进一步细分：一是文化持有者在运用东方元素的时装设计实践中如何看待本民族的历史及文化；二是他者在运用东方元素的时装设计实践中如何看待东方异域的历史及文化。无论是否考量过以上问题，时装设计师在当下运用东方元素的实践活动中都不可避免地与过去的历史事实、当代艺术相关话题、设计师的身份等关联在一起。

　　20 世纪初期，保罗·波列等时装设计师对东方元素的运用就包含了设计要素类别的诸多方面，已有了风格类别的差异，并且涉及了身体、审美趣味等方面的考量。20 世纪至今一百多年的历程中，不同的历史及时代背景给予了运用东方元素的时装设计师不同的思考逻辑。东方时装设计师的参与让时装设计中对东方元素的运用形成了一种对话。对于当下的设计实践而言，这样的对话有助于我们思考历史文化遗产如何通过当下实践活动成为创造未来的基石及动力。然而，我们又不得不承认，当前以法国巴黎为中心的时尚行业把持着时尚品位的生产与塑造的特权。这似乎让当下的实践者的行动困难重重。好在时尚场域正在变得更加开放。在国际时装品牌提供流行提案及大众趋附流行的双向活动中，当下时代的大众有了更敏锐的思考能力，其选择也变得更为主动。

以带有文化偏见或殖民色彩的方式运用他者的文化元素，抑或忽视文化持有者及其文化符号内涵而将他者的文化元素运用于时装设计中的方式，被越来越多的人抵制。如何以更加客观的态度面对自我及他者的历史、当下以及未来，已经成为当前时装设计师已经讨论过并正在继续以不同方式讨论的话题。在这样的背景下，通过作品以更加开放的方式与过去及当前对东方元素的运用开展对话已是必然。

本书尝试界定适用于时装设计中的东方元素创造性转化的概念。第一章将时装设计中运用东方元素的历程归纳为三个阶段。第二章将时装设计中作为设计要素类别的东方元素分为材、形、色、艺、神五个层面。第三章从时装设计中运用东方元素所达成的结果的角度，将时装设计中运用东方元素的作品的主要风格归纳为装饰风格、前卫风格以及东方韵味三类。第四章将时装设计中运用东方元素的方法归纳为模仿法、分解组合法以及衍义法。第五章对东西方时装设计师运用东方元素时在身体、身份以及审美趣味上所采用的策略进行了比较。本书基于对东方元素在时装设计中创造性转化的讨论，提出东方韵味这种独特的、具有深刻东方思想内涵的时装风格。这种风格根植于东方传统思想及审美，是对隐性的东方元素深入挖掘及转化的结果。通过对东方元素在时装设计中创造性转化的讨论，我们得以窥见汉学主义、后现代美学、表面美学理论中存在的不足。这一讨论也得以让我们思考如何以东方思想回应时尚界一直回避的问题，以及应该以怎样的方式对时装史上运用东方元素的相关问题给予回应。

值得注意的是，东方元素的创造性转化是当下的时代命题。对东方元素在时装设计中的创造性转化的研究离不开设计师持续的实践与广大学者的参与。由于著者学识有限，本书的相关讨论不免浅薄，故本书旨在抛砖引玉，望能带来更多的思考与讨论。

2024 年 7 月于天水嘉园

目　　录

东方元素
在时装设计中的创造性转化

绪　　论

20世纪70年代以后，以西方为中心的时尚行业开启了新的发展模式，这种模式通过将非西方的文化符号运用在时装设计中获得媒体关注来提升品牌的影响力，从而形成扩张。来自亚洲、非洲、美洲等地区的文化符号被各大时装品牌运用在时装设计中。在这一背景下，20世纪80年代前后一批日本设计师为时尚界带来一股强烈的日本浪潮。高田贤三（Takada Kenzo）、三宅一生（Issey Miyake）、森英惠（Hanae Mori）、川久保玲（Rei Kawakubo）、山本耀司（Yohji Yamamoto）等设计师所创立的时装品牌为时尚界带来了全新的东方面貌。随着这些品牌逐渐成长为时尚界具有影响力的品牌，日本的服装行业被极大地带动了起来。

伊夫·圣洛朗（Yves Saint Laurent）、克里斯汀·迪奥（Christian Dior）、瓦伦迪诺（Valentino）、乔治·阿玛尼（Giorgio Armani）、罗伯特·卡沃利（Roberto Cavalli）、让－保罗·高缇耶（Jean-Paul Gaultier）等时装品牌多次将与中国文化密切关联的元素运用在其时装设计中，所带来的强烈反响极大地促进了这些品牌的发展。在几十年的发展历程中，川久保玲（Comme des Garcons）等日本设计师品牌在发展历程中培养的第二代日本设计师如渡边淳弥（Junya Watanabe）、津森千里（Tsumori Chisato）、山本里美（Limi Yamamoto）及高桥盾（Jun Takahashi）等相继创立自己的品牌，并在时尚界站稳了脚跟。中国本土设计师在21世纪最初的十年走向了世界时尚舞台。2007年，中国设计师马可和她的品牌无用（Wu Yong）开启了向时尚界展示东方文化的新方向，马可在巴黎时装周上先后展示了高级成衣及高级定制系列作品。随着借鉴东方文化元素的时装品牌覆盖面越来越广，与东方文化关联的时装设计作品成了炙手可热的时尚商品。中国的时尚设计力量也进一步在国际上得以彰显。以郭培（Guo Pei）、许建树（Laurence Xu）为代表的中国设计师在定制服装设计方面不断地向世界展示中国传统文化的魅力。2016 年郭培受邀成为法国高级时装工会会员，成了中国在时尚领域向世界展示中国文化内涵的新起点，打开了中国本土设计师在时尚领域话语权的新局面。近年来，在中国努力追赶西方时尚产业的进程中，王陈彩霞（Shiatzy Chen）、谢锋（JEFEN）、梁子（天意·TANGY、TANGY collection）、熊英（HEAVEN GAIA）在自己的品牌中注入独特的东方之美，并向世界展示。此外，中国的年轻设计师也在四大国际时装周上用作品呈现着中国文化的魅力，如王汁（Uma Wang）、张卉山（Huishan Zhang）、高雪（Snow Xue Gao）、王逢陈（Feng Chen Wang）、陈安琪（Angel Chen）、罗禹城（Calvin Luo）等。曼尼什·阿若拉（Manish Arora）及拉胡尔·米什拉（Rahul Mishra）作为印度时装设计师的杰出代表，在巴黎时装周上向世界展示着印度传统文化与当下时尚的融合。

东方之美的影响力在时尚界不断扩大的现象带来了一系列围绕东方元素或东方设计师的时装设计作品展览。纽约时装技术学院博物馆举办了《中国时尚：东方遇见西方》展览。2014 年纽约大都会博物馆举办了《川久保玲：边界之间的艺术》展览。2015 年大都会博物馆在中国艺术展区和安娜·温图尔时装中心举办了名为《中国："镜花水月"》的服饰展览。2016 年 9 月美国丹佛艺术博物馆举办了《激波：日本时装设计，1980—90 年代》展览。伦敦维多利亚和阿尔伯特博物馆在"动感时尚"活动中先后展出了高田贤三、山本耀司、马可、郭培等时装设计师的作品。以上这些较有代表性的展览回顾了东方文化对时装设计的影响历程，凸显了东方文化对以西方为主导的时尚行业的影响，进一步推动了在时装设计中盛行的东方热潮成为一种更为广泛的流行。此外，一些和西方设计师一同展出的展览凸显了日本设计师的杰出贡献。如纽约时装技术学院举办的《三个女人》展览、伦敦维多利亚和阿尔伯特博物馆展出的《激进时代》展览等。

在文化自信的时代背景下，国内大量的服装品牌及独立设计师从传统文化中汲取灵感开展设计。为促进中国传统文化在服装设计实践中的有效转化，近年来国内相关学者将目光聚集于对传统文化的挖掘，除了理论研究外，更多的学者以理论与实践结合的方式从各个方面探索传统文化与现代服饰设计的结合。以上各方面的共同作用有力地促进了国潮的兴起，促进了年轻一代消费者对古今对话、用新载体承载历史文化的接纳，极大地推动了国内对传统审美的回归。《2019—2020 中国服装行业发展报告》显示，过去很长一段时间内中国过度追捧"洋货"、崇尚西方商业文化的现象如今转变为对中国品牌的关注，国货的品质、创意正在得到越来越多的年轻消费者的认可①；"新国风"的兴起使得很多中国品牌借助"国潮化"完成了品牌形象升级焕新②。《2023—2024中国服装行业发展报告》显示，"国潮""新中式"等中国本土化时尚趋势促进了中国服装品牌将传统元素、民族精神与世界潮流的融合，所凸显的风格定位及文化内涵增强了品牌品质、特色、时尚吸引力及影响力③。

伴随着近几年国潮兴起，一些人士从西方审美的视角对中国传统文化不加选择的滥用现象引发了人们对什么才是真正的东方之美的反思。尽管中国时装设计师迈出了走向世界的步伐，但中国在国际上有着较大影响力的时装品牌的数量极其甚微。面对西方品牌对时尚流行的强大操纵能力，中国在时尚界的主动权依然难以显示。《2019—2020中国服装行业发展报告》显示，中国服装品牌运作能力仍然偏低，纺织服装市场仍然任重道远④。《2020—2021中国服装行业发展报告》指出，疫情暴发前，全球服装产业分工遵循的是效率优先、成本最小化的逻辑，已经发展形成了发达国家从事研发设计和品牌营销、发展中国家从事加工制造的全球价值链分工格局⑤；2020年全球奢侈品市场下降23%，但中国作为2020年全球奢侈品消费唯一增长国家，奢侈品消费增长45%，达到440亿欧元⑥。近年来因国内要素成本特别是劳动力成本大幅上升，加之中美贸易摩擦造成关税成本上升，中国服装产业外移压力持续增大⑦。《2021—2022中国服装行业发展报告》显示，我国在国际服装市场的占比正逐渐下降。海外订单回流形势或将逐渐消退，国际采购订单布局的再调整将进一步加剧我国服装出口的竞争压力⑧。2022年我国对传统市场服装出口占比下降⑨；东南亚国家服装产业的快速发展及部分西方国家推行"去中国化"策略助推了全球服装供应链格局的新演变，给我国服装出口造成了较大压力⑩。《2023—2024中国服装行业发展报告》显示，2023年我国服装出口额同比下降7.8%，出口量同比下降1.0%，出口单价同比下降6.9%⑪。可见欧美

---

① 中国服装协会：《2019—2020中国服装行业发展报告》，中国纺织出版社，2020年，第38页。
② 中国服装协会：《2019—2020中国服装行业发展报告》，中国纺织出版社，2020年，第98页。
③ 中国服装协会：《2023—2024中国服装行业发展报告》，中国纺织出版社，2024年，第14页。
④ 中国服装协会：《2019—2020中国服装行业发展报告》，中国纺织出版社，2020年，第46页。
⑤ 中国服装协会：《2020—2021中国服装行业发展报告》，中国纺织出版社，2021年，第54页。
⑥ 中国服装协会：《2020—2021中国服装行业发展报告》，中国纺织出版社，2021年，第95页。
⑦ 中国服装协会：《2019—2020中国服装行业发展报告》，中国纺织出版社，2020年，第54页。
⑧ 中国服装协会：《2021—2022中国服装行业发展报告》，中国纺织出版社，2022年，第18页。
⑨ 中国服装协会：《2022—2023中国服装行业发展报告》，中国纺织出版社，2023年，第8页。
⑩ 中国服装协会：《2022—2023中国服装行业发展报告》，中国纺织出版社，2023年，第15页。
⑪ 中国服装协会：《2023—2024中国服装行业发展报告》，中国纺织出版社，2024年，第43页。

发达国家稳居全球服装产业上游，中国对国外奢侈品的依赖指数依然居高不下，在全球服装产业中的地位并未有实质性的转变。《中华人民共和国国民经济和社会发展第十四个五年规划和 2035 年远景目标纲要》提出，在"十四五"期间要"传承弘扬中华优秀传统文化，深入实施中华优秀传统文化传承发展工程……推动中华优秀传统文化创造性转化、创新性发展"[1]。如何以可持续的方式促进传统文化在时装设计中的创新与转化、促进中国时装设计在国际上开创新局面，并以此带动中国服装产业的发展，依然是中国时装设计领域面临的重要问题。《2023—2024 中国服装行业发展报告》明确指出，传统文化底蕴与时代时尚元素的碰撞赋予产品和品牌新的精神与情感共鸣，支撑服装品牌和产品创新性发展，强化时尚文化赋能成为服装企业提升品牌创新能力的关键。要把中华文化精神和文化要素注入设计、研发、生产、营销、服务等运营全流程，促进传统民族文化、现代潮流文化等资源在品牌建设中的融合应用，实现创意形式、创意内容的突破和创新，着重提升优秀文化的品牌承载力，进一步增进文化自信和市场认同，提升服装行业时尚发展软实力[2]。

从 20 世纪 70 年代起，大量时装品牌将东方元素运用于设计中，并以此推动扩张，这对促进形成当前世界服装行业的全球价值链分工格局发挥了重要作用。20 世纪 90 年代，LVMH 集团旗下的时装品牌大量运用东方元素，促进了该集团迅速获得垄断地位。从 20 世纪 80 年代起，日本、中国、印度时装品牌先后走向国际舞台的发展历程，凸显了东方元素对时尚流行的影响力在不断扩大。本书将对时装设计中运用东方元素的元素类别、作品风格、转化方法、策略等方面开展详细的研究与总结，这对系统地研究东方元素对世界时装发展史的影响具有一定的学术价值。当前我国服装行业正处于转型的重要时期，我国时装品牌致力于在设计中挖掘传统文化，以加快追赶西方的步伐，本研究的开展有利于我国时装品牌吸取国际时装品牌在时装设计中运用东方元素的成功经验，加快转型发展的进程。

与东方文化相关的元素在时装设计中的运用十分普遍，但学术界尚未对东方元素这一概念的内涵和外延做出界定。美国的爱德华·W. 萨义德（Edward W. Said）根据东方在西方经验中的位置提出的"东方学"（Orientalism）[3]的

① 《中华人民共和国国民经济和社会发展第十四个五年规划和 2035 年远景目标纲要》，http://www.gov.cn/xinwen/2021-03/13/content_5592681.htm。
② 中国服装协会：《2023—2024 中国服装行业发展报告》，中国纺织出版社，2024 年，第 22 页。
③ 国内一般将"Orientalism"翻译为"东方主义"。

概念①引起了国外时装设计研究学者的讨论。安德鲁·博尔顿（Andrew Bolton）批判萨义德带有西方霸权和排他主义的偏见，认为过去及当前西方对东方元素的运用都凸显了跨文化交流的内涵，因此"东方学"的传统和惯例实则更为广泛②。澳大利亚的亚当·盖奇（Adam Geczy）在承认文化挪用在理论层面上存在争议的前提下，基于资本主义的现代性特征提出"跨东方主义"（transorientalism）概念③，凸显了东方元素在西方文化运用中的复杂情境。国内的相关研究中，在马丽媛的《爱默生思想中的东方元素新探》④ 及卢家华的《唯道集虚——巴尔蒂斯风景画中的东方元素》⑤ 等成果中，东方元素都是其中的重要概念，但二者并未提及何为东方元素。

国内关于时装设计中运用东方元素的研究涉及中国的成果较多，其次为日本。其中在与东方元素的概念有关联的成果中，李宁界定了中国元素的概念，认为中国元素是中国传统文化的缩影和高度提炼，并指出中国元素在历史层面包含传统、现代两个方面，在性质层面包含显现和隐性两个方面⑥。潘洁将中国元素定义为"源于中华文化，而且认同于中华民族，能够表现出民族尊严以及利益的一种元素，并能够体现出中华文化精神"⑦。相关研究对东方元素这一概念的运用存在概念混淆的情况，如郑欣在分析东方元素在郭培时装中的运用时就几乎将东方元素等同于中国传统元素⑧。

国外的相关研究大多以地区或国家对元素类别进行区分。国内关于东方元素在时装设计中的运用研究，多从微观层面围绕传统图案、服饰及技艺、禅学思想等某个极具东方特色的元素开展。相关研究肯定了设计元素的重要性。肖劲蓉认为品牌服装的设计元素是服装中最有价值的部分，每个元素都能影响消费者对品牌的认知和忠诚程度⑨。宏观层面上的涉及元素分类的探讨众多，但关注设计要素的成果较少。刘晓刚的论文《基于服装品牌的设计元素理论研究》根据品牌服装的特点，结合模糊理论，构建了品牌服装设计元素理论的框

① 爱德华·W. 萨义德：《东方学》，王宇根译，生活·读书·新知三联书店，1999年，第3页。
② 安德鲁·博尔顿：《镜花水月：西方时尚里的中国风》，胡杨译，湖南美术出版社，2017年，第18页。
③ Adam Gecy：Fashion and Orientalism：Dress，Textiles and Culture From the 17th to the 21th，Bloomsbury Academic，2013：19－20.
④ 马丽媛：《爱默生思想中的东方元素新探》，北京外国语大学，2016年。
⑤ 卢家华：《唯道集虚——巴尔蒂斯风景画中的东方元素》，中国美术学院，2016年。
⑥ 李宁：《关于中国元素在高级定制时装中的应用研究》，东华大学，2010年，第12～14页。
⑦ 潘洁："中国元素"服装品牌的跨文化传播研究》，武汉纺织大学，2015年，第6页。
⑧ 郑欣：《东方元素在郭培时装中的运用》，哈尔滨师范大学，2019年，第3～7页。
⑨ 肖劲蓉：《论服装中设计元素的符号化》，《纺织学报》，2010年，第1期，第124页。

架内容，并划分了品牌服装在物质状态条件中设计元素的具体内容，将品牌服饰中的设计元素分为造型、色彩、面料、图案、部件、装饰、辅料、形式、搭配、结构、工艺，并指出这些设计元素中存在着隐性的设计元素[①]。李宁在《关于中国元素在高级定制时装中的应用研究》中认为中国元素包含传统、现代、显性、隐性的方面，并将中国元素划分为质、形、色、艺、神几个层面[②]。其研究凸显了东方元素的精神性及现代层面。尽管李宁对设计要素各层面的内涵和外延研究不是太清晰，每个方面的具体分类与整理也有待进一步完善，但却凸显了设计要素中不可见的精神部分，以及中国元素中的现代层面。

国外学者认可时装设计作品中东方设计师因运用东方元素而形成的独特性，但这种独特性并未作为一种体现东方美学特征的风格获得西方学术界的一致认可，相关研究凸显了西方文化的中心地位。英国的玛尼·弗格（Marnie Fogg）在《时尚通史》中提及保罗·波烈（Paul Poiret）、加布里埃·香奈儿（Gabrielle Chanel）、杰西·富兰克林·特纳（Jessie Franklin Turner）等设计师都在不同程度上运用了东方元素[③]，并认为森英惠、高田贤三、川久保玲、三宅一生、山本耀司对东方元素的运用为西方时尚引入了新的审美品位，他们的相关设计消除了东方与西方、时尚与反时尚等界限[④]。玛尼·弗格认为山本耀司为运动品牌 Y-3 带来了独特的日本和服结构及俳句诗特征，一些款式甚至无法被归入特定的运动类别[⑤]。美国的瓦莱丽·斯蒂尔（Valerie Steele）和约翰·S. 梅杰（John S. Major）在《中国时尚：东方遇见西方》（*China Chic：East Meet West*）中将西方设计师借鉴中国元素所形成的服饰风格称为异域风情[⑥]。安德鲁·博尔顿在《镜花水月：西方时尚里的中国风》一书中试图以后现代的构建方式将时装品牌服饰中呈现的"中国风"归到"东方主义"风格中[⑦]。这种方式通过"表面美学"隐藏了文化挪用者的中心地位。《川久保玲：边界之间的艺术》的展览及同名著作围绕后现代艺术创作的主要话题展

① 刘晓刚：《基于服装品牌的设计元素理论研究》，东华大学，2005 年，第 25～27 页。
② 李宁：《关于中国元素在高级定制时装中的应用研究》，东华大学，2010 年，第 3～7 页。
③ 玛尼·弗格：《时尚通史》，陈磊译，中国画报出版社，2020 年，第 215～225 页。
④ 玛尼·弗格：《时尚通史》，陈磊译，中国画报出版社，2020 年，第 402～403 页。
⑤ 玛尼·弗格：《时尚通史》，陈磊译，中国画报出版社，2020 年，第 541 页。
⑥ Valerie Steele, John S. Major：China Chic：East Meet West. Yale University Press, 1999：70.
⑦ 安德鲁·博尔顿：《镜花水月：西方时尚里的中国风》，胡杨译，湖南美术出版社，2017 年，第 19 页。

开①，凸显了日本传统文化对时装设计师川久保玲的巨大影响，但未在服饰风格上做出讨论。

国内部分学者试图呈现时装设计中运用东方元素的独特风格，但对来自东西方的设计师运用东方元素的作品在风格类别上的差异关注甚少。王受之的《世界时装史》②在梳理 20 世纪西方时装史时提及东方文化对一些设计师的影响。刘晓刚和崔玉梅指出划分服装风格的角度较多，不同的划分标准会赋予服装风格不同的含义及称呼，二者将汲取东西方民族文化相关的元素所形成有复古气息的服饰风格称为民族风格③。王晓威将服装风格分为民族、历史、艺术及后现代思潮四个大的类别，其中民族风格包含中国、日本、波希米亚、非洲、印第安及西部牛仔六种风格④。王嘉睿⑤、邓乔云⑥、张莹⑦等学者的研究体现了日本传统文化对时装设计的影响。其中王嘉睿的成果表明，日本传统美学对时装设计的具体影响是侘寂风格的呈现，并指出这种风格存在于日本、中国、乌克兰、比利时等地区的时装设计师作品中⑧。陈彬的著作《时装设计风格》⑨主要基于西方服装发展脉络梳理服装的风格，其风格的划分体现了时代潮流对服饰风格的影响。周梦侧重于从东西方传统服饰风格的比较及融合进行探讨⑩，刘天勇和王培娜的《时装设计中的民族元素》研究了东方民族元素对时装设计的影响⑪。以上学者对服饰风格的研究成果未具体讨论时装设计中运用东方元素的作品风格问题。学术界未注意到来自东西方的设计师运用东方元素的作品在服饰风格方面不仅存在近似特征，而且存在明显的差异。学术界尚未就此开展细致的分类整理研究。

东方元素在时装设计中的运用方法方面并非西方学者的关注重点。国内与本研究关联的成果中较具代表性的有：李宁在《关于中国元素在高级定制时装中的运用研究》中基于设计元素提及的设计手法有装饰、拼接、分解和层次，

---

① 安德鲁·博尔顿、川久保玲：《川久保玲：边界之间的艺术》，王旖旎译，重庆大学出版社，2019 年，第 6～9 页。

② 王受之：《世界时装史》，中国青年出版社，2003 年。

③ 刘晓刚、崔玉梅：《基础服装设计》，东华大学出版社，2015 年，第 227 页。

④ 王晓威：《服装设计风格鉴赏》，东华大学出版社，2008 年，前言第 1 页。

⑤ 王嘉睿：《现代服装设计中侘寂美学风格研究》，东华大学，2021 年。

⑥ 邓乔云：《"反时尚"设计理念在时装设计中的表现与应用》，中央美术学院，2019 年。

⑦ 张莹：《禅学思想对日本现代服饰的影响研究》，浙江理工大学，2015 年。

⑧ 王嘉睿：《现代服装设计中侘寂美学风格研究》，东华大学，2021 年，第 6～7 页。

⑨ 陈彬：《时装设计风格》，东华大学出版社，2009 年。

⑩ 周梦：《传统与时尚：中西服饰风格解读》，生活·读书·新知三联书店，2011 年，第 31 页。

⑪ 刘天勇、王培娜：《时装设计中的民族元素》，化学工业出版社，2018 年，第 55 页。

在形的层面主要为夸张、解构、易位、简化、打散、切割、变异①。吴建华认为中国传统艺术元素在服装及陈列设计中的运用方法有直接运用及运用转化两种方法②。朱凯迪将国外设计师运用中国元素的方法归纳为局部点缀法、解构法、夸张法③。赵晓在《民族服饰创意设计方法研究》中提及的设计方法有联想与想象（以点带面、再造想象、二次抽象）、解构与重组（异元同构、破形再构、意象重构）、符号与变异（原形变异、逆向变异、抽象变异）④。刘天勇及王陪娜在《时装设计中的民族元素》一书中提及时装设计可以借鉴民族服饰的造型结构、色彩图案、工艺技法，相关的创新方法为直接运用法、打散重构法、联想法、再创法⑤。以上关于方法的总结未能明显地体现层次差异，对东方文化在时装设计中精神层面的转化关注较少。

学术界并未对"创造性转化"一词进行界定。在相关研究中，西方设计师借鉴东方元素时对东方历史传统及语境的缺失现象引起了一些学者的关注。美国的安德鲁·博尔顿认为在时装品牌服饰设计中西方设计师的相关运用呈现的是一种"表面美学"⑥。澳大利亚的亚当·盖奇认为当前的时装设计中东方元素的运用被植入了交流、互换、重新翻译和再想象的情境⑦。

在关于时装设计创造性转化的研究中，国外学者多基于西方现代及后现代的宏大理论，就时尚与身体、身份方面开展探索，间接呈现出设计师将身份及身体意识作为一种策略来对待。法国皮埃尔·布尔迪厄（Pierre Bourdieu）认为时尚是一个由特定合法性垄断的竞争所统治的场域⑧。该场域分为限制性生产和大规模生产两个子场域，时尚因提高自身地位并将自身神圣化的需要而引用高雅文化。日本川村由仁夜（Yuniya Kawaamura）对巴黎时尚界的日本浪潮的研究呈现了日本设计师基于东方传统文化抵抗流行的策略⑨。其成果弥补了时尚场域理论对时装设计借鉴其他文化的现象缺乏阐释力的缺陷。伊丽莎

① 李宁：《关于中国元素在高级定制时装中的应用研究》，东华大学，2010年，第36～41页。
② 吴建华：《中国传统艺术元素在服装及陈列设计中的运用研究》，苏州大学，2019年，第14～17页。
③ 朱凯迪：《"中国风"服装设计的分析及应用》，天津工业大学，2017年，第20～21页。
④ 赵晓：《民族服饰创意设计方法研究》，内蒙古工业大学，2016年，第17～51页。
⑤ 刘天勇、王陪娜：《时装设计中的民族元素》，化学工业出版社，2018年，第61～140页。
⑥ 安德鲁·博尔顿：《镜花水月：西方时尚里的中国风》，胡杨译，湖南美术出版社，2017年，第19页。
⑦ Adam Gecy：Fashion and Orientalism：Dress，Textiles and Culture From the 17th to the 21th，Bloomsbury Academic，2013：19－21.
⑧ 即独家权利构成了合法性的区分象征。
⑨ 川村由仁夜：《巴黎时尚界的日本浪潮》，施霁涵译，重庆大学出版社，2018年，第213页。

白·威尔逊（Elisabeth Wilson）继承了沃尔特·本杰明（Walter Benjamin）关于现代性的观点。其著作《梦想的装扮：时尚与现代性》探究了服饰的多面生态和模糊地带，否定了过去将时尚视为纯女性的领域，认为服饰所具备的三重意义来自资本主义本身、身份、艺术的用途及意义①。英国学者安格内·罗卡莫拉（Agnès Rocamora）与荷兰学者安妮克·斯莫里克（Anneke Smelik）的著作《时尚的启迪：关键理论家导读》②汇编了国外不同学者运用当代理论对当前著名设计师的时装设计作品进行研究的成果。书中英国的简·泰南（Jane Tynan）运用了米歇尔·福柯（Michel Foucault）的方法研究时尚，认为时尚的实践中包含了对身体规训的强调③。日本鹫田清一（Kiyokazu Washida）基于身体哲学对川久保玲与山本耀司时装设计的研究成果表明，他们二者的设计体现了"破、解、离"的身体美学④。其成果为研究东方设计师运用东方文化相关元素的策略提供了重要参考。澳大利亚的亚当·盖奇（Adam Geczy）和新西兰的维基·卡拉米娜（Vicki Karaminas）的《时尚的艺术与批评》⑤一书表明，时装设计师维维安·韦斯特伍德（Vivienne Westwood）和川久保玲在设计方法和创作态度方面的内涵和价值在于放弃了身体和服装的依存关系，在不受旧有偏见和期待的影响下独立创作并实现了对神话的创造。印度的阿尔蒂·考拉（Aarti Kawlra）在对日本和服的研究中认为三宅一生的"一块布"（简称A-POC）设计体现了和服中存在的抽象身体意识⑥。

　　国内对时装设计中的创造性转化的理论研究尚处在起步阶段，相关成果强调了传统文化在适应新环境时既要保持变革与文化价值认同的统一，又要充分发挥自主能力，还要基于此创造新的国际话语权，但并未将时装设计活动中形塑身体、身份的意识作为一种策略来研究。1971年林毓生针对五四运动中对中国传统文化的全盘否定，在《殷海光先生一生奋斗的永恒意义》一文的注释

---

　　①　伊丽莎白·威尔逊：《梦想的装扮：时尚与现代性》，孟雅、刘锐、唐浩然译，重庆大学出版社，2021年，第25页。

　　②　安格内·罗卡莫拉、安妮克·斯莫里克：《时尚的启迪：关键理论家导读》，陈涛、李逸译，重庆大学出版社，2021年。

　　③　简·泰南：《形塑身体政治》，《时尚的启迪：关键理论家导读》，陈涛、李逸译，重庆大学出版社，2021年，第259页。

　　④　鹫田清一：《古怪的身体》，吴俊伸译，重庆大学出版社，2015年，第304页。

　　⑤　亚当·盖奇、维基·卡拉米娜：《时尚的艺术与批评》，孙诗淇译，重庆大学出版社，2019年。

　　⑥　Aarti Kawlra：The Kimono Body，Fashion Theory，2015（4）：304.

中首次提及中国传统文化"创造的转化"这一词①；并在 1972 年的《五四时代的激烈反传统思想与中国自由主义的前途》一文中正式提出中国传统"创造的转化"② 的命题③。林毓生在《中国传统的创造性转化》一书汇编了上述两篇文章。该书强调了要在时代变迁中保持传统文化的变革与文化价值认同的统一④。费孝通则提出要以"自知之明"的态度形成文化自觉，这种"自知之明"强调了在适应新环境、新时代时对文化转型的自主能力⑤。刘京臣在《"两创"：扬中华优秀传统文化的根本遵循》中认为创造性转化侧重于强调现代化转型⑥。周梦在《传统与时尚：中西服饰风格解读》一书中提出要将民族文化抽象的"神"外化为一种国际性语言，实现对国际化时装语言的重建⑦。在国内为数不多的关于时装设计与身体意识方面的研究中，较有代表性的是佘潇潇的研究。其研究认为三宅一生的设计作品在外观设计的形态、结构及目的方面呈现出身体化的特征⑧。

"东方"一词在地域上通常指欧洲以东的整个亚洲。但在文化上，"东方几乎是被欧洲人凭空创造出来的地方，自古以来就代表着罗曼司、异国情调、美丽的风景、难忘的回忆、非凡的经历"⑨。澳大利亚的亚当·盖奇认为"东方"是一个易变且模糊的概念。时装设计史中的"东方"一词与异国情调及非西方服饰传统密切关联。起初具有俄罗斯、北非、中东、东亚等地区服饰元素的服饰都被冠以"东方"之名。如保罗·波烈 1911 年以俄罗斯芭蕾舞团的演出为灵感来源，混合中东地区服饰特征所推出的"一千零二夜"时装派对的服饰被叫作"东方风格"。王受之在《世界时装史》中明确地认为保罗·波烈的"东方系列，与其说受东亚的影响，还不如说受俄罗斯的影响更大"⑩。保罗·波烈此前借鉴古希腊服饰或北非服饰的特征所设计的款式，也因呈现异域风情特征而被认为具有"东方"特点。在这些案例中，我们可以见到非西方服饰传统是如何被定义为"东方风格"的。吴海燕认为无论"东方"的外延清晰与否，

---

① 林毓生：《中国传统的创造性转化》，生活·读书·新知三联书店，1988 年，第 316 页。
② 文中主要指儒家人文主义。
③ 林毓生：《中国传统的创造性转化》，生活·读书·新知三联书店，1988 年，第 193~194 页。
④ 林毓生：《中国传统的创造性转化》，生活·读书·新知三联书店，1988 年，第 193~194 页。
⑤ 费孝通：《文化的重建》，华东师范大学出版社，2014 年，第 160~161 页。
⑥ 刘京臣：《"两创"：扬中华优秀传统文化的根本遵循》，《文学遗产》，2018 年，第 5 期，第 25 页。
⑦ 周梦：《传统与时尚：中西服饰风格解读》，生活·读书·新知三联书店，2011 年，第 39 页。
⑧ 佘潇潇：《三宅一生设计中的身体意识研究》，武汉纺织大学，2020 年，第 22 页。
⑨ 爱德华·W. 萨义德：《东方学》，王宇根译，生活·读书·新知三联书店，1999 年，第 1 页。
⑩ 王受之：《世界时装史》，中国青年出版社，2003 年，第 36 页。

从要义上来说"东方"属于社会文化范畴①。上文提及玛尼·弗格在《时尚通史》中认为日本时装设计师消除了东方与西方的界限，她所指的东方和西方主要是从服饰传统方面而言——来自西方传统的立体成型的构筑式体系以及东方文化中服饰平面性所具有的非构筑式体系。王受之在《世界时装史》中关于"东方"一词的论述同样体现了东西方服饰传统的差异。在时装设计作品中，抛开那些常见的将世界各地区传统或现代的文化杂糅的主题，即便在明显呈现东方传统文化的主题中，我们依然可以看到混淆亚洲不同地区传统文化的现象十分常见。西方时装设计师的相关作品也常常将具有典型日本传统和典型中国传统的纹样或服饰特点混合在同一场发布会中，如时装品牌克里斯汀·迪奥2003年春夏高级定制系列、德赖斯·范·诺顿（Dries Van Noten）的2012年秋冬高级成衣系列、艾丽·萨博（Elie Saab）2019年秋冬的高级定制系列等。如此看来，若要在时装设计中对东方一词圈定一个范围，那么必然要能与不同于西方服饰传统的东方悠久的历史文化传统关联。从服装史研究的惯例方面而言，与欧洲服装文化立体成型构筑式体系不同，并且在地理上位于欧洲文化中心以东的地区都被纳入东方的范围。东亚及南亚地区具有悠久服饰文化传统的国家，如中国、日本及印度，是在相关研究中被列为东方范畴的典型代表。从时装设计中的实际情况来看，在亚洲地区尤其是东亚及南亚地区，中国、日本及印度的传统及现代文化对时装设计的实际影响明显而突出。参考服装史研究的惯例、地理上东方的含义，以及时装设计中的实际情况，本书所指的东方为以中国、日本及印度三个国家为重点，具有悠久服饰文化传统的亚洲地区。

　　元素，一般指化学元素②。该词常被衍生或与其他词语组合后用于表示事物的组成部分。界定适用于时装设计中的东方元素的概念，不能割裂东方国家的历史传统，因为东方国家的服饰传统根植于其文化传统中。东方服饰作为独特的东方之美的一部分，既包含服饰这种可见的物质形态，也包含蕴含在其中的美的观念和精神内涵。服饰传统随历史的变化而不断演化，直至当下时代依然处在演化之中。因此东方服饰传统中无论是显性的部分，还是隐性的部分都是与时俱进的。东方文化中被当前时装设计所吸纳的要素既包含过去的，也包含现代的，有借鉴东方传统服饰的情形，还有将东方文化精神结合当下审美来表现的情形。在历史演化的进程中，一些过去并不曾有的新的事物被逐渐认同

---

① 吴海燕：《"东方设计学"——文明进化的必然》，《2017年中国创意设计峰会论文集》，浙江省科学技术协会，2017年，第93页。

② 辞海编辑委员会：《辞海》，上海辞书出版社，1989年，第1718页。

为一个民族不可或缺的一部分。比如在西方文化的影响下,中国近现代历史上基于满族女性传统服饰演变出的新样式——"旗袍"被如今的中国人认为是体现东方之美的传统服饰。概括地说,运用在当前时装设计中的东方元素主要是长期居住于亚洲地区的族群在历史上使用并且认同的传统或现代的文化元素,这些元素既有显性的也有隐性的。显性的东方元素以形而下的物质状态呈现,如东方的文字、自然景观、历史建筑、传统绘画、历史文物、服饰、戏剧、音乐、文学作品等,而且一些现实中不存在的事物但在历史中形成了一种相对固定的形象,如龙、凤、麒麟等也属于显性的东方元素。隐性的东方元素则是形而上的哲学思想、审美观念、文化精神。因涉及亚洲地区的范围较广,本书论述亚洲具体地区的元素时将以国家或片区结合具体的元素类别进行区分,如中国建筑元素、中国传统图案、东方禅学思想等。

"创造"在《辞海》中的含义是"做出前所未有的事情"①。"转化"为转换、变化之意。事物转变其原来的性质,化而成为另一种本质截然不同的事物即为转化。而从中文的词义上来看,"创造"与"转化"的结合凸显的是人们通过思维活动或实践将某事、某物化而形成新的事物,但转化一词在不同的学术领域中有不同的含义。

林毓生提及的"创造的转化"概念是基于五四运动对中国传统文化的全盘否定的现象,以及我们要如何正确地面对中国传统文化等问题反思的结果,凸显了对传统文化变革的特征。费孝通提出的"自知之明"是对中国传统文化该如何适应新环境以实现文化转型的思考结果,其对自主能力的强调则凸显了文化内部对变革的主导。《习近平总书记系列重要讲话读本》一书指出,"创造性转化,就是要按照时代特点和要求,对那些至今仍有借鉴价值的内涵和陈旧的表现形式加以改造,赋予其新的时代内涵和现代表达形式,激活其生命力"②。这一论述强调了作为中华文化持有者的我们在面对当代现实时,应从内涵及形式挖掘中华优秀传统文化的自主性和能动性。顾明栋在《汉学主义:东方主义与后殖民主义的代替理论》一书中认为,汉学主义"是一种在西方中心主义的意识形态、认识论、方法论和西方视角的指导下所进行的有关中国的知识生产,并因中国人和非西方人的参与而异常错综复杂"③。"由于席卷世界的全球化,汉学主义已然成为一种以中国为内容、生产商是世界各地的知识分子,而

① 辞海编辑委员会:《辞海》,上海辞书出版社,1989年,第479页。
② 中共中央宣传部:《习近平总书记系列重要讲话读本(2016年版)》,学习出版社、人民出版社,2016年,第203页。
③ 顾明栋:《汉学主义:东方主义与后殖民主义的代替理论》,商务印书馆,2015年,第20页。

消费者则是世界各地的人们的知识性商品。"① 顾明栋强调由于中国的知识生产主体在知识生产过程中意识形态、认识论、方法论视角的不同而带来的知识生产结果的巨大差异。时装设计中运用东方元素的情况与顾明栋认为的汉学主义中的情形不完全相同，在时装设计的实践活动中，除了有西方时装设计师对东方元素的选择性运用外，一些文化持有者如日本、中国、印度等地区设计师的参与，使得时装设计中对东方元素的运用还存在着设计师对本国传统及现代元素的阐释、挖掘与再创造。

　　詹姆斯·O. 扬（James O. Young）认为，一种文化的成员对另一种文化产品的所有使用行为都应该被视为文化挪用②。他归纳了文化挪用的五种类型，包括"物品挪用"（object appropriation）、"内容挪用"（content appropriation）、"风格挪用"（style appropriation）、"母题挪用"（motif appropriation）、"题材挪用"（subject appropriation）③。其中"挪用一种文化的风格或模式，但不按照该文化的习惯来使用他们"④ 是内容挪用中的创新性挪用。文化差异在这一过程中带来误解似乎确实难以避免。然而，詹姆斯·O. 扬似乎忽视了艺术家或设计师在他所认为的"创新性挪用"中有意或无意的文化偏见而带来伤害的情形。

　　不可否认，中西服饰的交流、融合与再设计是一个永恒的命题⑤。周梦在提出时装设计中要抓住民族文化抽象的"神"，将其外化为一种国际性语言⑥时，也道出了时装设计中东西方时装设计师关于运用东方元素的各方面的探索、交流的前提即为时装设计的国际性语言。澳大利亚的亚当·盖奇和新西兰的维基·卡拉米娜在《时尚的艺术与批评》中针对经典时尚⑦提出"密封时尚"（hermetic fashion）的概念，强调了时装设计实践中以"批判时尚"（critical fashion）的态度对时尚传统的批判，相关设计师如维维安·韦斯特伍德、川久保玲、缪西娅·普拉达（Miuccia Prada）等批判时尚的设计方法和

① 顾明栋：《汉学主义：东方主义与后殖民主义的代替理论》，商务印书馆，2015 年，第 20 页。
② 詹姆斯·O. 扬：《文化挪用与艺术》，杨冰莹译，湖北美术出版社，2019 年，第 4 页。
③ 詹姆斯·O. 扬：《文化挪用与艺术》，杨冰莹译，湖北美术出版社，2019 年，第 5～6 页。
④ 詹姆斯·O. 扬：《文化挪用与艺术》，杨冰莹译，湖北美术出版社，2019 年，第 31 页。
⑤ 周梦：《传统与时尚：中西服饰风格解读》，生活·读书·新知三联书店，2011 年，第 36 页。
⑥ 周梦：《传统与时尚：中西服饰风格解读》，生活·读书·新知三联书店，2011 年，第 39 页。
⑦ 二者认为"经典时尚是颇有历史的概念，既是一个商业术语，又是一个与异性恋话语霸权相关的表述"，其价值基础因温克曼（Winckelmann）的同性恋主义而有所动摇。详见 Adam Geczy, Vicki Karaminas：Queer Style, Chapter One, Blommsbury, 2013；亚当·盖奇、维基·卡拉米娜：《时尚的艺术与批评》，孙诗淇译，重庆大学出版社，2019 年，第 6～7 页。

创作态度是关于这个世界的历史与欲望的重要思考①。该书提及的川久保玲对服装结构的创新及维维安·韦斯特伍德对政治和反抗的凸显②，体现了对旧秩序的突破和对新的语言的建立。《川久保玲：边界之间的艺术》指出了禅宗思想"无"在川久保玲时装设计中的核心地位③。批评家们常说她是一个后现代主义者，川久保玲却说自己是一个现代主义者，原因在于自己无止境地对创新的追求。

如此看来，对"创造性转化"一词在时装设计中进行概念界定不能忽视以下三方面的内涵：一是设计思维活动注重变革和创新，将传统或现代的某种有形的（如某种事物、某种技艺等）或无形的（如思想、观念等）东西转换成不同的东西；二是这种思维活动的结果形成了一种与过去及当下的对话，凸显交流；三是基于以上两方面形成对时尚体系中旧有秩序的突破，促进对国际化时装语言的重建，显示了一种对抗与博弈的力量。综上所述，适用于时装设计中的创造性转化是一种在超越文化偏见的同时以尊重文化为前提而进行的体现国际视野、注重变革与创新的思维活动，其结果促进了时尚与过去、当下的交流，并显示了时尚场域中相互博弈的力量。

---

① 亚当·盖奇、维基·卡拉米娜：《时尚的艺术与批评》，孙诗淇译，重庆大学出版社，2019 年，第 2~11 页。

② 亚当·盖奇、维基·卡拉米娜：《时尚的艺术与批评》，孙诗淇译，重庆大学出版社，2019 年，第 9 页。

③ 安德鲁·博尔顿、川久保玲：《川久保玲：边界之间的艺术》，王旖旎译，重庆大学出版社，2019 年，第 7 页。

第一章

时装设计中运用东方元素的历程

第一节　时装设计中运用东方元素的三个阶段

时装与服装的概念有着较大的差别。服装是一种物质性的产品，与某种实用的功能联系在一起，从人类第一次将某种物品穿戴开始即产生了。时装是那些不断地快速变换风格的服饰①。约在 14 世纪末期的欧洲，时装就已诞生。时装，顾名思义，即时髦的、时兴的、具有鲜明时代感的流行服装，是相对于历史服装和在一定历史时期内相对定型（很少变化）的常规性服装而言的、变化较为明显的新颖装束，其特征是流行性和周期性②。现代意义上的"时装"一词对应的英文是"fashion"。时装起源于 1905 年前后的巴黎③。起初时装设计着重指以高级定制④的方式完成的时髦服装。曾经盛极一时的高级定制随着时代的发展不断萎缩，如今存在于时尚象牙塔顶端的高级定制几乎很难盈利。顺应时代而发展起来的高级成衣⑤如今成了时装设计的主要部分，在引领时尚潮流方面具有高级定制无法替代的作用。时装设计体现了设计师的个人灵感、才华与时代精神的融合。东方元素在时装设计中的运用伴随了时装史的发展历

---

① 伊丽莎白·威尔逊：《梦想的装扮》，孟雅、刘锐、唐浩然译，重庆大学出版社，2021 年，第13 页。

② 李当岐：《服装学概论》，高等教育出版社，2005 年，第 2 页。

③ 王受之：《时尚时代》，中国旅游出版社，2008 年，第 10~11 页。

④ Haute Couture，也叫 Couture，简称 CTR。

⑤ 法文叫 pret—a—porter，英文叫 ready—to—wear，简称 RTW。

程，并在 20 世纪经历起始阶段和发展阶段后，到 21 世纪后呈现出繁荣的
景象。

一、起始阶段：20 世纪初至 20 世纪 60 年代末

（一）20 世纪初期运用东方元素的风潮

20 世纪初期的欧洲艺术掀起了一股借鉴东方艺术的潮流，无论是新艺术
运动还是野兽派的创作都在较大程度上受到了东方艺术尤其日本浮世绘艺术的
影响。1900 年前后欧洲服饰的主要特征是用紧身胸衣塑造而成的 S 形造型，
同时新艺术运动的兴起推动了富有节奏感的装饰性曲线的流行。但来自东方服
饰的平面结构和女性参加体育运动的需求，却将女装推向了与上述情形几乎完
全相反的方向：一种东方传统服饰具有的 H 形廓形和结构特征即将成为最新
的时尚。

20 世纪初期，时装设计中对东方元素的运用风潮表现为当时时装设计中
对日本元素广泛的运用。这种风潮由保罗·波烈的设计实践开始，他举办的由
上流社会人士参与的"一千零二夜"晚会促进了东方元素成为一种广泛的生活
观念。在保罗·波烈之前的第一个现代意义上的服装设计师是查尔斯·弗雷德
里克·沃斯（Charles Frederick Worth）[①]。这位在 19 世纪末至 20 世纪初期在
巴黎服装界活跃 40 余年的设计师被誉为"高级时装第一人"，其设计在欧洲宫
廷服饰特征的基础上开展，形成了典雅而华贵的特点。而保罗·波烈则经常受
到西方以外的文化传统启发。保罗·波烈起初帮查尔斯·弗雷德里克·沃斯做
设计，1903 年因推出完全遮盖身体轮廓的 H 形廓形的"孔子"外套而失去了
工作[②]。此后，保罗·波烈开始了独立探索东方元素在时装设计中的运用之
旅。他的时装设计作品色彩鲜艳、款式宽松，常常运用来自日本、中国、印度
和中东地区的元素，在当时的欧洲掀起了一股强烈的东方热潮，这被一些时装
史的研究者认为是一种巨大的创造。随着自由、平等、民主的思想不断高涨，
保罗·波烈结合东方元素的服装设计革命性地废除了束缚欧洲女性身体的紧身
胸衣。随着定期推出自己的时装系列，保罗·波烈成了 20 世纪早期时尚的领

---

① 伊丽莎白·威尔逊：《梦想的装扮》，孟雅、刘锐、唐浩然译，重庆大学出版社，2021 年，第
44 页。
② 哈罗德·科达：《在时尚中塑造中国》，《镜花水月：西方时尚里的中国风》，胡杨译，湖南美
术出版社，2017 年，第 34 页。

导者。另一位摒弃紧身胸衣的先驱马里亚诺·佛图尼（Mariano Fortuny）在1909 年设计的一些款式则有着明显的中国传统服饰的元素，并有着显而易见的中国清代女装的 H 形廓形和缘饰特征。保罗·波烈设计的"霍布尔裙"（hobble skit）① 有一部分款式具有东方服饰的交领特征，但肩部及胸部袒露。简·帕昆（Jeanne Paquin）在 1906 年的"帝国风格"系列中尝试改变西方服装传统的 S 形及 A 形廓形特征，她吸取了日本和服元素设计女装外套，而这比保罗·波烈对日本和服元素的运用更早一年。俄国芭蕾舞剧团 1910 年在巴黎演出的芭蕾舞剧"一千零一夜"极大地促进了东方元素在巴黎的普及。保罗·波烈的时装设计受俄国芭蕾舞剧团舞台服装的影响而走向了以异国情调和以想象为特征的东方化。1911 年保罗·波烈举办了名为"一千零二夜"的晚会，参加晚会的艺术家、设计师等几百人都身着他设计的具有伊斯兰黄金时代审美风格的服饰。他自己则戴上插有羽毛的阿拉伯塔帮、款式宽松的裤子出场，他的夫人穿上 V 领无袖束腰薄纱裙及灯笼长裤，似乎是扮演着奥斯曼帝国苏丹苏莱曼大帝及王后。而后保罗·波烈对东方元素的研究更加深入，无论是中国元素还是日本元素都被他作为体现设计特色的元素加以使用。保罗·波烈于 1911 年设计的"火焰套装"、1912 年设计的"大草原外套"以及 1920 年设计的"汉口"，在廓形和细节上都有典型的中国传统服饰特征，可以见到中国的刺绣、图案、传统服饰领口及缘饰设计细节等。他还运用了日本和服开襟的款式特征设计了下午茶便装②。

（二）世界大战年代时装设计中对东方元素的运用

人们的价值观及审美观念因世界大战的发生而变化，受当时掀起的女性解放运动及装饰艺术的影响，设计师在细长的管子状服装外形的基础上将埃及、俄罗斯、日本、中国、中东等地区的元素混合形成了一种杂糅的异国情调，来自东方的图案以及宽松的廓形是战争年代时装设计中异国情调的重要特征。火爆一时的霍布尔裙在 1914 年左右就销声匿迹，保罗·波烈也应征入伍。女性在战争中加入支援前线的队伍，走进了生产的行列，这极大地促进了女装向强调实用的男装靠拢，从而走向现代化。20 世纪 20 年代西方时装设计女装外形由曲线变为直线，服装的内部空间增大，变得宽松，腰线也随之下降，服装的

---

① 霍布尔裙是一种胸下围收紧，腰部放松，外裙裙长约至大腿中部，搭配收紧至小腿中部的开衩长裙的系列款式。

② 李楠：《现代女装之源：1920 年代中西方女装比较》，中国纺织出版，2012 年，第 134 页。

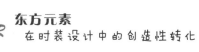

外形呈现"管子状"的特征。

第一世界大战后回到巴黎的保罗·波烈难以再现战前的风光。依然热衷于东方元素的保罗·波烈一方面将设计的重点放在面料的表现之上，他热衷于运用丝绸、薄纱来设计；另一方面，他加强了对东方装饰图案的运用，他所设计的不对称开襟的束腰外套和风琴褶半身裙都运用了来自中国的元素，其设计中的东方元素延伸到了云纹、松树、菊花等典型东方图案中。同一时期活跃于巴黎的卡洛姐妹（Callots Soeur）常常以织金银线结合锦缎、绉绸、乔其纱、蝉翼纱、丽丝等材料制作精美的女装。卡洛姐妹从土耳其等地区的服饰中吸取灵感，同时结合具有中国特征的色彩开展设计，并将具有鲜明中国元素的云纹、龙纹、蝴蝶纹、花朵纹等纹案以刺绣的方式设计在服装上，增添其时装款式的奢华意味。20 世纪 20 年代香奈儿（Coco Chanel，原名 Gabrielle Bonheur Chanel）从女性独立、舒适感和运动需求出发掀起女装解放运动，让宽松的 H 形廓形、简约的设计风格大行其道，引领着世界的时尚潮流。1927 年香奈儿将法国变色纺织品结合东方不过多裁剪的特征设计了 H 形款式的外套，并运用来自日本和服的图案进行装饰。日本和服对玛德琳·维奥内（Madeleine Vionnet）及吕西安·勒龙（Lucien Lelong）也有着重要的影响，其设计所呈现的简练优雅特征与卡洛姐妹的设计相呼应，但玛德琳·维奥内和吕西安·勒龙更关注东方传统服饰的结构，而非装饰。玛德琳·维奥对日本和服进行了极其深入的研究，她的不少设计作品都有日本和服结构及几何化的特征，日本和服的结构及平面特征对她发明斜裁技术具有启发性意义。吕西安·勒龙也是较早关注日本和服结构特征的时装设计师，在 1927—1929 年间，他运用和服袖子的非结构化特征设计了一款黑色晚礼服。

20 世纪 30 年代的经济危机让巴黎高级时装经营惨淡，不过这似乎并未影响设计师运用东方元素的热情。20 世纪 30 年代人们更加崇尚成熟的优雅之美，裙子开始变长，腰线也回升到了自然位置。香奈儿在 1930 年左右设计的一款女装外套上遍布中国清代朝服中的龙纹、祥云纹等元素，该款式与大众所熟悉的香奈儿创导的简约特征大相径庭。玛德琳·维奥内、爱德华·莫利纳（Edward Molyneux）、让娜·浪凡（Jeanne Lanvin）、让·帕图（Jean Patou）、维塔尔第·巴巴尼（Vitalddi Babani）、特拉维斯·班通（Travis Banton）、迈松·阿涅斯－德雷科尔（Maison Agnes－Drecoll）等设计师于 20 世纪 20 至 30年代都在不同程度上运用了典型的东方元素。其中对中国传统图案的运用最为普遍，所涉及的服装款式有连衣裙、晚礼服等。让娜·浪凡的时装风格以浪漫优雅著称，她除了将中国图案以具有现代特征的方式运用在设计中，还将来自中国或日本的服饰的廓形运用于设计中，形成具有幻想意味及戏剧化特征的款式。马里亚诺·佛图尼擅长运用绉绸开展设计，在其探索不同文化的卡弗坦长袍中，中国传统服饰、日本和服的廓形对其有着重要影响，其设计形成了和西方服饰传统不一样的宽松特点。

　　"第二次世界大战，决定性地完成了女装的现代化。"[①] 这促进了时装设计以更实用而简洁的方式探索东方元素的运用，相关运用以克里斯托瓦尔·巴伦夏加（Cristobal Balenciaga）为代表。20 世纪 40 年代物资匮乏，面料紧缺，时装设计失去了 20 世纪 30 年代细腻典雅的特征。巴伦夏加不遗余力地尝试在服装结构中探索与传统西方廓形、结构不一样的特征，在尝试过程中，他对东方元素的深入研究给予了他许多重要的启示。受到日本和服及 20 世纪初宽松立体廓形的影响，克里斯托瓦尔·巴伦夏加在 1942—1947 年间推出具有创新特征的"茧形"和"桶形"廓形，这种廓形在服装和身体之间形成比过去更大的体积，与战后的沙漏形时装廓形形成了鲜明的差异。克里斯托瓦尔·巴伦夏加甚至在这一时期的一些款式设计中呈现了诸如和服的衣领及背部拱起等特征的东方传统服饰细节。

（三）第二次世界大战结束至 20 世纪 60 年代末时装设计中对东方元素的运用

　　第二次世界大战结束后，巴黎高级时装店立即重整旗鼓，文化生活的恢复让人们在服装上对典雅大方的追求胜过从前。活跃于 20 世纪 50 至 60 年代的著名时装设计师的实践表明，时装设计对东方元素的探索兴趣比战争年代更高，但普遍程度不及 20 世纪初期。至 20 世纪 60 年代末，时装设计中对东方元素的运用广度在过去的基础上被进一步拓展，突破了对选取有典型符号特征的东方元素的局限。

　　第二次世界大战结束至 20 世纪 50 年代末，时装设计中对东方元素的运用并不是主流，但这一时期著名时装设计师运用东方元素的实践表明在高级定制时装中，东方元素是他们展现设计特色的重要方面。战争结束后迅速崛起的设计师克里斯汀·迪奥与克里斯托瓦尔·巴伦夏加、皮埃尔·巴尔曼（Pierre Balmain），一同被称为"高级时装界的三巨头"。20 世纪 50 年代活跃于巴黎时装界的设计师们为世界高级时装业带来了第二次鼎盛。克里斯汀·迪奥将欧洲传统服饰从结构上进行改良，设计成较过去更为简约的现代风格，以收紧上

　　① 李当岐：《西洋服装史》，高等教育出版社，1995 年，第 322 页。

半身并膨大裙摆的服装廓形来强调女性的腰身。克里斯汀·迪奥名为"中国""北京""上海""中国之夜""中国蓝""香港"等的设计作品显示了他对中国元素的喜爱。事实上他对东方元素的偏爱在1948年的首次时装秀中就已经展露苗头。1951年克里斯汀·迪奥用印有怀旭《肚痛贴》（局部）的白色山东绸设计了一款收腰短袖鸡尾酒服，并在1955年秋冬设计了极富中国传统特色的红色天鹅绒长袖H形廓形的晚宴套装。被认为是唯一一个在真正的高级定制传统中工作的美国人查尔斯·詹姆斯（Charles James）也对东方元素有着明显的兴趣。在他1945年设计的一款晨袍①中可以见到较明显的中国清代朝服的元素。同年他设计的另一款红色连衣裙则直接命名为"七弦琴"。同一时代的梅因布切（Mainbocher）喜欢将来自不同地区的服饰元素运用在其设计中，并以运用印度纱丽丝绸而闻名。

战后重返时尚界的香奈儿在设计中同样运用了中国书法元素。香奈儿对东方工艺品具有浓厚的兴趣，她甚至收藏了中国古代的屏风，并对其上的色彩及装饰图案进行了深入研究。克里斯托瓦尔·巴伦夏在1955—1956年间设计的一款白色塔夫绸套装则呈现了中国元素对他的启发。这件有着建筑般结构造型特征的套装的胸口有巨大的蝴蝶结，白色布料上印有竹子、花朵、藤蔓等图案，以及小立领的设计细节显示出鲜明的中国特征。皮埃尔·巴尔曼把景泰蓝的花纹和色彩运用在晚礼服设计中，并在色彩上与前面提及的克里斯托瓦尔·巴伦夏加的一个款式有着近似之处，但皮埃尔·巴尔曼用细密的花纹结合简约的自然廓形更加凸显了雅致的特征。查尔斯·詹姆斯在20世纪50年代的设计中融入了交领、立领、色彩等中国元素，甚至运用了韩国传统服饰的廓形及细节、日本服装和身体之间的空间概念。

进入20世纪60年代后，时装设计对东方元素的运用不再限于具有明显符号化的元素，运用范围被进一步拓展，东方少数民族的元素也被运用于时装设计中。20世纪60年代掀起的嬉皮士运动影响了时装设计，当时时装设计不再局限于轮廓造型，素材的触感被作为时装设计的重要方面延伸到了细微的层面。大众文化实质性地影响并改变了20世纪的时尚，在时尚与大众文化的互动中，20世纪60年代可视为时装设计新的阶段。一方面是从20世纪60年代开始，时尚实际上已经成了一种休闲娱乐的形式，而设计师则晋级为大众明

---

① 起床后套于睡衣外在室内穿的宽松长罩衫。

星①。另一方面则是曾经作为高级时装附属产品的高级成衣在 20 世纪 60 年代成了时装设计的支柱。时装设计作为一种缔造设计明星的活动，在 20 世纪 60 年代凸显了华伦天奴·克利门地·鲁德维科·加拉瓦尼（Valentino Clemente Ludovico Garavani）、皮埃尔·巴尔曼等设计师的领导地位。而在 20 世纪 60 年代崛起的伊夫·圣洛朗则开启了时装设计的新时代。

　　20 世纪 60 年代，对东方宗教，尤其是印度古典宗教里一些特别教派的崇拜十分流行，不少年轻人穿上类似佛袍的服装，佩戴念珠、茹素等②。这样的现象和时装设计运用东方元素的热情不断增长一致。华伦天奴·克利门地·鲁德维科·加拉瓦尼擅长简约而华贵的设计，他在 1957 年创立自己的时装品牌后以其白色系列广为人知。他在 1968 年秋冬高级定制发布会中发布了具有青花瓷白底蓝花特征的真丝缎晚礼服。皮埃尔·巴尔曼在 20 世纪 60 年代运用了东方少数民族服饰的左衽元素，而华伦天奴·克利门地·鲁德维科·加拉瓦尼则将中国藏族服装中的渐变色彩运用于设计中。被认为是克里斯汀·迪奥最有天赋的继承人而受到媒体广泛关注的伊夫·圣洛朗在 1962 年创立自己的时装品牌后大量吸收异国情调元素并运用于其设计中，以极度吸引眼球的设计在时尚媒体的推波助澜之下促进其品牌迅速崛起。东方传统服饰的廓形、明亮的色彩以及日式的拼布元素在伊夫·圣洛朗的时装设计中都能见到。伊夫·圣洛朗后来对东方元素的运用开启了时装界对东方截然不同的认识。

二、发展阶段：20 世纪 70 年代初至 90 年代末

　　东方时装设计师自 20 世纪 70 年代起在国际上崭露头角，来自日本的设计师率先突破了时尚界对东方的刻板印象，开启了时装设计运用东方元素的新阶段。受东方时装设计师的影响，西方设计师对东方元素的挖掘也更为深入，除了常见的来自服饰中的元素外，所涉猎的范围不断扩大。过去较少涉及的艺术门类如东方传统建筑、戏剧、工艺美术等都在不同程度上以不同的形式被运用于时装设计中，甚至东方国家在 20 世纪中期穿着的制服也成了时装设计师借鉴的对象。东西方时装设计师在这一时期对东方元素的运用呈现了东西方截然不同的美学观念。

---

　　① 伊丽莎白·威尔逊：《梦想的装扮》，孟雅、刘锐、唐浩然译，重庆大学出版社，2021 年，第 202 页。

　　② 王受之：《世界时装史》，中国青年出版社，2003 年，第 121 页。

（一）西方设计师在时装设计中对东方元素的运用热情与日俱增

20世纪70至90年代，时装设计对东方元素的运用频率增长迅速，华伦天奴、伊夫·圣洛朗、米索尼、迪奥等时装品牌在时装设计中对东方元素的运用十分具有代表性。20世纪70年代初期，在嬉皮士浪潮的影响下，非洲、印度、中东、远东等地区的元素成为时装设计师们的灵感来源。中国近代形成的中山装被作为时装设计中"反时尚"设计的元素，甚至在《时代》杂志中被描述为一种最新的流行趋势[①]。这种运用形式甚至影响了朋克教母维维安·韦斯特伍德以及在21世纪被称为"时尚大帝"的卡尔·拉格菲尔德（Karl Lagerfeld）。

华伦天奴·克利门地·鲁德维科·加拉瓦尼在20世纪70年代初期的设计中表现出对东方元素的浓厚兴趣，相关实践直接影响了时装品牌华伦天奴在后来将东方元素作为其品牌文化的重要组成部分。华伦天奴·克利门地·鲁德维科·加拉瓦尼于1970年的设计凸显了其对大红色的喜爱，同年他以H形廓形结合繁复的图案设计的晚礼服运用了其代表性的橙色。他于1973年设计的一款黑色丝绸晚礼服同样是典型的东方传统服饰的H形廓形，简单的结构凸显了前胸和袖口的繁复细密的红色图案。

20世纪70年代，米索尼（Missoni）尝试了新印染技术，运用东方元素的设计实践形成了一种新的繁复华丽效果，华伦天奴·克利门地·鲁德维科·加拉瓦尼也曾以类似的技术运用东方元素，形成繁复的异国情调特征。以运用万花筒般迷人的色彩、抽象的条纹及几何图形著称的米索尼在运用东方元素时与其一贯的特征一致。20世纪70年代初，他将典型的传统中国芙蓉锦鸡图案结合流苏元素设计出有绚丽视觉效果的连衣裙。他将来自东方不同地区的东方元素混合，设计出以图案为特色的套装，一些款式结合简单的H形廓形及玫红色中国结流苏元素来呈现浓郁的神秘意味。

20世纪70年代末期，伊夫·圣洛朗在高级定制设计中对东方元素的运用极大地促进了时装设计中运用东方元素狂潮的掀起，这和20世纪70年代一批日本设计师涌入巴黎不无关联。20世纪70年代伊夫·圣洛朗对东方元素的运用被纳入探索"高级时装"与大众品位融合的考量中，这种探索可以被视为时代精神中对多元文化、和谐及平等的呼唤。1976年，伊夫·圣洛朗对俄罗斯、印度、土耳其等地区民族传统元素的运用获得了时装评论界的高度赞誉，以一

① Valerie Steele, John S. Major: China Chic: East Meet West, Yale University Press, 1999: 78.

种奢华的浪漫主义特征为 20 世纪 70 年代衰落的高级时装注入了新的活力。1977 年，伊夫·圣洛朗推出的中国风女装设计主题则将这种赞誉推向了高潮。他将中国传统服饰中对襟、刺绣、绳边等细节以及直身裁剪等元素与其品牌严谨的结构和精妙的工艺结合，碰撞出典雅大气、神秘高贵的气韵。伊夫·圣洛朗的设计促进了时装界对东方元素的深入探索，显示了 20 世纪 70 年代日本设计师在国际时尚舞台中对东方元素的运用有效地促进了时装设计师对更广大地区东方元素的运用。当时一些时装评论家直截了当地认为俄罗斯风已经成为过去，中国风才是那时最流行的。

事实上，皮尔·卡丹（Pierre Cardin）比伊夫·圣洛朗更早将目光投向中国，前者在 20 世纪 70 年代初期拉开了时装设计中对中国元素深入挖掘的序幕。皮尔·卡丹是最早将中国传统建筑元素运用于时装设计中的设计师。东方元素运用在皮尔·卡丹的未来主义风格实践中形成了一种新的以简洁为特征的风格。皮尔·卡丹和伊夫·圣洛朗同样曾在克里斯汀·迪奥麾下工作。他对东方元素尤其中国元素情有独钟，除了将大量的红色、中国传统服饰元素运用于时装设计中形成具有现代意味的设计外，还将具有中国传统符号特征的元素简化抽象后加以运用，所获得的时尚感引领了时装界运用东方元素的新方向。1970 年，皮尔·卡丹将中国清代官帽的廓形加以改进形成连帽式围巾，并将朱漆大门的色彩、元素与清代袍服廓形结合设计了红色风衣。1972 年，他将天坛的廓形运用于裙子的设计中。以上设计堪称皮尔·卡丹设计的经典款式。皮尔·卡丹的中国情始于 1976 年在巴黎举行的中国轻工产品博览会上所展出的巨幅挂毯《万里长城》[①]。他从中国改革开放的气息中看到了商机。1979 年，皮尔·卡丹正式登陆中国，并在北京民族文化宫推出了中国系列服饰，中国古典建筑中的飞檐在其设计中成了翘起的肩部，显示出非凡的气势。

如果说伊夫·圣洛朗的中国风设计点燃了时装界对中国的热情，那么皮尔·卡丹登陆中国则是西方时装设计师对中国深入探索的开始。皮尔·卡丹于 1980 年在中国举办第一次公开时装表演后，分别于 1985 年、1986 年在北京体育馆及天安门金水桥举办了时装表演。九年后，皮尔·卡丹在中国开设了第一家时装门店。他在中国的一系列行为让世界时尚媒体关注到中国这一文明古国的发展动向。在 1993 年的中国国际服装服饰博览会上，除皮尔·卡丹外，华伦天奴·克利门地·鲁德维科·加拉瓦尼和奇安弗兰科·费雷（Gianfranco

---

① 胡元斌：《服装大师皮尔·卡丹》，辽海出版社，2017 年，第 73 页。

Ferre）也被邀请至中国①。皮尔·卡丹在中国的活动给中国按下了时尚的启动键，但他致力于追求服装的平民化，因而在设计及品牌发展方面走上了和华伦天奴·克利门地·鲁德维科·加拉瓦尼及奇安弗兰科·费雷完全不同的道路。

20世纪80年代"是一个回归的年代，一个从动荡、反叛、挑战回归到平稳、保守和安于现状的时期"②。追求典雅的时尚品位的"雅皮"和追求对传统反叛的朋克特征的样式成了时装设计的时髦③。让－保罗·高缇耶曾是皮尔·卡丹的学徒，其时装设计具有放荡不羁及戏剧化特征，所推出的具有东方元素特征的蒙古人系列混杂了不同民族的元素，形成了一种有朋克混搭特征的奇风异俗。

随着影像技术成为全球时尚的主导，自20世纪90年代起，以英国伦敦为代表的时装秀场越发将表演作为时装发布会的重点，设计师的创意成了吸引媒体关注的重中之重。秀场上设计师的图解式的影像借由时装媒体散播到世界各地，成为时尚。在伊夫·圣洛朗离开时装品牌克里斯汀·迪奥后，先后接任首席设计师的马克·博昂（Marc Bohan）、奇安弗兰科·费雷在设计中注重对结构的把握，他们用高档华贵的面料、考究的工艺呈现高级定制的奢华。中国旗袍、印度传统服饰等东方元素亦在他们的设计中留下了印记。

"1997年香港回归中国推动了中国风在整个西方的流行"④。香港回归前后时装设计对中国元素的运用都是这一令人瞩目的国际事件影响的结果。时尚界的风云人物约翰·加利亚诺（John Galliano）在1996年担任时装品牌克里斯汀·迪奥首席设计师后的首秀中即已显示出对日本、中国元素的喜爱。约翰·加利亚诺为品牌克里斯汀·迪奥设计的1996年秋冬系高级成衣系列上演了一场以旗袍为中心的中国主题，秀场中模特画着具有京剧花旦特点的妆容展现出曼妙的身姿，秀场中设计了中国音乐、扇子、油纸伞、拱桥、竹子等元素，人们仿佛置身于旧上海纸醉金迷的舞会中。约翰·加利亚诺在时尚界掀起了一股浓烈的华丽之风，他对东方文化的浓烈兴趣让时尚界在20世纪末上演了如梦似幻的东方视觉盛宴，为21世纪时装设计中东方元素运用的繁荣景象按下了启动按钮。

---

① 胡元斌：《服装大师皮尔·卡丹》，辽海出版社，2017年，第101页。
② 王受之：《世界时装史》，中国青年出版社，2003年，第168页。
③ 王受之：《世界时装史》，中国青年出版社，2003年，第168~169页。
④ Valerie Steele，John S. Major：China Chic：East Meet West，Yale University Press，1999：69.

（二）日本设计师带来全新东方元素

从 20 世纪 70 年代起，日本设计师在巴黎掀起了一股日本浪潮，带来了时装设计运用东方元素的新纪元。高田贤三、三宅一生、森英惠、山本宽斋（Kansai Yamamoto）、川久保玲、山本耀司所产生的影响力最深远，其次还有小筱顺子（Junko Koshino）等。早在 1966 年，韩国设计师安德烈·金（Andre Kim）在巴黎举办的首场时装秀似乎就已预示时装设计中运用东方元素的崭新局面即将出现。

1970 年，去巴黎游学的高田贤三开设了一家名为"日本丛林"的时装店。高田贤三将东方文化的沉稳意境和斯堪的纳维亚文化纯朴自然、拉丁美洲文化的热情活泼大胆融合，把东方传统服饰的平面结构特征注入西式结构中，形成宽松、舒适的款式，并运用缤纷色彩与花朵创造出有如万花筒般明亮而变化的色彩图案，形成兼具活泼和优雅的独特作品，给西方记者呈现了一个时尚界不曾见过的东方。1971 年，*Elle* 用了整整四张彩页介绍高田贤三的设计[1]，并对高田贤三在大胆创新中呈现的日本传统给予了充分肯定。经由高田贤三，如同刺子绣等一些原本在东方并不起眼、不被认为是一种时髦的元素在时尚界大放异彩。

高田贤三为日本设计师打开了巴黎的大门，但日本设计师的时尚之路并非只有巴黎一个方向。1971 年，山本宽斋亮相于伦敦的波托贝洛酒店，成为首位在英国伦敦举办时装秀的日本设计师。深受桃山文化、歌舞伎、和风及复古日式文化影响的山本宽斋秉承"婆娑罗"（BASARA）美学观念，其服饰呈现出强烈的装饰性和繁缛华丽的特征[2]。这与在其后闯荡巴黎的日本设计师作品中所呈现的简单、内敛有侘寂之美的做法截然相反。1974 年，山本宽斋正式在巴黎发布作品，并于 1981 年在纽约举办了时装秀。日本传统图案、文字元素、和服平面结构、歌舞伎、蓝染以及当时在日本大受欢迎的日本动漫元素在山本宽斋的手下以鲜艳亮丽的色彩创造出极具舞台戏剧化特征的服装。1973 年，他为摇滚歌手大卫·鲍威（David Bowie）的舞台角色和音乐巡演设计表演服装，其中一件激进前卫的造型源于他 1971 年巴黎首秀中的条纹连体衣款式，搭配了日本艺伎演出的厚底鞋。该舞台造型设计堪称其经典之作，大卫·鲍威凭借此登上了 *TIME* 杂志的封面。山本宽斋对浮世绘人物、文字、动漫

---

[1]　川村由仁夜：《巴黎时尚界的日本浪潮》，施霁涵译，重庆大学出版社，2018 年，第 190 页。

[2]　陈一琦：《日式美学的另类"代言人"》，《中国服饰》，2020 年，第 9 期，第 44~45 页。

元素的运用启发了后来诸多设计师，尤其是日本设计师开展了关于这两大类别元素的运用探索。

1973 年，曾在巴黎深造并在纪梵希（Givenchy）任助手的日本设计师三宅一生正式在巴黎发布作品，三宅一生设计中表现出来的新观念、新创意，给故步自封的西方时装界带来了革命性冲击①。三宅一生注重从东方服饰文化及哲学的探索中开展时装设计。在服装成型技术上，他将东方服饰的结构特征与独特的褶服装材料相结合，突破了西方服装结构的局限。1976 年，三宅一生开始了以"一块布"（A Pice of Cloth）为理念的设计②。该设计用一块布覆盖全身，以东方平面裁剪技术为基础，尽量减少材料的浪费。后期他在此基础上发展出不浪费任何材料的"一块布"项目。

森英惠被世界公认为日本时装界的第一人，是一位汇聚了西方时装设计之奢华和东方日本文化之典雅的时装设计师。森英惠在 1977 年加入世界时装界最高权威组织法国高级时装公会之前，曾于 1965 年在纽约举办过时装展，并在时装界积累了广泛赞誉。日本樱花、蝴蝶等元素及和服相关材料的运用让森英惠的作品散发着独特的东方之美。她甚至因对蝴蝶元素的精彩运用被称为"蝴蝶夫人"，而蝴蝶也成了其品牌象征性的元素。森英惠的作品的最大特征在于呈现了日本传统文化和法国高级定制技巧的交融。

1981 年秋冬，山本耀司与川久保玲携手在巴黎发布首个系列设计。二者大胆地运用黑色为主调进行设计，款式宽松、奔放且不对称，突破了西方时装设计传统的优雅特质及性别特征。因对当时时尚理念的颠覆，他们的设计引起了时装评论家的极端反应。他们的设计不像西方时装设计那样追求完美的技术及工艺，作品有鲜明的破损、撕裂及褴褛特征，有鲜明日本传统审美的质朴意味。大都会艺术博物馆的时装史学家哈罗德·科达（Harold Koda）将这种在山本耀司和川久保玲作品中体现出的新服装理念称为"贫穷美学"③。

日本时装设计师在 20 世纪 80—90 年代不断扩展东方元素尤其日本元素的运用范围，为世界展现了一个与过去西方时装设计师眼中截然不同的日本。森英惠在 20 世纪 80—90 年代不断拓展时装设计中运用日本元素的范围，使时装设计与日本传统文化内蕴融合。比如 1989 年她在飘逸的黑色雪纺长衫上运用了白色草书文字。川久保玲在 21 世纪以前的作品中对东方元素的运用更为具

---

① 王受之：《世界时装史》，中国青年出版社，2003 年，第 150 页。

② 川村由仁夜：《巴黎时尚界的日本浪潮》，施霁涵译，重庆大学出版社，2018 年，第 219 页。

③ 邦尼·英格利希：《日本时装设计师：三宅一生、山本耀司和川久保玲的作品及影响》，李思达译，重庆大学出版社，2022 年，第 67 页。

体，可以见到中国旗袍廓形及细节、韩国传统服饰、日本和服细节及男子传统发型、团花图案、扎染技术、刺子绣、拼布、斗笠等东方传统服饰元素，以及东方工艺美术漆雕、日本传统文化中圆的元素等。山本耀司侧重于通过设计对时装设计传统中的相关形式、概念、技术进行探讨。在他 21 世纪以前的发布会中可以见到日本手工印花、扎染以及和服面料以及具有日本传统意味的图案等元素的服装。

三宅一生、川久保玲和山本耀司并称为"日本时装设计的三驾马车"，他们在设计中倡导与西方时尚不同的观念，这在不同程度上影响了西方本土设计师，尤其是安特卫普六君子①。在这群 20 世纪 80 年代崛起的比利时时装设计师中，德赖斯·范·诺顿最早成立了自己同名品牌。他早期就表现出对东方服饰的兴趣，他将日本服饰的刺绣、围巾、外衣、裙子等元素融入充满民族花卉的提花中，这让他的时装设计作品散发着异域情调的梦幻浪漫特征。梅森·马丁·马吉拉（Maison Martin Margiela）在后来也加入了安特卫普六君子之列，他曾在让-保罗·高缇耶手下做助手，深受川久保玲影响，被称为"解构主义大师"。他将东方的瓷器和服饰元素如旗袍、日本木屐及足套运用于时装设计，表现出设计观念的反叛，对旧衣的回收再利用让他成了反消费主义的先锋。

（三）亚裔设计师在时装中对东方元素的运用

20 世纪 80 至 90 年代，邓姚莉（Yeohlee Teng）、谭燕玉（Vivienne Tam）、安娜·苏（Anna Su）等一些亚裔设计师在美国成立了自己的品牌，他们注重以不同的方式将东方元素融入时装设计。这些设计师和在巴黎的日本设计师一同拓展了时装设计中运用东方元素的深度及广度。

在来自马来西亚的韩裔设计师邓姚莉的作品中难以见到中国传统服饰的装饰性元素，但能在其极简的设计中见到中国传统文化的强烈力量，其设计拓展了时装设计运用东方元素的风格。邓姚莉在 20 世纪 80 年代就已经在美国创立了个人品牌。邓姚莉的设计代表了 20 世纪 80 年代掀起的极简风的特征，并以设计简洁、工艺优雅、面料运用高档且先进著称。其作品被认为是一种亲密的建筑形式，并呈现了中国传统服饰形式及结构的影响②。

---

① 20 世纪 80 年代在时尚界崛起的六位来自比利时安特卫普的时装设计师分别是：安·得穆鲁梅斯特（Ann Demeulemeester）、德赖斯·范·诺顿、玛丽娜·易（Marina Yee）、德克·范瑟恩（Dirk Vansaene）、华特·范·贝伦东克（Walter Van Beirendonck）、德克·毕肯伯格斯（Dirk Bikkembergs）。

② Valerie Steele, John S. Major: China Chic: East Meet West, Yale University Press, 1999: 90—91.

在 20 世纪末，以时装设计的方式呈现东方文化尤其中国文化的深度及广度方面，谭燕玉是当之无愧的第一人。20 世纪 80 年代谭燕玉在美国逐渐积累了设计声誉，并以运用中国元素著称。1990 年她创立了自己的品牌。品牌成立之初她并未将鲜明中国主题融入其作品中，但随着时间的推移，她几乎成了运用中国主题创造时尚的最著名的设计师，她的许多服装都有着可识别的中国主题①。1993 年她在纽约时装周上以"东风密码标签"为主题发行的第一个系列成为纽约时装周上惹人瞩目的秀场，也让更多人知晓了谭燕玉这个在美国运用东方元素做设计的时装设计师。如今我们可以在安迪·沃霍尔博物馆及纽约大都会博物馆看到该系列的部分作品。1996 年谭燕玉将印有观世音像的长裙搬上秀场。除了将一些时装设计中尚未运用的符号性特征元素加以运用外，谭燕玉在时装设计中拓展了中国元素运用的类别，水墨画、工笔线描、佛教元素、龙图案、刺绣技艺等都以不同方式出现在她的设计中，她甚至将中国传统自然哲学的相关概念加以运用。

不同于邓姚莉和谭燕玉对东方元素积极主动的探索，第三代华裔设计师安娜·苏似乎更愿意将东方元素纳入她的幻想世界。安娜·苏在 1991 年举办了第一场时装发布会，其设计常带有幻想的童话神秘复古意味和奢华绚丽的气质。她的 1998 年秋冬系列暗示了一个在马背上驰骋的草原民族，红色的毛呢格子裙搭配红黄两色图案的马甲及皮毛帽子，黄色的印花套装搭配巨大的王冠，类似旗袍的紧身连衣裙被装饰以皮毛和中国少数民族花边。在发布会后的相关采访中安娜·苏谈及影响该系列设计的童话意象，但观者却很难不把该系列和东方元素联系。

三、繁荣阶段：21 世纪以来

进入 21 世纪后，时装设计的风格更为多元，互联网的普及极大地增强了媒体对潮流的推动作用。时装品牌运用东方元素的设计作品比比皆是，东方元素在时装设计中的运用在 21 世纪形成了一种繁荣的景象。一方面东方市场的吸引力致使西方时装品牌在 21 世纪加强对东方元素的运用，越来越多的西方时装品牌将发布会定为东方主题。另一方面，越来越多的东方时装设计师在国际时装周上展示东方文化的博大底蕴，这些设计师包括在川久保玲、山本耀司等日本设计师麾下成长起来的第二代日本设计师，在中国、印度等地区一些具

---

① Valerie Steele, John S. Major: China Chic: East Meet West, Yale University Press, 1999: 90.

有明显影响力的设计师，以及接受西方时装设计教育后成长起来的东方新锐设计师。这些来自东方的设计师进一步巩固了时装设计中的东方力量，扩大了东方元素在时装设计中的影响力。以上两方面的共同作用带来了时装设计运用东方元素的繁荣时期。这种繁荣表现为以东方元素为主题的发布会增多，同时东方元素也持续地在非东方发布会的主题中渗透。

（一）21世纪西方时装设计师对东方元素的运用

1. 西方著名时装品牌对东方元素的运用

21世纪在时装设计中运用东方元素的西方时装品牌众多，使得东方元素在时装设计中的运用成为一种广泛的流行。一些西方时装设计师品牌持续将东方元素运用在设计中，让东方元素成了其品牌文化中不可分割的部分，如华伦天奴、乔治·阿玛尼、德赖斯·范·诺顿等。时装品牌克里斯汀·迪奥、罗伯特·卡沃利等多次以东方元素的运用为主题发布时装秀。香奈儿、让－保罗·高缇耶、拉尔夫·劳伦等品牌并不以运用东方元素为特点，但这些品牌在21世纪发布的东方元素主题对时尚流行产生了重要影响。

让－保罗·高缇耶率先在21世纪的高级定制秀上推出了东方元素主题。该系列以旗袍为主，并参考了越南的奥黛。他将改良的旗袍与漆雕、油纸伞、剪纸、蒲扇、文字、烟斗等元素以及梅、兰、竹、菊、祥云、如意、龙纹等图案结合，并配以超现实意味的妆容，上演了一场充满戏剧性的旗袍时装剧目。

旗袍和和服是约翰·加利亚诺最为钟爱的东方元素，这位对东方元素有着强烈热情的时装设计师在时装品牌克里斯汀·迪奥任职期间不曾忽视青花瓷，也不曾错过纱丽。不管是哪一种东方元素，在约翰·加利亚诺的手中都变成了时装设计中炙手可热的流行风向标，这让克里斯汀·迪奥成为每季时装发布会之后媒体议论的热点。约翰·加利亚诺为克里斯汀·迪奥2003年春夏高级定制系列上演了一个将中国和日本元素杂糅的东方主题，日式的印花图案、传统发型、艺伎的妆容、和服的宽腰带，中国的武术、杂技、风筝等元素充斥在这一季的发布会中。所设计的披挂式款式在大红色的T台及背景灯的渲染下更像是一场戏作。在克里斯汀·迪奥2007年春夏的高级定制系列中，约翰·加利亚诺把目光锁定于日本传统文化。他汇聚了日本和服、传统图案、色彩、艺伎妆容、折纸技艺等元素开展设计，形成了既有克里斯汀·迪奥对廓形的强调，又有约翰·加利亚诺对叙事性和戏剧感的强调的特征，还有着高级定制对奢华、精巧的追求。克里斯汀·迪奥2007年秋冬高级成衣、2008年春夏高级定制系列持续含有强烈的日本元素，呈现了高级定制对高级成衣的影响，以及高级定制在时间序列上前后系列之间的连续性和影响。

　　进入21世纪后，东方元素在华伦天奴这一品牌的秀场上大放异彩。其设计中，中国传统文化中的瓷器、景泰蓝、水墨画、篆刻、戏曲、图案、剪纸、生肖、服饰等元素，日本的和服、浮世绘等元素被运用得时而繁复华丽，时而娇艳放纵，时而简洁现代，时而还有点怪诞。2013年华伦天奴首次推出以地域为主题的"上海"系列，并在上海发布。该系列的所有款式都为红色，时任创意总监玛莉亚·嘉西亚·基乌里（Maria Grazia Chiuri）以及皮埃尔·保罗·皮乔利（Pier Paolo Piccioli）在华伦天奴品牌风格的基础上以缎面、蕾丝、漆皮、半透明的纱开展设计，将青铜器、水田衣、漆雕等元素灌注其中，直线形不收腰或披裹特点的披风体现了中国传统服饰的特征。

　　一直以来，东方元素对乔治·阿玛尼都有着很深的影响，其过去发布会中对东方元素的运用尝试最终酝酿了以东方元素为主题的2009年及2015年春夏私人定制系列。其2009年春夏私人定制系列最大的特点是将中国建筑——飞檐设计在服装的肩头、衣摆、脚口，而扇子元素在该系列中被用于设计前衣片的褶皱、服装上的图案。2015年春夏私人定制系列灵感来源是中国古代被誉为四君子之一的植物——竹子。秀场中乔治·阿玛尼将中国元素和日本元素混合使用，竹子主题贯穿了该系列的始终，将该品牌简洁的风格特征演绎为或有和服式的宽腰带、淡雅的竹子图案，或有竹子刺绣、模仿竹子不同形态的肌理款式。同年，乔治·阿玛尼携其品牌的各线在北京举办联合走秀。随后的诸多发布会都有对中国元素的回顾，如2017年春夏私人定制系列对盘扣、如意纹的运用，2017年秋冬私人成衣系列对朝珠的运用，2019年春夏私人成衣运用藏青和红色的搭配、凉帽、肚兜元素等。

　　与其他设计师有着较大的不同，德赖斯·范·诺顿在运用东方元素时不仅关注东方文化的历史，还关注东方文化在当下的变化。其2006年春夏高级成衣发布会以日本和服元素为主题，该系列服饰有着和服的条纹、格纹及图案、印染以及宽腰带。2020年春夏高级成衣同样以日本传统文化为主题，不过这次服装的色彩及面料凸显的是日式传统花卉的特征。德赖斯·范·诺顿对日本文化的运用超越了传统文化的范围，在2013年春夏高级成衣发布会中，服装轮廓的松散，凸显了对格纹的偏好，部分款式点缀着日式的图案或刺绣，模特的头发蓬松凌乱，以一种似曾相识的方式再现了川久保玲1992年春夏的高级成衣发布会的部分款式，表达了他对川久保玲的敬意。对祥云、团花、龙纹等元素的运用展现了德赖斯·范·诺顿对中国元素的偏爱。他甚至对中国画也十分着迷，2019年春夏高级成衣发布会一些款式因运用写意中国画元素而增添了潇洒、自在特征，2019 年秋冬高级成衣则运用花鸟画传达精巧雅致之感。以上探索最终孕育了德赖斯·范·诺顿 2011 年春夏高级成衣系列的中国传统绘画主题，秀场上宽松而飘逸的服装款式或有精巧点缀的特点，或有随意泼洒特征，而对题材的再创造则增添了一种超现实的意味。2012 年秋冬高级成衣发布会是德赖斯·范·诺顿运用东方元素的主题中最惊艳的一场。这一场发布会他将中国清代官员服饰、汉族女子服饰作为主要元素，结合日本传统图案及浮世绘元素以现代艺术的手法呈现了一场过去与当下的对话，探索了东方传统文化在时装设计中运用的新方法。

罗伯特·卡沃利这一品牌在进入 21 世纪以来，不少发布会都融入了中国传统服饰、工艺美术的元素。罗伯特·卡沃利自 20 世纪 60 年代在意大利创立品牌以来，以性感狂野的设计特征著称，常将世界各地不同民族的元素与皮草结合呈现出奢华繁复、狂野的异国情调。在 2005 年秋冬的高级成衣发布会中，他将中国青花瓷元素运用于礼服设计中，引起强烈反响。此后罗伯特·卡沃利反复使用该元素，甚至推出了青花瓷主题系列。如今青花瓷的白底蓝花特点已经成为这一时装品牌不可或缺的一部分。

1921 年在意大利佛罗伦萨创立的时装品牌古驰（GUCCI）因首席设计师的变动，在 21 世纪对东方元素的运用使该品牌具有了文艺复古的特点。龙纹、花卉、云纹、水纹、剪纸、油纸伞、刺绣、盘扣、立领、中国结，以及印度纱丽等元素常常与古驰的品牌传统结合，将秀场混搭成或具有赛博格等流行文化特征，或有着超现实主义特色等极具冲击力的场面。该品牌 2002 年春夏高级成衣发布会中的礼服将东方中国唐代襦裙和西方紧身胸衣元素相结合，2002 年秋冬高级成衣系列则将日本和服元素和 20 世纪 30 年代好莱坞、哥特风格融合，2007 年的早春系列将中国的青花瓷元素与西方的古典风格相融合，而在 2016 年春夏高级成衣系列中东方元素如中国刺绣、色彩等被融入复古文艺气息的极繁主义。

时装品牌香奈儿 2010 年的早秋系列将中国元素转变为有朋克特征的奢华盛宴，是西方时装设计师品牌运用东方元素极具代表性的系列。在这个以实用为特征的系列中，设计师将清代末年及新中国成立初期中国服饰的典型款式以及青花瓷、灯笼、剪纸等典型中国元素与香奈儿的套装、裙子融合在一起。朝珠、凉帽、披领、右衽等中国传统服饰元素被用于体现香奈儿的品牌内涵。

一些极少运用东方文化的时装品牌也深深地被东方文化吸引。拉夫·劳伦（Ralph Lauren）专注于至简复古的美式风格，但这并不妨碍他在设计中围绕东方主题开展设计。拉夫·劳伦 2011 年秋冬高级成衣秀场以大卫·鲍威的

《中国女孩》为背景音乐，大红色的口红、漆皮红鞋，以及佩戴在模特胸前的饰品、绿色翡翠或红色珊瑚耳环凸显了该系列的主题。以营造优雅华贵、精雕细琢特征著称的时装设计师艾丽·萨博擅长将轻绢曼纱、珠罗蕾丝等具有透明及细腻光泽特质的材质设计成华美、性感、完美的晚装和婚礼服。他在 2019 年秋冬发布了以东方传统文化为主题的高级定制系列。秀场上的服装款式混合了中国和日本元素，裙子上大面积绣有东方图案，中国的汉服、旗袍，以及日本御袍等元素十分鲜明，甚至不乏对中式服装平面结构改良的款式。

曾经叱咤风云的时装品牌皮尔·卡丹因致力于服装的平民化已经退出了时装设计高档品牌行列。这个为中国首次带来国际时尚的设计师在中国时装史上留下了浓墨重彩的一笔。该品牌 2018 年在北京长城举行发布会，发布会地点呼应了皮尔·卡丹先生 1978 年第一次登上长城的经历，发布会主题"皮尔·卡丹红"即是对中国改革开放四十周年的献礼，也是对该品牌进入中国四十周年的致敬①。

2. 21 世纪西方设计师成立的新时装品牌对东方元素的运用

21 世纪以后崛起的西方时装设计师对东方元素同样充满了兴趣，其中不少品牌因运用东方元素而声名鹊起。这些品牌包括但不限于詹巴迪斯塔·瓦利（Giambattista Valli）、马切萨（Marchesa）、罗达特（Rodarte）、巴索 & 布鲁克（Basso & Brooke）、玛丽·卡特兰佐（Mary Katrantzou）。

在时尚界已经积累起了赫赫名声的詹巴迪斯塔·瓦利终于在 2004 年推出自己的同名品牌。在 2013 年秋冬高级定制发布会中，詹巴迪斯塔·瓦利以瓷器为灵感来源，其中青花瓷是该系列中浓墨重彩的一笔，蓝白的色彩或印花，或立体或刺绣的花朵，结合西方服装结构塑造出立体感极强的廓形。该品牌的 2014 年春夏及 2015 年春夏高级成衣都以不同方式回顾了 2013 年秋冬高级定制系列中的青花瓷元素运用。

马切萨这一时装品牌于 2004 年创立于伦敦，并以设计梦幻般的晚装礼服而闻名。该品牌 2010 年春夏的成衣系列以歌剧《蝴蝶夫人》为灵感来源。马切萨这一季的设计将剪纸、日本和服、折纸及菊花图案元素结合西方服装结构和廓形、希腊式的垂褶，形成了一系列具有雕塑般质感的礼服，显然有着森英惠的影响。事实上，中国和日本的元素在马切萨的设计中一直有所呈现，如旗袍、水墨画等。马切萨 2011 年春夏系列继续锁定东方主题，将东方的水墨、

---

① 徐晓蕾：《第一场时装秀：皮尔·卡丹的前世今生》，https://fashion.ifeng.com/c/82bJln0sjvR，2020 年 12 月 29 日。

刺绣、剪纸元素和巨大的起伏褶皱结合，但丝毫没有笨重之感，并以连身哈伦裤、短夹克等款式呼应了 20 世纪初保罗·波烈对东方元素的运用。该系列对印度纱丽元素的呈现似乎预示着 2013 年该品牌春夏高级成衣系列的风格特征。印度传统服装华丽的手工刺绣、缤纷的色彩、珠宝镶嵌工艺以及服装半成型的特点是马切萨 2013 年春夏高级成衣系列的亮点。2017 年秋冬、2018 年春夏的高级成衣发布会持续以东方为主题，设计师继续将东方元素编织在西式的华丽精致的礼服设计中。

罗达特在 2011 年成衣系列发布会中融入了中国传统服饰的斜肩、立领、镶拼缘饰、青花瓷色彩及图案元素，其中的一款挂脖露背青花瓷连衣裙款式入选了 2015 年纽约大都会博物馆展出的《中国：镜花水月》展览。时装品牌巴索 & 布鲁克 2009 年春夏高级成衣系列以日本版画元素为主要灵感来源，结合日本和服、欧洲油画及几何图案的系列设计赢得了媒体的好评。2009 年才第一次参加时装周展示的玛丽·卡特兰佐擅长错综复杂且立体感极强的印花。在 2011 年秋冬高级成衣系列中，她将中国明代瓷器及珐琅彩等东方元素运用鲜亮的色彩及沙漏般的廓形进行演绎。该系列一亮相就获得了媒体的高度赞许，其中的一件作品获得了与时装设计大师级人物同台展出的机会。

（二）亚裔设计师对东方元素的再开拓

相对于西方时装设计师而言，亚裔设计师对东方元素的探索更为深入。其中最具代表性的是谭燕玉。她对中国文化内涵的重视及挖掘体现在对蝙蝠、鹤、莲花、敦煌壁画等传统纹样以及九色鹿等具有中国文化象征元素的选择与运用中。谭燕玉 2015 年春夏高级成衣发布会探索了传统花鸟画、山水画在时装设计中的运用，丰富的用法凸显了她对中国绘画意境的重视。月份牌、张爱玲的形象、吴冠中的绘画、苗族服饰纹样、藏族文化及服饰等元素在谭燕玉的时装设计中都可以见到，这显示了其在时装设计中涉及中国传统文化的广度。当下的文化现象如二维码对中国当下生活方式的改变、传统文化在当下时代的重新演绎都在谭燕玉的涉猎范围。甚至当代中国的科幻电影《捉妖记 2》也成了谭燕玉的灵感来源。

华裔设计师吴季刚（Jason Wu）10 岁就离开了我国台湾地区，回国的经历促进了他对"中国人"这个问题的思考，也孕育了他 2012 年秋冬高级成衣发布会的中国主题。发布会现场朱漆大门及秀场开始时钹的巨响渲染了浓烈的中国传统文化气氛，秀场中来自民国时期的中山装元素和军绿色结合，呈现了硬朗、刚毅的军服式特征，就连旗袍也显得成熟、坚毅而非妖艳，与改良的凉帽搭配的三款服装呈现着中西融合、吐故纳新的革命历程。

新加坡籍设计师鄞昌涛注册了与其英文名同名的时装品牌安德鲁·恩格（Andrew Ng）。他的时装设计经常运用不同地区的传统元素，并多次将中国及日本传统元素融入他的时装设计作品，如牡丹、蝴蝶、荷花、日本文字、传统图案、浮世绘人物、扇子等。

（三）亚洲本土设计师队伍的壮大

1. 日本设计师及其代际影响

日本的时装设计师在 21 世纪持续挑战西方服饰传统，并得到了法国时尚体系的承认。川久保玲的设计愈加走向概念化，她将日本传统文化纳入更具当下时代特征的讨论中，甚至有明显模糊时尚和艺术之间的边界的特征。其发布会的服装款式和日常生活渐行渐远，但常作为对概念的传达在其门店展示。浓厚的白色调妆容、卡通形象、平面化的主题等都是川久保玲发布会中日本元素的直接呈现。

山本耀司曾在 1995 年通过和服系列重新审视自己的文化传统，并对 20 世纪 50 至 60 年代的西方时装设计师表达了自己的敬意。而在世纪之交之前，山本耀司的设计作品主要探讨了高级定制的概念[①]。进入 21 世纪以后山本耀司专注于运动休闲服饰，在与阿迪达斯（Adidas）合作的品牌 Y-3 中，山本耀司把日本俳句的诗意及和服的有关结构融入其中，在运动休闲风格服饰中以其设计中常见的不对称、不完美的要素追求诗意与自由。在他同名时装品牌的发布会中，时常能见到折纸、蜡染、书法、传统刺绣，日本传统服饰的裤子、披风，以及中国的汉字等显而易见的东方元素。

三宅一生在设计中开展身体与服装空间的关系探索，这种探索基于设计方法的变革及面料的开发进行。这种设计思路影响了他的门徒。泷泽直己（Naoki akizawa）自 1982 年起在三宅一生麾下工作，以其在新材料方面探索的优势协助三宅一生发布"一生褶"系列[②]。日本折纸传统和日本和服平面特质的结合在三宅一生手中焕发出无穷变化的魔力，成为其具有代表性的设计方式。

---

① 邦尼·英格利希：《日本时装设计师：三宅一生、山本耀司和川久保玲的作品及影响》，李思达译，重庆大学出版社，2022 年，第 94 页。
② 邦尼·英格利希：《日本时装设计师：三宅一生、山本耀司和川久保玲的作品及影响》，李思达译，重庆大学出版社，2022 年，第 150 页。

21 世纪以来，日本的新锐设计师们在国际四大时装周上频频亮相。得益于日本第一代设计师在时装界奠定的基础，日本第二代设计师在时尚界崛起迅速。川久保玲的爱徒渡边淳弥在 1992 年便在川久保玲的资助下建立了自己的同名品牌，其作品延续了川久保玲的实验性设计方法。他在前卫和实用之间保留了不对称性、面料的缠裹特征以及对时尚潮流的回应。同样师从川久保玲的阿部千登势（Chitose Abe）在 1999 年创立了自己的品牌萨卡伊（Sacai）。如同该品牌的英文名称意思那样，阿部千登势在设计中以时尚的手法传达着侘寂美学对层次细腻的追求，并用心平衡着概念性和商业化。东方传统服饰不过分强调身体轮廓的特征也是该品牌的一大特点。与阿部千登势一同在川久保玲时装品牌工作的阿部润一（Junichi Abe）在 2004 年创立了自己的品牌（Kolor），他常将不同材质及色彩的面料拼接进行设计。高桥盾从未在任何主流时装品牌当过学徒，较早就创立了自己的品牌高桥盾（Undercover）。2002 年他在川久保玲的支持下在巴黎举办了名为"痴"的时装发布会，其作品看上去粗糙、破烂甚至有点病态，但又散发着工业朋克的特征，显示出一种对日本上一代设计师的继承与突破，获得了媒体的热切关注。师从三宅一生的津森千里于 1990 年成立了自己的同名品牌，2003 年首次在巴黎发布作品。其设计常将不同地区的民族元素及不同的艺术形式作为灵感来源，在探索个性化的日本传统服饰方面，津森千里在 2014 年春夏以日本传统服饰为主题的高级成衣系列中表现得十分明显。泷泽直己在三宅一生的资助下于 2006 年创立了自己的品牌。同样曾在三宅一生麾下工作过的藤原大（Dai Fujiwara）也自立门户。他们皆有着非凡的设计禀赋，在时尚界受到媒体的持续关注。山本耀司的女儿山本里美 2000 年创立了自己的品牌山本里美（Limi Feu），2008 年在巴黎时装周上发布自己的成衣设计作品，延续了山本耀司对黑白的偏好，但风格更为年轻化，在具有浓厚的原宿街头风格的设计中透露着日本传统文化对简约的追求。

2. 亚洲其他地区的本土设计师的成长

（1）亚洲地区崛起的著名设计师。

进入 21 世纪以后，除日本外，中国和印度的时装设计师也在国际时装设计舞台上崭露头角，较有代表性的有中国的马可、郭培、许建树、熊英、王陈彩霞，以及印度的曼尼什·阿若拉、拉胡尔·米什拉。

曾创立中国首个设计师品牌的马可 2002 年应邀参加巴黎国际成衣展，她的作品得到了时尚业界的关注和高度认同，被认为是中国真正意义上的第一个时装设计师。2006 年马可创立"无用工作室"，全身心投入传统民间手工艺的传承、保护及创新。2007 年马可首次参加巴黎时装周，发布作品"无用之土地"，2008 年马可作为中国首位应邀参加巴黎高级定制时装周的设计师，发布作品"奢侈的清贫"。与高级定制的奢华、富贵不同，马可呈现的是纯手工制作的棉衫麻衣、中国古老的织布技艺、纺织女，将人们的目光指向了当下中国偏远的山村，一个静谧而古老的中国。

　　将中国传统服饰最繁复华丽的一面深入而持续地在国际时装舞台上展示的是郭培。自 1997 年成立"玫瑰坊"后，郭培开始了中国时装界最早的"高级定制"。在 2016 年登上巴黎高级定制发布会之前，郭培在国内已经举办了名为"轮回""童梦奇缘""中国嫁衣""心灵花园"的发布会。郭培在继承中国传统服饰技艺的基础上不断探索，在设计中延续了中国对传统服饰文化的意趣及对幸福美满生活祈盼的愿景，致力于呈现中国传统服饰的精美与华贵。其中"轮回"系列中"大金""小金"两件礼服参加了 2015 年纽约大都会博物馆《镜花水月》展览。在同年的纽约大都会博物馆慈善晚宴（Met Gala）上，蕾哈娜（Rihanna）身着郭培设计的黄色礼服亮相，现场惊艳无比。2016 年郭培的"庭院"系列以中国宫廷文化为主题，将凤纹贯穿整个系列，同时以东方工艺及西式服装结构呈现了中国传统文化中尊贵的女性形象。灵感来源于故宫的2019 年春夏高级定制"东宫"系列是中国悠久的历史文化的缩影，是对中国宫廷文化的重新演绎。她将故宫建筑的色彩、上古的神鸟瑞兽图案及传统服饰装饰工艺与汉代以来中国宫廷女性服饰中的宽袍大袖、斜襟立领等元素，以及肚兜、旗袍等款式结合新面料进行演绎，其中也不乏对西方服饰结构的运用。郭培 2020 年春夏的"喜马拉雅"系列呈现了一个东方的佛国世界，整个系列的设计用雪莲元素贯穿，并在藏族服饰的斜襟、披裹、长袖等要素的基础上将唐卡的内容以高级定制的工艺开展设计，围绕该主题开展创作，并创作出与藏族服饰没有直接联系的创意类款式。郭培的这个系列与美国旧金山亚洲艺术博物馆正在举办的同名主题展《喜马拉雅》形成了对话。

　　在郭培登上巴黎高级定制时装发布会之前，许建树在 2013 年巴黎秋冬高级定制时装周上发布了"绣球"系列作品，向世界展示了中国历史上皇家服饰的云锦面料和中国传统手工艺。中国传统文化在这一场秀中不止于龙袍、刺绣及流苏等元素，中国宫廷繁复之美被以符合当下主流审美的方式演绎。2015年许建树以"敦煌"为主题，呈现了中国千年敦煌艺术在当前时装设计中的运用，秀场上西式裁剪与东方装饰工艺的结合呈现了敦煌的华美与富丽。2017年许建树将中国苗族等少数民族刺绣与苏绣结合，运用蜡染技艺第三次在巴黎秋冬高级定制时装周上展示了"千里江山"高级定制服饰系列。该系列以山水和花鸟为主线，意在传达中国传统文化的意蕴。

盖娅传说（HEAVEN GAIA）这一品牌由中国设计师熊英在 2013 年创立，该品牌自 2016 年起在巴黎高级定制时装周上连续发布了 4 个系列，为时尚界带来了一个不同于其他时装设计师运用中国元素的特征。在"圆明园·万缘之源""四大美人""壁画·一眼千年""戏韵·梦浮生"四大主题中，设计师熊英在中国传统服制形式的基础上将相关元素加以提炼，融合东西方服饰的成型技术，将缂丝、苏绣、羽绘、花丝镶嵌等中国非物质文化遗产技艺融入作品之中，把源自中国古典文化中的对空灵、超脱之美的追求以时装为载体呈现了出来。

被称作时装界的"环保大师"的梁子以其毕生之力对莨绸①这种源自中国传统历史的纯植物染环保面料进行保护与创新。她结合中国传统文化及传统服饰元素开展设计，其品牌"天意·TANGY""TANGY collection"独具东方古典气质。王陈彩霞的时装品牌夏姿·陈（Shiatzy Chen）1978 年在中国台湾成立，2008 年亮相巴黎春夏时装周，并于 2017 年于巴黎蒙田大道开设了旗舰店。王陈彩霞的设计主要汲取中国传统文化内涵及服饰元素，运用西方服饰结构及裁剪技术塑造优美大气的东方之美。

印度设计师曼尼什·阿若拉 2007 年首次在巴黎亮相，其设计有着浓厚的印度传统文化特征，装饰性及印花设计是该品牌的主要特征。阿若拉将印度传统元素和时代流行元素相融合，用印度传统图形图案呈现时尚的多元性。在 21 世纪跻身巴黎的印度设计师拉胡尔·米什拉获得了法国 2013 年度国际羊毛标志大奖，其设计以可持续设计为理念，致力于将印度的传统服饰手工技艺与时尚结合。自 2020 年春夏系列起，拉胡尔·米什拉开始发布高级定制系列。

（2）中国新锐设计师对东方元素的运用。

来自中国的新锐设计师在四大国际时装周上频频亮相，这些设计师代表了中国时装设计的新兴力量，他们的作品风格众多，以不同的方式将东方元素运用在作品中。在众多设计师中，王汁（Uma Wang）②、张卉山（Huishan Zhang）在以不同方式探索中国传统文化与时装设计融合方面较有代表性，其次是高雪（Snow Xue Gao）、王逢陈（Feng Chen Wang）、罗禹城（Calvin Luo）。王汁于 2006 年在伦敦创立了自己的品牌工作室，2011 年起作为米兰时装周的官方日程品牌发布作品。其设计简练大气、刚柔相济，在与时尚流行的交错中散发着东方美学的内涵。张卉山在伦敦就读期间曾以实习生的身份在时

---

① 莨绸即香云纱。
② 王汁的工作室成立之初品牌名称叫作"Uma studio"，2009 年更名为"Uma Wang"。

装品牌克里斯汀·迪奥设计部门学习，2010年毕业后即创立了同名品牌。张卉山的毕业作品中一款名为"龙裙"的连衣裙的灵感来自中国旗袍，被英国维多利亚和阿尔伯特博物馆收藏。2014年起张卉山为巴黎时装周官方日程品牌发布作品，其设计以中西合璧的方式巧妙地将中国传统文化运用在设计中。高雪在纽约就读期间曾在吴季刚的设计部实习，2016年创立了自己的品牌，2018年正式以纽约时装周官方日程品牌发布2019年春夏高级成衣系列。高雪擅长以解构的方式在服装上进行一些不规则拼接，呈现东西方色彩图案的碰撞。王逢陈自创立品牌后先后在纽约、巴黎时装周发布成衣作品。专注于男装设计的王逢陈主要从中国传统文化中获取灵感，多次将故乡福州的传统手工技艺呈现在设计中。2014年在纽约成立同名品牌的罗禹城2016年起在纽约时装周发布作品，其作品有着极强的流线感，简约的线条中透着一丝冷峻。2013年，来自中国香港的设计师云惟俊创立了自己的品牌（Robert Wun）。至2024年，云惟俊已在巴黎高级定制时装周上发布了两个系列的作品，其设计充满了惊奇及戏剧张力，并融入了东方的哲学思想。

第二节　时装设计运用东方元素的历程所呈现的基本特征

20世纪服装流行的总体趋势是"从传统的重装向现代的轻装、从装饰过剩向简洁朴素、从传统的女性味（柔弱的供男性欣赏的'偶人'）向现代的女性味（经济上、政治上独立的与男性一样的职业妇女）、从束缚肉体向解放肉体、从限制行动自由的正装向便于生活行动的休闲方向变化"①。时装设计中对东方元素的运用随着这一趋势的变化而变化。时代精神是主导时装风格的主要因素，因而时装设计中对东方元素的运用必然在不同的时代呈现出不同的特点。因时代精神的变化，20世纪初期至今处于法国时尚体系中心地位的机构"法国高级时装联合会"经历了数次变革。这些变革一方面使得时装设计运用东方元素从高级定制设计拓展至高级成衣设计，另一方面也使得非西方的设计师能够跻身巴黎进而成名，时装设计运用东方元素的方式得以从以西方设计师为主发展到东西方设计师共同参与。

---

① 李当岐：《服装学概论》，高等教育出版社，1998年，第287页。

38

一、从高级定制设计拓展至高级成衣设计

（一）20 世纪初至 60 年代末：高级定制是运用东方元素的主场

20 世纪最初的 20 年是"东方风格"在欧洲盛行的年代，这一时期时装设计中对东方元素的运用都集中在高级定制设计中。时装品牌自身的风格、品牌及媒体对流行的推动特征在此时尚未形成，以定制的方式设计价格高昂、品质一流的服装是 20 世纪初期时装设计师开展设计的主要方式。19 世纪末期扛起高级定制大旗的查尔斯·弗雷德里克·沃斯并不是现代意义上的时装设计师，但他在定制服饰生产方式中有效地将服装的设计作为最核心的价值，形成了固定的时装客户群体，扭转了过去时装定制客户和服装设计者的关系，让设计师拥有了更多的主动权，为 20 世纪初期的时装行业奠定了坚实的基础。20 世纪初期保护定制工坊和工人权益的组织叫作"太太小姐们的成衣和定制服装公会"。当时该公会规范着时尚活动及设计师的合法性，但并未对成衣和定制两类服装做出清晰的界定。在当时，实际的设计与生产中并未对定制和成衣以及从事这两类服饰的设计师做出层级秩序的区分[①]。1910 年，法国高级时装联合会成立，这个联合会在服装制造商中构建了一个有等级差异的秩序，标志着高级定制门槛[②]明确地建立了起来，过去的服装制作者摇身变成了重要的时尚缔造者。制作高级定制的时装屋代表了最顶尖的技术、一流的设计及最新的潮流。巴黎高级时装界人才辈出，迎来了高级定制的第一次鼎盛。当时巴黎活跃的设计师保罗·波烈、马里亚诺·福图尼、卡洛姐妹、香奈儿、玛德琳·维奥内、简·帕昆等都在高级定制设计中运用东方元素。

20 世纪 30 年代的经济危机让从事高级定制的时装屋锐减，战争所带来的物资匮乏使得实用性成为审美的主流，与奢侈关联的东方元素难以在批量成衣设计中有运用的余地。尽管批量生产的成衣在此时获得了发展的机会，以大中小的尺码生产后直接销售给顾客的成衣并不是现在的高级成衣，无论是设计还

---

①　川村由仁夜：《巴黎时尚界的日本浪潮》，施霁涵译，重庆大学出版社，2018 年，第 65 页。

②　加入该公会的会员必须以原创的方式完成设计作品，设计师不得购买别人的设计图；必须以手工缝制的方式完成设计作品的制作，除了刺绣等特殊工艺外，设计作品必须在店内完成；采用工作室制，并且至少雇佣 20 个缝纫工人，不得以佣金制或计件工资制方式支付工人的工资；每年必须按协会规定的日期至少举办两次新作品发布会，每次发布的作品不少于 60 套，并且每年开展面向特定顾客的展示不少于 45 次。

是结构和工艺都更为简单。从已有资料来看，在两次世界大战时期，东方元素依然主要被运用在追求品位及奢华的高级定制设计中。纽约大都会博物馆等世界著名时装收藏博物馆收藏了如马里亚诺·佛图尼、玛德琳·维奥内、爱德华·莫利纳、让娜·浪凡、让·帕图、维塔尔第·巴巴尼、特拉维斯·班通、迈松·阿涅斯－德雷科尔等在这一时期运用东方元素设计的时装作品。第二次世界大战使得高级定制设计的需求锐减，经营高级定制的时装屋难以为继，不少都关门歇业，但依然有少量的时装设计师，将东方元素运用在高级定制设计中，如克里斯托瓦尔·巴伦夏加。

战争结束后对奢侈及优雅的倡导让巴黎在战争结束后迅速回归了世界时尚中心的地位，高级定制迎来了第二次鼎盛，克里斯汀·迪奥、克里斯托瓦尔·巴伦夏加、皮埃尔·巴尔曼运用东方元素设计的高级定制让全世界关注时尚的人士所知晓。1945年法国政府对"高级定制"（Haute Couture）和"高定服装设计师"（Couturer）进行了规定①。这一规定明确了精英设计师和普通设计师的差别，同时也建立了高级定制的基本要求。和平的到来让人们重新回归家庭生活，克里斯汀·迪奥的"新风貌"（New Look）让全世界轰动，时尚流行方式刺激了在战后逐渐形成的中产阶级的消费欲望，历经战乱的人们把对繁荣、财富、优雅的美好生活的期盼注入对迪奥"新风貌"的期盼中，即便买不起的人也在期盼。这使高级定制的声望得到了恢复，从事高级定制的时装屋数量也增加了。自克里斯汀·迪奥创立自己的时装屋以来，他每年推出春秋两个系列，并明确地以专利费用来保护自己对设计的原创和扩大生产的利益。得益于克里斯汀·迪奥的这种改进以及时尚杂志媒体的运作，最新设计由巴黎迅速扩散到全世界。这一时期合成材料的运用及批量生产的方式已经较为普遍，为日后高级成衣的迅速扩张奠定了基础。

20世纪50—60年代，高级成衣的体制尚未在法国完全确立，这一时期高级定制依然是运用东方元素的主场。这在克里斯汀·迪奥、查尔斯·詹姆斯、华伦天奴·克利门地·鲁德维科·加拉瓦尼、克里斯托瓦尔·巴伦夏加、皮埃尔·巴尔曼、伊夫·圣洛朗等设计师这一时期的作品中都有所呈现。随着20世纪50年代结束，以雅致、精巧著称的高级时装设计落下了帷幕，随后社会的价值观念发生了巨大的变化，过去的高级时装观念也被彻底颠覆②。在这样的背景下仅靠高级定制的生产方式维持时装屋的利润较为困难。1945年法国

① 川村由仁夜：《巴黎时尚界的日本浪潮》，施霁涵译，重庆大学出版社，2018年，第62页。
② 王受之：《世界时装史》，中国青年出版社，2003年，第100页。

还有 106 家时装屋进行高级定制设计，到 1957 年就仅剩下 38 家。时尚媒体和批量生产的方式在 20 世纪 50 年代末期实质性地影响着时尚行业，坚持手工制作时装的克里斯托瓦尔·巴伦夏加抵制批量生产，拒绝媒体参加他时装发布会，他的高级定制时装屋最终因难以维系在 1968 年关门。20 世纪 60 年代是民主思想和反传统思潮盛行的年代，社会结构中的中产阶级已经形成，他们积累了一定的财富，趋附着更高阶级的品位，但奢侈高昂的高级定制服装使中产阶级难以企及。这一时期被大众广泛接受的高档成衣比高级定制款式更加新颖、更加实惠、做工上乘，但这种高档成衣并不能完全叫作由著名设计师设计的高级成衣。1959 年皮尔·卡丹设计了法国第一个批量生产的成衣时装系列，这对于时装行业是一场彻底的革命，最终成为时装设计的康庄大道①。时至今日，皮尔·卡丹已经退出了时装设计的高档市场，他在中国的部分商标使用权在 2009 年被温州诚隆股份有限公司收购②。但皮尔·卡丹对于时装设计的变革力量和行动是不可否认的。1959 年皮尔·卡丹对时装设计的突破性做法一开始并未得到法国体制的支持。然而这并不能阻止时装化的成衣因庞大的市场需求在后来成为世界服饰的主流，时装设计中对东方元素的运用也随之大众化。

（二）20 世纪 70 年代以后：高级成衣成为运用东方元素的主场

市场对高品质成衣的现实需求推动了法国时装体制结构的变革——法国的时尚产业在 20 世纪 70 年代发生了一场围绕"设计师和工业"现象而展开的变革，这场变革促进了高级成衣的诞生，也导致了时装设计对东方元素的运用主场由高级定制设计变为高级成衣设计。因法国致力于发展时装设计金字塔顶端的高级定制，所以 20 世纪 70 年代以前高档成衣并不是法国时尚行业的重点。不过精明的法国人很快准确地预判了未来时装设计的发展动向，并做出了相应的调整。当时为高级定制设计品牌做代工产品的公司执行董事长迪迪埃·戈巴赫（Didier Grumbach）创立了一个叫"设计师与工业"的利益联盟，为年轻设计师提供诸如华伦天奴·克利门地·鲁德维科·加拉瓦尼、香奈儿等高级定制设计师们才能享受的特权——为付费加入该组织的年轻设计师提供附加设计师名字的产品生产服务，但对这些年轻的设计师设计制作的服装和过去的高级

---

① 王受之：《世界时装史》，中国青年出版社，2003 年，第 129 页。

② 胡元斌：《服装大师皮尔·卡丹》，辽海出版社，2017 年，第 135～136 页。

定制进行区分①。三宅一生、让－保罗·高缇耶等此时处于他们时装设计生涯的起步阶段，他们都加入了"设计师与工业"组织。1970 年法国的高级定制时装屋只剩 25 家，数量不断缩减的高级定制时装屋显示了这种生产方式与大众的距离太过遥远。1973 年巴黎高级时装工会和"设计师与工业"组织联合起来成立女装"法国高级成衣设计师与创意设计师联合会"②。基于此法国就创造出了现在意义上的"高级成衣"这一类别——为设计小规模量产高品质成衣这种类别的时装设计师赋予了巴黎的时尚及具有奢侈意味的品质，并在定位上直接瞄准了中上层阶级。法国的时装体系通过这次对高级成衣的重新定义改革为年轻设计师提供了广阔的舞台，时装设计中对东方元素的运用也因此从高级定制设计拓展到了高级成衣设计。20 世纪 70 年代在巴黎活跃的年轻设计师如高田贤三、三宅一生等日本设计师得以正式发布高级成衣类别的设计作品。在这样的大前提下，20 世纪 70 年代起，新崛起的年轻设计师对东方元素的运用就集中于高级成衣设计中。皮尔·卡丹在 20 世纪 70 年代早期就把经营的重点放在高级成衣上，所获得的丰厚利润极大地促进了高级定制品牌对高级成衣业务的发展。

　　法国在 20 世纪 70 年代即形成了当前时尚体制的基本构架，拥有高级定制业务的时装屋在 20 世纪 70 年代朝着品牌化方向运作，就东方元素在时装设计中的运用而言，作为为少数人设计的高品质的时装，高级定制设计中对东方元素的运用无论是深度和广度都随着时代的变化不断加深和扩大。过去生产高级定制的时装屋也生产高级成衣，因有高级定制的顶尖设计为其高级成衣加码，这些高级定制时装屋的高级成衣业务发展迅速。巴黎的时尚体制在米兰、伦敦及纽约被复制，高级定制和高级成衣的分野区分了时装设计的档次。20 世纪70 年代末期，伊夫·圣洛朗在高级成衣方面的收入已经比高级定制方面的收入高出了太多太多。同时拥有高级定制和高级成衣的时装品牌，常将高级定制中运用的东方元素简化后用在高级成衣设计中，这无疑是对东方元素运用的扩大。继 20 世纪 70 年代末伊夫·圣洛朗发布东方元素时装系列后，让－保罗·高缇耶、克里斯汀·迪奥、华伦天奴、乔治·阿玛尼、艾丽·萨博等西方时装品牌都以东方元素为主题发布过高级定制系列。此外，在非东方主题高级定制发布会作品中对东方元素的运用亦层出不穷，相关品牌有克里斯汀·迪奥、香

---

① 川村由仁夜：《巴黎时尚界的日本浪潮》，施霂涵译，重庆大学出版社，2018 年，第 86～87页。

② 川村由仁夜：《巴黎时尚界的日本浪潮》，施霂涵译，重庆大学出版社，2018 年，第 87 页。

奈儿、华伦天奴、乔治·阿玛尼、德赖斯·范·诺顿等。随着时装设计扩大至除了春夏和秋冬系列外，每年还要发布早春系列和早秋系列，不少时装品牌将东方元素运用于偏重于商业销售的早春系列和度假系列中。华伦天奴、路易·威登（Louis Vuitton）等品牌频繁地将东方元素运用于早春系列和度假系列设计中，香奈儿也在 2010 年的早秋系列中推出了运用中国元素的主题。

尽管高级成衣无法像高级定制那样以纯手工的方式在细节上精雕细琢，但自 1973 年以后，高级成衣品牌的数量不断增多，品牌风格多样，对时尚流行及不同艺术形式的借鉴十分灵活，在运用东方元素的广度方面有着更丰富多样的尝试，时装设计中运用东方元素的影响范围也因高级成衣广泛的受众而被扩大。就西方时装品牌而言，德赖斯·范·诺顿、罗伯特·卡沃利、拉夫·劳伦等品牌都在高级成衣中推出了东方主题系列。瓦伦迪诺、古驰、德赖斯·范·诺顿、罗伯特·卡沃利、古驰、埃米利奥·普奇（Emilio Pucci）、马切萨、罗达特、巴索 & 布鲁克、玛丽·卡特兰佐等品牌常在非东方主题的发布会作品中运用东方元素。其中德赖斯·范·诺顿、罗伯特·卡沃利等品牌都曾在早春系列和早秋系列设计中将东方元素作为主题。奇安弗兰科·费雷、亚历山大·麦昆（Alexander McQueen）、维维安·韦斯特伍德等著名设计师在设计中也不乏对东方元素的运用。进入 21 世纪以后，即便不将东方时装设计师和亚裔时装设计师创立的品牌计算在内，时装设计中对东方元素的运用在高级成衣设计中无论是频率还是品牌数量均远远超过了高级定制。

二、从以西方设计师为主到东西方设计师共同参与

在 1977 年以前，时装设计中对东方元素的运用以西方时装设计师为主，非法国国籍的设计师无法成为法国高级时装联合会下属的任何一个组织的正式会员。因体制的限制，这些无法成为法国高级时装联合会会员的日本设计师通常选择在巴黎高级成衣时装周日程上发布作品，以此获得媒体的关注。但如果是会员那情况就大不一样，每次时装周开始前，官方会给各大媒体及记者发送每个会员发布作品的时间、主题及地点——这就意味着会员成为知名设计师的概率更高。1966 年韩国设计师安德烈·金受到当时巴黎服装协会的邀请，在巴黎举办首场时装秀，这是非法国国籍设计师在 1977 年前能够登上时装周官方日程名单的唯一方式。

1977 年起，时装设计中对东方元素的运用正式有了东方时装设计师的参与。这是由于 1977 年雅克·穆克里埃（Jacques Mouclie）当上法国高级时装

联合会会长，他允许非法国国籍的设计师成为准会员和正式会员①。这一年，日本设计师森英惠正式成为法国高级时装联合会的会员。对日本元素的运用使得森英惠成为高级定制设计风格最独特的设计师。森英惠的高级定制设计未能持续到如今，在 2004 年巴黎举办了最后一场高级定制时装秀后，森英惠的高级定制生涯落下了帷幕。但森英惠作为亚洲第一个巴黎高级时装联合会会员，对东方元素的运用在时装设计史上留下了浓重的一笔。

20 世纪 70 年代法国正处于将时尚行业的重点从高级定制转向高级成衣的转型时期，随着高级成衣设计中对东方元素运用的进一步扩大，高级定制的持续衰落，高级成衣设计最终成了运用东方元素的主场。对新设计师的扶持，使得包括日本设计师在内的非法国国籍年轻设计师获得了在巴黎顺利发展的机会。诸如日本的山本耀司、川久保玲，英国的维维安·韦斯特伍德，比利时的德赖斯·范·诺顿等非法国国籍的设计师先后加入法国高级时装联合会。根据川村由仁夜对日本设计师在巴黎举办第一场发布会日期②的整理，可统计出 2000 年以前出现在法国高级时装联合会官方日程名单上在巴黎时装周期间举办过发布会的设计师有 28 个。这些设计师中除了在 2022 年逝世的高田贤三、三宅一生以及将品牌出售的森英惠外，至今依然保持强劲影响力的有川久保玲、山本耀司、渡边淳弥。20 世纪末期亚裔设计师邓姚莉、谭燕玉等也成了运用东方元素设计服装的主力军，其中谭燕玉在纽约时装周上的中国主题影响最大。法国的时尚体系对国外设计师的开放使得日本设计师在巴黎形成代际影响成为可能。在巴黎的第二代日本时装设计师阿部千登势、阿部润一接过前辈的接力棒，在时装界已经具备了很强的影响力。高桥盾、津森千里等日本设计师以及印度设计师阿若拉已经在巴黎站稳脚跟。

面对高级定制的萎缩现象，1992 年法国工商部再次对高级定制的规定进行了简化，更多的年轻设计师有机会进入高级定制行列，因此东方时装设计师拥有了更多在高级定制中运用东方元素的机会。法国对高级定制有关条款的修改实际上是一种让步的体现，过去只能以准会员身份受邀发布高级定制作品的时装设计师在改革之后成了正式会员，这包括让-保罗·高缇耶、华伦天奴等。但非法国国籍的时装设计师只能成为境外正式会员或客座会员。即便吸纳了新会员，关掉高级定制设计业务的时装品牌依然在增加，至 1997 年发布高级定制作品的时装品牌只剩下 14 个。为了吸收新鲜血液，21 世纪以后法国高

①　川村由仁夜：《巴黎时尚界的日本浪潮》，施霁涵译，重庆大学出版社，2018 年，第 89 页。
②　川村由仁夜：《巴黎时尚界的日本浪潮》，施霁涵译，重庆大学出版社，2018 年，第 168 页。

级时装联合会邀请在各国从事时装设计且有良好声誉的设计师参加高级定制时装周。中国的设计师马可、许建树都是受邀参加巴黎高级定制时装周的会员。山本耀司曾一度在高级定制时装周上发布作品，但他始终未能成为巴黎高级时装联合会会员。自森英惠停止发布高级定制作品后，2016 年郭培正式成为巴黎高级时装联合会会员，世界时装设计之巅再次出现了由东方设计传达的东方之美。自印度设计师拉胡尔·米什拉 2020 年起发布高级定制系列以来，其对印度精美绝伦的手工艺的运用使得高级定制设计中东方元素的呈现更加丰富。近年来，受邀参加高级定制时装周发布作品的时装设计师队伍在不断扩大，更多的亚洲时装设计师登上了高级定制的舞台。

在时尚变得更为多元化的 21 世纪，在巴黎发布作品、登上官方日程、成为会员变得更加容易，这也让渴望在时尚界展示自己才华的设计师慕名而来。巴黎、米兰、纽约、伦敦每年审核两次会员及准会员设计师的背景、品牌生产、销售、市场、门店等，以考察其是否达到登上官方日程的标准。尽管巴黎的审核要求最高，但每年携作品到巴黎发布的东方设计师亦不在少数。在将东方元素运用于时装设计中的中国设计师中，郭培、王陈彩霞、熊英、梁子是主将。在四大时装周上发布作品的中国新锐设计师中，王汁、张卉山、高雪、王逢陈、罗禹城对东方元素的运用亦有各自独特之处。除此之外在巴黎发布作品并引起媒体关注的中国时装设计师品牌包括但不限于吉承、万一方、于惋宁、班晓雪、欧敏捷、王海震、高杨、孙大为、张辰儇。

总之，法国时尚体制的变革使得时装设计中运用东方元素的方式从过去单一的他者运用转变为他者与文化持有者一同运用。与此同时，法国时尚体制对非法国国籍成员的开放也使得上述两种类别的时装设计师对东方元素运用方式的差异得以凸显。西方时装设计师运用东方元素存在着一种有意或无意地对他者的观看，而东方时装设计师在运用东方元素时则多数是对自我的呈现。值得注意的是东方设计师的这种呈现中必然存在着基于他者观看方式进行选择性呈现的考量，因而形成了一种具有对话特征的回应现象。

第二章

时装设计中运用东方元素的主要类别

设计是一种创造，但不是发明。前无古人后无来者的设计是不存在的。因此设计就必然要借鉴前人[①]。时装设计的灵感来源是多样的。时装设计中运用的东方元素涉及诸多方面，如东方传统文化中的服饰、建筑、工艺美术、戏剧、绘画等。

"动词的'设计'是指产品、结构、系统的构思过程。"[②] 服装设计元素是构成物质状态的服装产品零部件拆分后的最细小单位，品牌服饰中的设计元素分为造型、色彩、面料、图案、部件、装饰、辅料、形式、搭配、结构、工艺[③]。从时装设计过程到设计结果来看，服装设计元素是灵感来源最终的落脚点，是设计结果的物质组成单位。时装设计过程中，设计师在对灵感来源进行提取时，需要对灵感来源的各个方面进行分解，从中提取所需要的部分后运用在其设计中。时装设计中运用东方元素时需从设计要素层面进行提取方能实现转化。作为设计要素的东方元素在类别上可分为材、形、色、艺、神五个方面。

第一节　材

原料是名词"材"的含义范畴[④]。"材"作为一种可以在时装设计中运用

---

① 李当岐：《服装学概论》，高等教育出版社，2005 年，第 224 页。
② 王受之：《世界时装史》，中国青年出版社，2003 年，第 2 页。
③ 刘晓刚：《基于服装品牌的设计元素理论研究》，东华大学，2005 年，第 25～27 页。
④ 辞海编辑委员会：《辞海》，上海辞书出版社，1989 年，第 3286 页。

的设计要素，是指对开展设计有运用价值的选材。有的设计师运用具有东方特色的物料来制作作品，有的设计师在设计中从独特的东方文化题材出发开展设计，还有的设计师在时装发布会中将独特的东方艺术体裁融入其设计。从时装设计中对东方元素的运用在选材这一层面的情况来看，选材包含物料、题材及体裁，其中物料占据了最主要的部分。

一、物料

物料，即材料、原料。用于制作服装的物质材料是时装设计得以成形的物质基础，在服装制作方面主要指面料、辅料，在饰品制作方面主要指主要材料和辅助材料，包含植物材料、动物材料、矿物材料和人工合成材料四大类别。世界文明初始之时大致可以区分为四个纺织文化圈，其中以中国为文明中心的东亚地区以使用丝纤维为特点，以印度为中心的南亚地区以使用草棉和木棉两类棉纤维为特点[1]。桑蚕文化是东亚文明区别于世界上其他文明形式的重要内容[2]。东方国家独特的传统服饰面料是时装设计中运用东方元素的主要方面，比如众人熟知的中国云锦、日本和服面料、印度的纱丽面料等。

清代中国的丝织业几乎发展到了登峰造极的程度，清代江宁织造局以挖花盘织技术生产的云锦至今无法完全用现代化机器代替[3]，这种专门为清代统治阶级生产的云锦代表中国丝织品的最高成就。2013年许建树在巴黎秋冬高级定制时装周上发布"绣球"系列作品，其对云锦的运用是该主题的亮点。在吴季刚2012年秋冬高级成衣系列中，中国传统纹样的织锦面料被运用在连衣裙、裤子、外套、西服套装、半身裙等款式的设计中。

中国古代的丝织品除了锦外，还有绮、缎、绫、缣、纱、縠、罗等。梁子自1995年发现莨绸后，即致力于对这种源自中国传统历史的纯植物染环保面料的保护与创新，梁子多年的努力使得莨绸这种濒临消失的古老面料得以再次焕发新生，其品牌"TANGY collection"入选了可持续性奢侈品权威机构1.618（Sustainable Luxury）品牌之列。

时装设计中亦有设计师运用东方传统文化中使用率较高的棉麻面料。马可在巴黎时装周上所展示的作品无论是"无用之土地"系列还是"奢侈的清贫"

① 袁仄：《中国服装史》，中国纺织出版社，2005年，第15页。
② 袁仄：《中国服装史》，中国纺织出版社，2005年，第15页。
③ 管静：《南京云锦的传承与发展研究》，苏州大学，2018年，第45页。

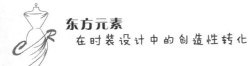
系列，所用的并不是过去象征皇权和地位的织锦，而是过去生活在中国这片土地上普通百姓们运用天然棉麻纤维以手工纺织制作而成的布料。

印度地区气候炎热，是棉、麻、丝的主要产地。传统印度纺织物多以丝绸、薄纱等为面料。纱丽原材料以丝、棉为主。印度传统服饰将单色或织锦纱丽面料在不同地区以不同的刺绣、缀珠、印花等工艺装饰，使得纱丽绚丽而多样。20 世纪 30 年代初期在巴黎开设高级定制时装屋的梅因布切是运用印度纱丽面料开展设计的杰出代表，他常将纱丽设计成具有印度风情的晚礼服、连衣裙等款式。印度本土设计师拉胡尔·米什拉的作品坚持运用印度地区的纯手工织物，包括棉织物、薄纱及锦缎等，也包括源自拉胡尔·米什拉家乡西孟加拉邦的蓝白相间的条纹棉布。

森英惠的设计中百分之百使用日本生产的面料，不仅运用坐垫套、高档和服腰带等纺织面料，新兴面料也是其设计中不可或缺的部分。这极大地改变了当时时装界对日本服饰原材料不够高档的印象，促进了日本服装材料的技术进步。三宅一生同样喜爱运用日本生产的服饰面料，他曾用日本传统的格子布以及过去只作为日本足袋袜底的"足袋里"制作时装。在三宅一生用于创造各种褶皱肌理的材料中，日本纸是最具东方特色的。高田贤三将日本和服的精致和简单的风格与嬉皮士风格结合，他的首场发布会作品所用面料是在日本采购的日本服装面料，其和当时巴黎时尚界的大多数面料相比风格迥然不同。这些面料看起来迥异而全新①。他将这些面料别出心裁地与日本和服元素结合于衬衣及裙子的设计中。山本耀司 1994 年春夏系列运用了不少和服面料，友禅织是其中的一种。

二、题材及体裁

从文学、神话传说中获取灵感启发进行时装设计的现象十分常见，所涉及的题材在所在文化中最初多以文本的形式呈现。时装设计师将自己对文本内涵的理解通过合适的材料、款式及工艺的组合在时装设计中进行传达，最终使服装造型成为体现文本内涵的新载体。时装设计中对东方题材的运用使得独特的文学、神话题材通过设计师的转化由抽象的文本变成具象的服装。谭燕玉2018 年春夏的高级成衣系列以当代中国电影《捉妖记 2》为灵感来源。这部电影源自中国上古时代的文化奇观——《山海经》中关于六足怪、人与妖的神话

---

① 川村由仁夜：《巴黎时尚界的日本浪潮》，施霁涵译，重庆大学出版社，2018 年，第 86 页。

传说。谭燕玉被《捉妖记》这部传达爱、希望、家庭及友谊的电影打动。在电影中被具象化了的六足怪胡巴最后与谭燕玉一同在秀场上谢幕。秀场上服装中形似蝴蝶的图案、展翅飞翔的鸟的形象、几何图案的超长腰带、由线条及晕染的深浅灰色组合而成的扑朔迷离的印花一同构成了一个具象化了的东方神话世界。

如今完整的时装设计不仅仅是完成服装实物化，还包括时装发布会完整的展演过程。在时装发布会上运用不同体裁的艺术成了不少设计师表达主题、吸引媒体的重要方式。以真人展示新时装款式起源于保罗·波烈让他的太太作为模特展示新作品。而艾尔萨·夏帕瑞丽（Elsa Schiaparrelli）则将时装表演的方式确立为精心策划的综合声光、音乐、时装、丽人的震撼表演[①]。当今社会是图像泛滥的时代，注意力的唤起是引起消费的重要手段[②]。时装发布会对于大多数设计师而言是一种极其重要的宣传手段。

东方文化在历史上形成的诸多艺术体裁都具有独特的魅力，比如：以表演为主，讲究气韵生动，既如画也逼真的中国戏曲[③]；基于各种体能和技巧进行表演的中国杂技艺术；运用拳脚、兵器等开展攻击和防御的中国武术；散发东方独特意境的音乐作品等。以上这些体现东方文化特色的艺术体裁被时装设计师运用在其发布会中。约翰·加利亚诺 2002 年拜访中国并参观了少林寺，观看了京剧表演，观摩了京剧的备演过程。这些体验让他深受启发，他在克里斯汀·迪奥 2003 年春夏高级定制系列中将中国的武术、杂技搬上 T 台，甚至还有身着僧袍表演武术的少年。这是时装秀场上首次将中国传统艺术体裁与时装设计作品一同呈现。

盖娅传说在巴黎高级定制时装周上发布 2020 年春夏系列作品时把中国的国粹——戏曲艺术呈现在时装发布会秀场中，开场仅两分钟的表演带给全场满满的中国传统文化气息，这为而后仙气飘飘的款式出场做了铺垫。随着模特不断出场，主题也不断更迭。末尾《霸王别姬》的选段既把秀场上服饰中蕴含的英雄豪迈气概及美人的似水柔情推向了极致，又呈现了秀场服饰和该选段人物造型的关系。最后压轴的大红色礼服出场后，整个秀场落下帷幕。

此外，在以东方文化为主题的时装发布会秀场上运用东方的音乐也十分普遍。比如乔治·阿玛尼 2009 年的私人定制系列秀场的配乐中插入了一段电视

---

① 王受之：《世界时装史》，中国青年出版社，2003 年，第 77 页。
② 包铭新、曹喆：《国外后现代服饰》，江苏美术出版社，2001 年，第 22 页。
③ 宗白华：《美学与艺术》，华东师范大学出版社，2017 年，第 111~112 页。

剧《末代皇帝》的配乐。将具有东方特色的音乐作为走秀音乐在郭培的高级定制秀场中十分常见，比如"东宫"系列。艾丽·萨博2019年秋冬的高级定制系列秀场中将坂本龙一（Ryuichi Sakamoto）的音乐与西方音乐搭配使用，传达该系列中表现的东西方文化的碰撞与交融。

第二节　形

时装设计中款式造型的第一要素——廓形是为形，用于装饰服装的图形或形态是为形，服装局部细节的形态是为形。廓形、装饰、细节是时装设计灵感来源中与形有关的元素在款式设计中的落脚点。与形有关的东方元素在时装设计中转化的结果也体现在上述三个方面。作为一种设计要素类别，东方元素在形这一层面主要指对实现服装廓形、装饰、局部细节设计有借鉴价值的事物形态，主要来自以下两个方面：一是东方元素的外在形态，即轮廓；二是东方元素的整体造型，即轮廓与造型特征的总和。时装设计中从形的层面对东方元素的借鉴涉及众多艺术门类，包括东方传统服饰、绘画、书法、工艺美术、建筑艺术等，亦有设计师将现代文化中的东方元素从形的层面提取后运用在时装设计中。

一、轮廓

将东方元素的廓形运用在时装设计中的作品可以归纳为两类：一类是对典型的东方服饰的廓形的运用；另一类则是对具有典型东方特征的器物或建筑形态比如瓷器、景泰蓝、玉器等工艺美术品及传统建筑等的运用。上述两个类别中第一类是较常见的运用。

（一）服饰廓形

时装设计借鉴的典型的东方服饰廓形主要有以宽松为特征的中国传统服饰廓形、日本和服H形廓形，以及印度纱丽的半成型缠裹式廓形。

东方传统服饰的廓形以H形为主，直至近代东方传统服饰与西方接轨、融合后方才有所变化。从安阳殷墟出土的石俑、玉俑可以看出，当时服饰已具有上衣下裳的形制①。这种形制体现了中国传统服饰的 H 形廓形特征。不同于西方中世纪后期发展起来的立体结构的构筑式服饰，东方传统服饰整体而言较为宽大，无论男女服饰都呈现 H 形轮廓。中国服装史上经历了赵武灵王胡服骑射服饰改制、魏晋南北朝战乱时期各民族服饰的交融、唐代自觉吸纳周边各民族服饰，以及清代满汉服饰的融合等重大变革，但服饰的廓形并未发生根本性变化。直至清末受到西方文化影响后，服装才逐渐变得紧窄。日本明治维新之前的日本服饰都为 H 形廓形，明治维新之后，日本和服作为与西式服装共同存在的着装体系而存在。印度传统服装亦有不少 H 形廓形的服装，并且在结构上与中国、日本传统服装一样，为非构筑式特征。

东方传统服饰的 H 形廓形对时装设计产生的重要影响从 20 世纪初期延续到了当下。保罗·波烈在时装设计中混合了阿拉伯、中国、日本传统服饰元素，反复使用 H 形廓形进行设计。保罗·波烈的"孔子"外套借鉴了东方服饰宽大的廓形，这款"孔子"外套的变体于 1905 年刊登于《费加罗时尚》（Figaro-Modes）。克里斯汀·迪奥设计的 1955 年秋冬系列的红色天鹅绒长袖 H 形廓形晚宴套装有着中国传统袍服的廓形特点，右边门襟向上形成弧形延伸到立领领口，领口处的珠饰为这套堪称克里斯汀·迪奥精准裁剪典范的款式增添了雅致。同一个系列中克里斯汀·迪奥设计的红色晚宴套装同样是中国传统袍服的 H 形廓形，立领的设计和左边的弧形门襟让这款服装的中国特征更加突出。在皮尔·卡丹 1969 年春夏系列中，借鉴中国传统服饰的廓形及部分细节设计的款式呈现出简洁的现代感。1977 年伊夫·圣洛朗发布的著名的中国系列高级定制设计中，有着典型的中国传统长袍的宽松廓形。郭培运用中国传统服饰廓形最突出的是其 2020 年春夏高级定制系列对藏袍的运用。盖娅传说在巴黎举办的四场时装秀中，每一场都有不少与中国传统服饰的 H 形廓形及传统款式密切关联的设计。乔治·阿玛尼对中国传统文化有着浓厚兴趣，中国传统服饰 H 形廓形在他的发布会款式设计中十分常见。在其 2022 年秋冬女装的定制系列中（图 2-1②、图 2-2③、图 2-3④），乔治·阿玛尼将一些 H 形廓形的款式与中国传统图案元素相结合，呈现了厚重的历史特征。

---

① 袁仄：《中国服装史》，中国纺织出版社，2005 年，第 25 页。

② 服饰前沿：《秀场 | GIORGIO ARMANI PRIVÉ 2022-23 秋冬女装系列》，https://www.sohu.com/a/569323019_500086l，2022 年 7 月 25 日。

③ 服饰前沿：《秀场 | GIORGIO ARMANI PRIVÉ 2022-23 秋冬女装系列》，https://www.sohu.com/a/569323019_500086l，2022 年 7 月 25 日。

④ 《Armani 高定系列唯美和沉静气息以竹体现东方优雅风范的典范》，http://www.360doc.com/content/19/0505/08/2535363_833420194.shtm，2019-05-05。

图 2-1　乔治·阿玛尼（2022 年）1①

图 2-2　乔治·阿玛尼（2022 年）2

图 2-3　乔治·阿玛尼（2022 年）3

　　中国传统服饰对日本服饰产生了巨大影响，而日本传统服装的廓形影响了 20 世纪初期的时装设计师。日本学者高桥健自在《图说日本服饰史》一书中直言："说到服饰制度在日本是如何形成的，最主要的无非就是模仿唐朝制度。"② 日本从唐朝借鉴的服饰历经藤原、镰仓、室町、江户几个时代的演变，款式特征都有不同程度的变化。换句话说，效仿而来的"外来"服装逐步演变

① 本书图片主要为时装品牌的作品。
② 高桥健自：《图说日本服饰史》，李建华译，清华大学出版社，2016 年，第 270 页。

52

成为一种颇具特征的服饰而被日本人视为本民族的传统服饰，谓之"和服"。和服同样有着 H 形廓形。日本自明治初年起废除过去的礼服，用西服取而代之，日本的服饰廓形才有了新的变化，过去的传统服饰被统称为和服。1913年保罗·波烈吸收了中东和日本和服的外形，以东方衣片的延伸特征设计了大量"穆斯林风"的服装，实现了对传统的西式装袖的改变①。马里亚诺·佛图尼擅长运用绉绸开展设计，在其卡弗坦长袍的运用设计中，最有名的一款红色卡弗坦长袍是在绉绸外面搭配了一件融合中国传统长袍、日本和服、奥斯曼服饰金色印花等元素设计的。

　　对日本和服廓形的运用最典型且最具有代表性的作品是来自日本设计师的设计实践。其中最具代表性的设计师有森英惠、三宅一生、川久保玲、山本耀司等。森英惠早在 20 世纪 60 年代就将和服的廓形与其他日本元素结合进行礼服设计。三宅一生从和服中提取廓形，设计了极具日本文化特征的现代时装设计作品，图 2—4②的款式呈现了和服侧面的形态。川久保玲的设计中 H 形廓形从未缺席。尤其在 20 世纪 80 至 90 年代，她的设计中最常见的 H 形廓形关联着和服特征（图 2—5③）。德赖斯·范·诺顿 2006 年春夏高级成衣系列是一个日本主题的系列，这个系列的作品最典型的特征并不是对日本纹样的运用，而是对日本和服廓形的运用。

　　图 2—4　三宅一生（1993 年）　　　　图 2—5　川久保玲（1984 年）

---

①　韩琳娜：《保罗·波烈女装设计的身体观研究》，武汉纺织大学，2013 年，第 13 页。

②　Issey Miyake：Dress，https://www.metmuseum.org/art/collection/search/678868，2015.

③　Rei Kawakubo：Dress，https://https://www.metmuseum.org/art/collection/search/80992，1993.

纱丽是信奉印度教的女性的传统服装，这种披挂于身上起初仅在举行宗教仪式时穿着的女性服饰样式，经历史的演变，成了妇女的常见服饰。穿纱丽的方法多样，其中最普遍的穿法是下端紧紧缠于肚脐以下，上端披于肩上或裹在头上。① 马切萨 2013 年春夏高级成衣发布会主题围绕印度传统服饰开展，其中不少款式都有着印度纱丽的廓形特征。

（二）其他东方元素的廓形

时装设计中对其他东方元素的廓形运用多见于对东方传统工艺品和建筑廓形的运用。常见的用法有两类：一类是作为服装廓形，另一类是作为服装的局部细节。

玛德琳·维奥内与同时代的其他设计师选取东方元素及用法明显不同，她是比较早将东方工艺品的廓形运用在时装设计中的设计师。玛德琳·维奥内1924 年设计的晚礼服与中国公元前 10 世纪—前 9 世纪的凤鸟玉柄的廓形、色彩极为相似，她将质地光滑且极富有垂坠特征的丝绸与凤鸟玉柄的廓形结合，设计成线条流畅、简洁的款式，显示出 19 世纪 30 年代对女性优雅、妩媚、雅致气质及现代主义的强调。1972 年皮尔·卡丹的中国系列融合了中国传统建筑天坛的轮廓造型。玛丽·卡特兰佐 2011 年秋冬高级成衣系列以中国明代瓷器及珐琅彩为主题，并将二者的造型与服饰的廓形设计巧妙地结合，是运用非服装类东方元素廓形十分有代表性的系列。

在对东方工艺品廓形的运用中，卡尔·拉格菲尔德、罗伯特·卡沃利、郭培等设计师都将青花瓷的廓形用在其时装设计中，并结合青花瓷的图案，呈现出惊人的视觉效果。在卡尔·拉格菲尔德为香奈儿设计的 1984 年春夏系列中，一款白色为底绣有蓝色花纹的晚礼服有着与青花瓷十分近似的轮廓特征。罗伯特·卡沃利 2005 年的秋冬高级成衣系列中，一款抹胸鱼尾裙和一款短款抹胸小礼服具有典型的青花瓷廓形特征，并印有青花瓷装饰图案。而郭培则运用青花瓷盘的造型与图案，设计了不对称裙摆造型的晚礼服。

在将东方传统服饰之外的其他传统艺术的局部形态与时装设计结合的作品中，对东方建筑的局部造型运用较为常见。1980 年伊夫·圣洛朗的高级定制系列呈现了神秘而富贵的东方形象，在一些款式中，设计师将中国建筑中飞檐的外形运用于服装肩部的设计中。华伦天奴在 1993 年的秋冬系列中将中国传统建筑的屋顶造型用于帽子的设计中。借鉴中国建筑飞檐设计的上翘肩头、衣

---

① 塔努佳：《印度宝莱坞电影中传统印度服装设计与审美研究》，东华大学，2009 年，第 18 页。

摆、脚口是乔治·阿玛尼 2009 年春夏高级定制系列的最大特点。

二、整体造型

（一）服装造型

1. 服装款式

基于东方传统服饰某个具体款式开展设计是时装设计中非常常见的现象。所涉及的款式通常为东方文化传统中具有典型特征的款式，比如中国的旗袍、对襟外套、肚兜、长衫马褂、军服，日本的女式或男式和服，以及印度的长袍、纱丽等。

旗袍在 20 世纪 20 年代定型，是近代中国最重要的女装[1]，也是时装设计师经常进行再设计的东方服装款式。旗袍的基本特点是袖身通裁、右衽大襟、立领、盘扣、绲边、两侧开叉等[2]。旗袍在后来的发展历程中进一步与西方服饰结构融合，在保持各部位细节特征的同时吸收了西方服装肩部与袖子的结构技术，形成了当前较为多见的袖身分离的特点。旗袍与西方传统服饰的廓形有较多的相似之处。约翰·加利亚诺为时装品牌克里斯汀·迪奥设计的 1997 年秋冬高级定制系列是借鉴旗袍的经典系列，旗袍在该系列中被以多种方式演绎。在高缇耶 2000 年高级定制中，旗袍被赋予了朋克和戏剧的意味。古驰 2016 年秋冬高级成衣系列中多款服装都有旗袍的特点，包括一款底摆印有红色金鱼的绿色开衩旗袍、凤穿牡丹图案的黑色旗袍，以及一款底摆有流苏并有芙蓉锦鸡图案的金属光泽连衣裙。2011 年路易·威登的春夏高级定制系列围绕中国清代传统服饰开展设计，旗袍、对襟长袍在这一系列中被演绎。

时装设计师也常对日本和服进行再设计。1978 年森英惠设计了一件蓝色交领长袍晚礼服，并配有米色龟甲纹宽腰带，是典型的基于和服款式进行再设计的作品（图 2-6[3]）。1976 年三宅一生基于和服设计的黄色格子长袍是日本设计师结合和服设计的另一经典款式（图 2-7[4]）。三宅一生在 20 世纪 80 年

---

①　李楠：《现代女装之源：1920 年代中西方女装比较》，中国纺织出版社，2012 年，第 90 页。
②　李楠：《现代女装之源：1920 年代中西方女装比较》，中国纺织出版社，2012 年，第 93 页。
③　Hanae Mori：Evening Dress，https://www.metmuseum.org/art/collection/search/105237，2004.
④　Issey Miyake：Coa，https://www.metmuseum.org/art/collection/search/105577，1977.

东方元素
在时装设计中的创造性转化

代初期基于日本武士的服装设计了更具现代特征的男装款式（图 2-8①）。山本耀司 1994 年秋冬高级成衣发布会以和服为主题，运用和服 H 形廓形、无领的设计，并结合了异色的宽腰带元素。

相对于中国及日本传统服装款式在时装设计中被再设计的频率，时装设计中对印度传统服装款式进行再设计的频率似乎要低得多。马切萨 2013 年春夏系列以印度元素为主题，对印度纱丽再设计，整个系列设计几乎成了印度传统服饰模仿秀。这是近年来时装设计师对印度纱丽再设计的主要案例。在克里斯汀·迪奥 2002 年春夏高级成衣系列中，约翰·加利亚诺用一款灰绿色透明纱缠裹于贴身的长袖 T 恤及紧身裤之外，薄纱从左边肩膀绕过前胸至头顶轻轻裹住身体。从纱上的花朵刺绣及缠裹的形态显示出该款式是对印度纱丽的典型再设计（图 2-9②）。

图 2-6 森英惠（1978 年）

图 2-7 三宅一生（1976 年）

---

① Issey Miyake：Ensemble，https：//www. metmuseum. org/art/collection/search/105572，1984.

② John Galliano：Spring 2002 ready-to-wear of Christian Dior，VOGUE RUNWAY，2001-10-09.

图 2-8　三宅一生（约 1980—1982 年）　　图 2-9　克里斯汀·迪奥（2002 年）

2. 服饰细节

对中国和日本传统服饰的细节、部件及饰品的运用是时装设计运用东方元素的重要方面。

中国传统服饰的局部形态常被各时代的时装设计师运用在设计中，其中最典型的是对中国传统服饰立领、交领、广袖、云肩、盘扣、穗子等局部细节的运用。除此之外，中国传统服饰中的配饰作为服装整体造型不可或缺的部分，同样被时装设计师运用在设计中。

立领和交领作为中国传统服饰的典型局部特征被广泛地运用在各种风格的时装设计中。立领可以追溯到中国清代服饰，但其起初的形态和如今完全不一样。清代的朝服呈现出的立领效果是通过搭配一个叫作领衣的独立服饰部件后形成的。领衣的领子呈元宝式，左右有肩，领下续以布条前后各一；前面正中开襟，并钉有纽扣，着时如衣[①]。领衣因形似牛舌又叫作"牛舌头"。清代后期长衫或旗袍都将领子直接加装在领围处。中山装的设计巧妙地融入了立领。相对于立领，交领在中国传统服饰中具有更悠久的历史。交领的特征为长条状的衣领下连到衣襟，穿着时两条衣领领口处一内一外相交叠[②]。时装品牌古驰、路易·威登、华伦天奴的高级成衣发布会多次将立领、交领运用在设计中。时装品牌古驰 2008 年秋冬、2009 年秋冬、2012 年春夏、2016 年秋冬的

① 张晨阳、张珂：《中国古代服饰辞典》，中华书局，2015 年，第 945 页。

② 张晨阳、张珂：《中国古代服饰辞典》，中华书局，2015 年，第 240 页。

高级成衣系列，以及时装品牌华伦天奴 2001 年春夏高级成衣系列都运用了立领设计。在高级定制中，运用皮草作为绲边的设计使得运用立领的款式更显奢华。在 1976 年秋冬高级定制系列中，伊夫·圣洛朗以金色金属丝混纺的提花面料设计的一款外套有着中国传统立领对襟的典型特征。立领亦是时装品牌路易·威登 2011 年春夏高级定制系列中呈现中国主题的重要细节。在艾丽·萨博的 2019 年春夏系列中，立领、交领、广袖是该系列呈现东方主题的重要元素。郭培在 2019 年春夏的"东宫"系列中运用的则是中国宫廷女性服饰的宽袍大袖、斜襟立领等元素，这些元素与当时的新面料结合进行演绎。

伊夫·圣洛朗十分喜爱中国传统服饰中的盘扣。在其 1977 年的高级定制中国系列中，盘扣和绲边的细节让整个系列的中国韵味更加浓郁。1982 年伊夫·圣洛朗设计的一款套装中，上衣前门襟的三个盘扣结合绲边一同运用，这一简洁的款式立刻就有了中国风韵。事实上，伊夫·圣洛朗在 1979 年的秋冬系列中就已经设计过类似的款式，并搭配了红色的五分灯笼裤，而盘扣的数量则是 4 个。在时装品牌克里斯汀·迪奥 2009 年秋冬高级成衣系列中，约翰·加利亚诺在两款服饰中运用了盘扣元素：一款为灰色风衣，另一款为紫色套装。

时装品牌古驰自 2018 年秋冬起其后的五个季都以不同方式运用了中国传统服饰中女装的云肩形态。云肩作为一种披肩，以绸缎制作，表面饰以彩绣，四边有绣边或彩色穗子，因外形如云朵形状而得名。云肩自金代开始流行，并在元、明、清每个朝代都有不同的变化，清末最为普遍①。在中国传统服饰中，除了将云肩作为一个独立的部件，亦有将服装的肩部设计为云肩特点的款式。郭培 2019 年春夏"东宫"系列中对云肩的运用则是将过去独立的服饰部件作为服装的上衣与灯笼裤搭配。

时装设计常运用日本和服的局部造型，包括腰带、袖型、男女和服的领型、垮裤、女性和服的背部形态、腿部至拖尾的形态。和服的腰带在幅宽上有全幅②和半幅③的区别，麻、纱、罗、绢、织锦等材质的腰带可归为印染和织锦两个主要类别。在日本的着装习惯中，通常选择与和服质地不同的腰带用于搭配，如印染和服搭配织锦腰带，织锦和服则搭配印染腰带。在山本耀司 1994 年秋冬高级成衣发布会中，和服的腰带作为该系列中重要的元素来呈现。德赖斯·范·诺顿在 2006 年的日本主题系列中亦多次使用具有和服腰带造型

---

① 张晨阳、张珂：《中国古代服饰辞典》，中华书局，2015 年，第 780 页。
② 约 30 厘米。
③ 约 15 厘米，近年来也有 18 厘米的半幅带。

特征的设计。克里斯托瓦尔·巴伦夏加多款设计作品都有着日本和服因领子下垂和腰带捆绑而形成的轮廓与弧线。他在另一款黑色茧形羊毛连衣裙的设计中，将和服的领型在后颈点的形态特征运用在前颈点的设计中。伊夫·圣洛朗在 1983 年设计的玫红色及橙色斗篷亦有和服背部形态特征。查尔斯·詹姆斯的红色短外套体现出和克里斯托瓦尔·巴伦夏加对和服背部轮廓同样的特征。查尔斯·詹姆斯在西式结构中融入了和服背部膨大的空间特征。在川久保玲的时装设计作品中可以见到女式和服下半部分向外打开形成拖尾的局部造型特征，比如 1998 年春夏的灰色马甲的门襟从腰部往外形成开叉造型。在川久保玲 2018 年春夏高级成衣系列中，印有日本二维平面动画形象的礼服同样从正前方开叉后形成拖尾，与和服形态如出一辙（图 2－10）。在川久保玲 2007 年春夏高级成衣系列中，交领和高腰带的元素结合红色圆形反复出现。

　　因运用纱丽而闻名的梅因布切常将纱丽的某些局部特征运用在设计中，比如腰部的斜向褶皱，肩部后面下垂的造型。马切萨的 2013 年春夏高级成衣系列的一些款式也运用了印度纱丽局部细节进行设计。

　　东方传统服饰的首服、足服以及配饰在时装设计中的运用颇多，比如中国清代的凉帽、冬冠、油纸伞、绢扇、折扇，日本足套以及木屐等。这些极具东方传统特征的配饰常被时装设计师作为凸显主题特征的要素运用在设计中。不少时装设计师都曾将中国清代首服的造型特征运用在设计中。伊夫·圣洛朗 1977 年秋冬的高级定制系列设计的金色、红色与黑色搭配的圆锥形帽子是对凉帽运用的典型案例。吴季刚 2012 年秋冬高级成衣发布会作品根据清代帝王冬天搭配行服的冬冠进行了再设计。在古驰 2017 年秋冬高级成衣系列中，设计师将油纸伞与多款服饰搭配，包括花卉图案的黑色连衣裙、花卉图案的西装、蓝色花卉图案套装、搭配彩色花卉裤子的格纹西装、红色条纹的连衣裙等。梅森·马丁·马吉拉最早在 1989 年以日本足套的外形特征设计了袜靴，在 20 年时间里，这款袜靴每一季都以不同的形态迭代，成了梅森·马丁·马吉拉的经典单品。三宅一生约在 1994 年基于日本的木屐及足套设计的分趾皮拖鞋也是对东方传统服饰细节造型整体运用的经典设计。

　　（二）图案

　　东方图案涉及的内容极广，既有古代的，亦有现代的。人物图案、动物图案、风景图案、花卉图案、几何图案是东方图案中常见的。各种东方传统图案不仅可以单独使用，还可以根据需要以不同方式组合使用。东方传统图案根据不同的分类方法可分为诸多种类，如分为具象图案和抽象图案，具象图案如表现人物、花卉、动物、器物、风景、场景的图案，抽象图案如几何图案、文字及符号等。在中国，无论是抽象图案还是具象图案都可以用来表达吉祥，被称为吉祥图案。"吉祥图案可以上溯到商周，至宋代逐渐成熟，明清晚期达到了'有图必有意，有意必吉祥'的地步。"① 日本对中国服饰的效仿不仅仅只有服饰款式，还有纹样特征。换句话说，日本传统图案与中国传统图案存在很多共同之处。

1. 具象图案

用图案表达对美好生活的向往是东方传统图案的重要特征。具象图案包括：具有吉祥寓意的具象图案，其是时装设计中对东方具象图案的运用最主要也是最重要的方面；东方传统绘画中的具象图案，如工笔画、水墨画、宗教绘画等传统绘画中的具象图案。以上两种是属于传统层面的。时装设计中亦有运用现代东方具象图案的情形。

保罗·波烈、卡洛姐妹是20世纪早期在时装设计中运用东方传统图案较有代表性的设计师。前者的设计可以见到云纹、松树、菊花等典型东方图案，后者的设计中有云纹、龙纹、蝴蝶、花朵等图案。保罗·波烈常常将中国或日本的传统纹样用于体现他的"东方主题"的设计中。卡洛姐妹设计的一款绉纱雪纺面料上的花卉金属丝图案即典型的日本花卉图案。爱德华·莫利纳在白色晚礼服上运用了狮子纹样对礼服进行装饰。香奈儿较早在时装设计中运用了龙纹、祥云等图案。查尔斯·詹姆斯在1945年设计的晨袍有着垂直廓形、蓝白相间的条纹及翻起的袖口，是对中国清代朝服海水纹样运用的典型款式。克里斯托瓦尔·巴伦夏加在设计中运用过竹子、花朵、藤蔓等图案。伊夫·圣洛朗在1968年秋冬高级定制发布会中发布了具有青花瓷白底蓝花图案的真丝缎晚礼服。在伊夫·圣洛朗1977年秋冬高级定制系列中，具有中国传统特征的花卉图案、云纹将秀场上宽松的服装点缀得奢华而富贵。

以上提及的设计师对东方具象图案的运用包含了植物图案、风景图案、动物图案，涉及了具象的东方吉祥图案的主要类别。其后的设计师对东方元素的运用进一步丰富了时装设计运用东方元素的类别。如森英惠对日本的樱花、富士山、蝴蝶等图案的运用，高田贤三在设计中对多种类型的日本具象吉祥图案如折扇、花卉等进行组合。

时装设计中对部分具象的东方吉祥图案的运用频率较高。植物图案中以花

---

① 郑军、余丽慧：《中国传统装饰图案》，上海辞书出版社，2017年，第8页。

卉图案居多，对青花瓷花卉图案的运用最典型，其次为牡丹、荷花、樱花、梅、兰、竹、菊、松等。时装设计品牌克里斯汀·迪奥、香奈儿、华伦天奴、郭培、伊夫·圣洛朗、梅森·马丁·马吉拉、德赖斯·范·诺顿、罗伯特·卡沃利、罗达特、詹巴蒂斯塔·瓦利等都有运用青花瓷花卉图案的经典设计作品。其中克里斯汀·迪奥、华伦天奴、罗伯特·卡沃利、德赖斯·范·诺顿多次将青花瓷图案运用在其设计中。克里斯托瓦尔·巴伦夏加1962年设计的花朵图案晚礼服和高缇耶在2010年秋冬高级成衣系列中设计的牡丹纹披肩都有着浓郁的中国传统特征，也是运用东方花卉图案的典型案例之一。时装设计中对东方风景图案运用最广泛的是江崖海水图案、水纹、云纹、折扇、绶带，其中对江崖海水图案、水纹、云纹运用频率最高。这是时装设计中频繁对中国清代朝服尤其是对清代吉服袍图案运用的结果。德赖斯·范·诺顿2012年秋冬高级成衣系列是运用江崖海水图案的典型。时装设计对东方动物图案主要集中在对龙、虎、鹤、凤、蝴蝶、鱼、蝙蝠图案的运用上，并且相对而言，对龙、虎、蝴蝶图案的运用更加频繁。其中龙图案作为东方吉祥图案的典型被用于无数时装品牌设计中，包括香奈儿、华伦天奴、郭培、伊夫·圣洛朗、亚历山大·麦昆、德赖斯·范·诺顿、罗伯特·卡沃利、谭燕玉、拉夫·劳伦、安娜·苏等。以上时装品牌对龙图案的运用十分具有代表性。其中郭培从不掩饰她对龙图案的喜爱，在她的设计中对龙图案的运用甚为频繁，甚至可以说龙图案是郭培设计中不可分割的部分。

时装设计将中国传统绘画作为图案加以运用的较有代表性的时装品牌有克里斯汀·迪奥、华伦天奴、德赖斯·范·诺顿、古驰。克里斯汀·迪奥2022年秋冬高级成衣系列中，中国花鸟图案被运用在裤子、风衣、裙子、衬衣、外套等款式中，这些花鸟图案与卡其色面料搭配，呈现出中国画被时间浸染的古意。华伦天奴2010年春夏高级成衣系列运用了具有水墨画特征的图案印花，轻薄的面料运用这些印花图案，显得轻柔而飘逸。该品牌2011年的早春系列将晕染色彩结合具象的荷花图案用于装饰，同样具有水墨晕染特点。德赖斯·范·诺顿2011年春夏高级成衣系列为中国传统绘画主题。在此之前，德赖斯·范·诺顿已经多次在设计中运用中国传统绘画元素。时装品牌古驰在2015年春夏高级成衣系列中的一款橙色调的连衣裙运用了大量的中国花鸟图案，胯部的鸟图案占据了主体地位，袖子、前片、后片都布满了花卉图案。这种花鸟图案在该系列橙色调的连衣裙、黄绿色调连衣裙、蓝绿色调挂脖连衣裙中再次运用。并且这三款服饰在袖口、领口、腰部镶拼了深色缘饰，较好地呼应了花鸟图案所展现的中国韵味。

　　将东方宗教绘画图案运用于时装设计方面，郭培和谭燕玉的设计十分有代表性。郭培 2020 年的"喜马拉雅"系列运用了唐卡大千寰宇中的丰富图案。谭燕玉在 1997 年春夏高级成衣系列中将敦煌壁画中的一个观音形象运用在一款长裙中，这款长裙让谭燕玉获得了西方媒体的广泛关注，该款式也成了谭燕玉设计的著名款式。许建树 2015 年的高级成衣发布会"敦煌"以及盖娅传说的高级成衣发布会"壁画·一眼千年"都以敦煌壁画为主题，对敦煌壁画图案的运用成了他们发布会作品的亮点。

　　时装设计运用的日本传统绘画图案最典型的是浮世绘图案。山本宽斋是将日本浮世绘图案运用于时装设计中最具代表性的设计师。1971 年山本宽斋在伦敦首秀中，对浮世绘图案的运用让其服装具备了色彩华丽、大胆前卫的特点。山本宽斋因此登上了英国著名时尚杂志《哈珀斯 & 女王》（*Harpers & Queen*）的封面，被称为"来自东方的大爆炸"。森英惠的设计中亦经常出现浮世绘图案，三宅一生的设计中亦有过运用浮世绘图案的尝试。时装品牌路易·威登 2018 年的早春系列呈现了一个日本主题，山本宽斋受邀参加了该系列的图案设计，该系列服饰上夸张的日本浮世绘图案都出自山本宽斋之手。德赖斯·范·诺顿的 2012 年秋冬高级成衣系列亦有对日本浮世绘图案的运用。

　　将东方现代名人、著名事件、典型的文化现象等相关图案运用在时装设计中，属于对东方现代的具象图案的运用。"波点女王"草间弥生代表性的大眼睛元素在川久保玲 2021 年春夏系列中被运用。日本设计师常将日本漫画形象运用在时装设计中，其中运用最早的是山本宽斋，山本耀司也有过类似的尝试，就连川久保玲也曾将日本漫画形象运用在设计中（图 2—10①）。

图 2—10　川久保玲（2018 年）

---

　　①　Rei Kawakubo：Ensemble，https：//www. metmuseum. org/art/collection/search/789142，2018.

2. 抽象图案

东方抽象图案主要有几何图案、文字图案等。相对具象图案而言，时装设计中对东方抽象图案的运用较少。除了对一些几何图案的运用外，识别性最强的抽象图案主要是东方文字。保罗·波烈在对"孔子大衣"再设计时将圆形的寿字纹用于肩部的装饰。20世纪50年代克里斯汀·迪奥及香奈儿都在晚礼服设计中运用过中国书法图案。自日本设计师走进巴黎后，日文也被运用在时装设计中作为装饰。山本宽斋常将日文运用在其设计中。森英惠则将草书印在轻薄的丝绸面料上，呈现一种前人未曾尝试过的飘逸流动效果。山本耀司常在设计中运用文字，除了日文外，也曾多次运用中文。日本传统布料中的格子图案亦是抽象图像的代表之一，不过这种格子图案因被固定在特定的面料中，并伴随了特定的色彩组合，因此在设计要素类别中更适合被归到物料类别。谭燕玉将现在中国普遍使用的二维码作为时装设计的图案使用，这是时装设计中为数不多但十分具有代表性的运用现代东方抽象图案的案例。

（三）其他东方元素的整体造型

除了服饰与图案外，时装设计师还会将其他东方元素的整体造型进行运用。比如将东方的工艺品及传统建筑的整体造型用于服装配饰的设计中。

在亚历山大·麦昆的 2005 年春夏系列中，他和菲利普·特里西（Philip Treacy）一同设计了一款名为"中国园林"的头饰，整个头饰呈现了一个微缩的东方园林。在时装品牌古驰的 2018 年秋冬高级成衣系列中，具有中式传统建筑飞檐特点的屋顶被用于一款黑色蕾丝帽子的设计中。在 2019 年郭培的"东宫"高级定制系列中，中国古代园林的构件及家具的腿足造型被用于鞋子的根部设计。此外，还有一些时装设计师将灯笼的整体造型用于耳环、发簪等饰品的设计中。

第三节 色

色彩在设计中是一种依附于质料的要素。时装设计中对色彩的运用十分灵活，有时会通过改变素材的色彩来展现新的视觉特征，有时又会通过色彩来强调设计的主题。若从运用的色彩数量对时装设计中的色彩运用进行分类，可分为运用一种色彩的单色运用，和运用两种及以上色彩的多色运用。运用多种色

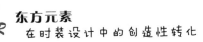

彩时，设计师通常需要将色彩呈现出对比或调和特征以达到协调效果。对极具辨识性的东方文化特征的色彩及其色调的运用是时装设计中多见的情形。

一、单色及其色调

（一）红色及红色调

红色在东方国家受到普遍的推崇，这是时装设计中将红色及红色调与东方联系在一起的主要原因。尤其在中国，红色具有极其重要的地位。和红色有关的文字"赤""朱""丹"在甲骨文中就已出现。在如今中国这片土地上，对红色最早的运用可以追溯到北京山顶洞人。考古发现山顶洞人的装饰物如石珠、带孔的鱼骨、牙齿都被赤铁矿染以红色，同时在山顶洞内发现有赤铁矿粉①。山顶洞人的饰物对红色的运用包含了对红色所赋予的想象的象征意义②。红色在中国是五色之一，亦是正色。五色又与五方联系在一起。五行学说中南方属火，火的颜色为朱，因顺时气，周朝时帝王、后妃及诸臣百官夏季在南郊祭祀时穿朱衣，即红色服装③。汉代起至南朝，天子、贵族、大臣在五个时节所穿着的礼服颜色不同，夏季为朱，也即红色。这种按时节更换着衣叫作五时衣④。魏晋至宋代都有官员的朝服被确定为红色。中国古人对红色十分喜爱。红裳在唐代用于借指美女。唐代服饰中有大量与红色密切关联的词，如红带、红巾、红衫、红绶、红鞓、红衣、红缨等。清代年轻女子尤爱红色服装，红色调是氅衣、袍褂、短衫、衬衣⑤、坎肩、马面裙等款式中最多见的色调。红色是故宫的主体色彩之一，故宫建筑中墙体、门、柱廊等皆用红色。在中国，红色作为婚嫁、节庆时所用的色彩，一直持续到当下。在日本，红色代表太阳和生命，亦有吉祥之意。红色在印度文化中也扮演着极其重要的角色，用于出生、节日、婚礼等吉祥喜庆的场合。

在与东方关联的设计中运用红色及红色调的情形由来已久，相关运用中最具代表性的时装品牌是华伦天奴。纽约大都会博物馆收藏了华伦天奴·克利门

① 裴文中：《周口店山顶洞之文化（中文节略）》，文物春秋，2002年，第2期，第4页。
② 李泽厚：《美的历程》，生活·读书·新知三联书店，2009年，第3页。
③ 张晨阳、张珂：《中国古代服饰辞典》，中华书局，2015年，第180页。
④ 张晨阳、张珂：《中国古代服饰辞典》，中华书局，2015年，第298页。
⑤ 这里所说的衬衣是清代一种无领右衽右开叉服装，通常领口、衣襟及袖口有镶滚装饰，长及脚面，有宽大和紧窄两种类型，宽大款做外穿，不再罩其他衣物，紧窄款则在外加穿坎肩、挂襕。衬衣因只有右侧开叉故左侧没有镶滚装饰。

地·鲁德维科·加拉瓦尼在 1970 年设计的三款红色服装，对红色的运用赋予了这三款服装东方风情。除了色彩之外，有别于西方传统服饰是这三款服装的共同特点。发布会中全套服装采用鲜亮的红色来开展设计的方式几乎成了华伦天奴这个品牌时装秀的固定模式。该品牌对红色运用最为经典的时装发布会要数 2013 年的上海系列（彩图 1①）。该系列所有款式及配饰都是红色，款式设计融合了中国传统服饰的 H 形廓形，借鉴了清代朝服下摆的分片特征、马面裙纵向的褶皱细节以及明代水田衣的拼接特征。川久保玲也举办过全场都是红色的发布会，其 2015 年春夏高级成衣系列的服装都是红色。而在 2021 年春夏高级成衣发布会中，川久保玲运用了红色的灯光让整个秀场变成了红色。

时装设计师在关联东方的款式中将红色作为主色调的作品不胜枚举。在约翰·加利亚诺为时装品牌克里斯汀·迪奥设计的 1997 年秋冬高级成衣系列中，红色调的旗袍成了该秀场上最具东方魅力的款式。克里斯汀·迪奥 1956 年发布的由旗袍改良的套装则是不夹杂一点其他色彩的大红色。约翰·加利亚诺为克里斯汀·迪奥高级定制系列设计了多款有名的红色调服装，如 1998 年秋冬高级定制系列的红色调晚礼服大衣、2003 年春夏高级定制系列的红色连衣裙等。郭培的设计作品也有不少红色调服装，如 2019 年春夏高级定制系列红色调服装较好地衬托了该系列的中国主题，尤其是开场的款式（彩图 2②）。汤姆·福特 2004 年秋冬为时装品牌伊夫·圣洛朗设计的红色调团花图案晚礼服回顾了伊夫·圣洛朗 1977 年发布的高级定制中国主题。在后者的主题中，红色不仅作为一些服装款式的主调，也作为其他款式中的点缀色。此外，还有 1957 年查尔斯·詹姆斯以红色丝线、金色金属线提花面料设计的红色调套装，时装品牌华伦天奴 1990 年秋冬高级定制系列中的红色刺绣套装，巴尔曼 1999 年秋冬高级成衣系列中灵感来自旗袍的红色调款式……

（二）黄色及黄色调

黄色及黄色调同样常作为一种象征东方的元素运用在时装设计中。东西方文化传统中关于黄色的内涵差异巨大。黄色在西方传统文化中常与背叛、胆小、颓废、病态联系在一起。黄色在西方传统文化中之所以成为一种与不幸关联的色彩，主要是因为圣经故事《犹大之吻》。在中国传统文化中，五个方位

① 《Valentino 上海首秀中国红红翻天》，http://www.360doc.com/content/14/0102/12/5554415_342022983.shtm，2014-01-01。

② Guo Pei：Spring 2019 Couture，VOGUE RUNWAY，2019-01-24.

分别用不同的颜色表示：东方为青；南方为赤，即红色；西方为白；北方为
玄，即黑色；中央为黄。中国传统文化中"'黄'色的'比德'审美意蕴，不
仅得'人伦之德'的'中和'之美的尽善尽美之至德；而且也得'天地之德'
的'中和'之美（即和谐之美）的尽善尽美之德。故得为至尊至贵，理所当
然"①。辽代起皇帝开始喜着黄色，唐代帝王的袍服虽崇尚黄色，但隋唐初期
并不禁止臣民穿戴黄色，后来赤黄色在武德初年（618 年）禁止士庶穿着，赤
黄因此成了帝王的专用色。明代服装承唐制，帝王专用的黄色范围有所扩大。
对黄色的禁制极限是在清代，不但延续了明代将黄色作为帝王服装的色彩惯
例，不少器物和皇帝有关的都用黄色或金色，并且规定明黄色为帝王的专用
色。宫廷文化对黄色与金色的普遍运用亦是中国传统文化中黄色至尊地位的呈
现。中国唐代对黄色的尊崇为日本所效仿。日本正仓院所保存的栌木极有可能
是日本使节在唐代时期出使中国时收到的馈赠，栌木所染之色为橙黄色，再叠
染苏坊即为日本皇太子服装的丹黄色②。在印度，黄色是极乐世界的象征。泰
国皇帝对黄色喜爱影响了他的臣民。事实上泰国、缅甸、越南等信奉佛教的国
家都认为黄色是神圣的色彩。

　　时装设计中对黄色的运用与中国传统文化有着密切的渊源。许多著名的时
装设计品牌都曾将清代朝服的黄色主调与其图案运用在时装设计中。时装品牌
华伦天奴 2004 年秋冬高级定制系列的一款礼服设计运用了中国清代帝王冬季
朝服的色调，在这款黄色为主色调的礼服上，有红色、绿色的图案，并穿插了
金色，领口、衣襟及袖口运用了棕色的皮草。汤姆·福特为时装品牌伊夫·圣
洛朗 2004 年秋冬高级成衣系列设计的黄色调晚礼服、约翰·加利亚诺为时装
品牌克里斯汀·迪奥 1998 年秋冬高级定制系列设计的黄色连衣裙都是对黄色
调运用的经典款式。德赖斯·范·诺顿 2003 年春夏高级成衣运用了黄色并带
有花卉的面料；类似的色彩在该品牌 2008 年春夏高级成衣中再次出现，一些
款式拼接了钴蓝色花卉。这些黄色运用和中国清代的瓷器、珐琅工艺品色彩有
着较大的关联，这包括黄地粉彩瓷器、黄地珐琅彩等。在故宫博物院收藏的黄
地珐琅彩中，康熙款画珐琅玉堂富贵图直口瓶以五彩花卉为装饰主体。黄地粉
彩瓷器中亦有饰以花卉图案的情形。德赖斯·范·诺顿对黄色调的经典运用是
2012 年秋冬高级成衣系列，该系列结合清代朝服图案设计，让服装获得了一

---

　　①　蔡子谔：《中国服饰美学史》，河北美术出版社，2001 年，第 28 页。
　　②　曾启雄：《绝色：中国人的色彩美学》，译林出版社，2019 年，第 219 页。

种东方的高贵至尊感，如彩图3①所示。郭培在设计中对金色的运用呈现了中国传统文化中金色的尊贵地位。金色也是郭培时装设计中龙凤、花卉等图案的重要色彩。

（三）黑色及黑色调

黑色在东西方文化中既有共同之处，亦有不同之处。相同的是，黑色在东西方文化中都与死亡、葬礼关联在一起。尽管在19世纪初期黑色在西方传统中就曾被指定为正式晚装所用的颜色，20世纪20年代香奈儿推出的小黑裙让人们对黑色的接受程度更广，但这并未完全改变欧洲大众对黑色的固有观念。两次世界大战期间，遍布欧洲的黑色服装都是参加葬礼的人或寡妇穿着，但战争过后，弥漫在欧洲土地上的黑色服装迅速消失了。

中国历史上并不以黑色作为葬礼的惯用之色，所谓披麻戴孝所穿的麻衣为一种未染色、未漂白的本色麻布衣服。如今，东方国家参加葬礼穿黑色服装较大程度上是受西方文化影响的结果。如前文所述，黑色在中国是五正色之一，与五方关联在一起时，黑色代表北方。中国的服装制度自周代开始便形成了一定的体系，那时的"冕服为玄衣而纁裳，连同綖板，都是上为黑色，下为暗红色，或称绛，上以象征未明之天，下以象征黄昏之地"②。周代以及后来的汉代天子祭祀和朝会所穿的玄衣亦为黑色，并绣有黻；周代卿大夫的命服亦为玄衣③。清代时期有一种非常贵重的礼帽叫作黑狐大帽，除皇帝外，其他大臣除非皇帝赏赐后才能在入朝时穿戴，其他人都不得穿戴④。在中国戏曲舞台上，扮演花脸行当的文臣、武将的官服或朝服亦是以黑色为主调。清代官员所穿的朝服为石青色，这种颜色是一种接近于黑色的深蓝。可见，在中国传统文化中，黑色是与庄重、权利密切关联的色彩。在中国和日本，女性用黑色画眉。日本明治时代结束以前都一直流行着染黑牙齿的习俗，这些群体以女性为主，也包括部分男性。可见黑色在东方传统文化中也可以代表优雅和美丽。在日本，若是梅雨季节所刮的南风强劲有力，则被称为黑南风；若是和煦轻柔，则被称为白南风。因此，黑色在日本亦是力量的代表。在日本，歌舞伎着黑色衣服代表"无"，着黑色衣服在舞台上的活动被视同不存在，即在歌舞伎表演中身着黑色上台被定义为不存在于舞台上。反复渲染至接近黑色的靛蓝色是日本

---

①　Dries Van Noten：Fall 2012 Ready-To-Wear，VOGUE RUNWAY，2020-02-23.

②　华梅：《中国服装史》，中国纺织出版社，2018年，第16页。

③　张晨阳、张珂：《中国古代服饰辞典》，中华书局，2015年，第156页。

④　张晨阳、张珂：《中国古代服饰辞典》，中华书局，2015年，第928页。

传统武士服装的色彩，因为武士意味着将自己投身于精神境界。因此，在日本的传统中，黑色也意味着"无"。

20世纪80年代川久保玲在巴黎第一次展示以黑色为主调的服装系列，让当时的评论家反应异乎寻常，因为此前几乎没有人这样做。川久保玲、山本耀司以及三宅一生大部分的作品都是黑色的。20世纪80年代，川久保玲的作品中出现最多的就是黑色。她把有细微差别的黑色运用在设计中，甚至尽可能在设计中用黑色取代其他色彩。从川久保玲等日本设计师大量运用黑色到这一色彩在时装设计中越来越普遍，前后大约经历了15年时间。山本耀司执着于黑色，几乎可以说黑色是山本耀司作品的代表，他甚至因黑色的运用被誉为"黑色哲学大师""黑色诗人"。在1999年春夏高级成衣发布会中，山本耀司在秀场上让全身黑色并戴着黑色面罩的助手在台上协助模特换装穿衣，这是一种日本歌舞伎的传统，在歌舞伎表演中着黑色的人被称为"黑子"①。郭培在巴黎高级定制时装周上的首秀也锚定了黑色，她将黑色与金色龙纹刺绣结合，相关款式显得华美、精致而高贵（彩图4②）。吴季刚中国系列中的不少服装为全黑色，或者以黑色为主调。约翰·加利亚诺为时装品牌克里斯汀·迪奥设计的2007年高级定制系列以日本传统文化为主题，45个款式中有6款以黑色或黑色调呈现，其中就包括图2—11③的款式。

图2—11　克里斯汀·迪奥（2007年）

---

①　川村由仁夜：《巴黎时尚界的日本浪潮》，施霁涵译，重庆大学出版社，2018年，第151页。

②　Guo Pei：Fall 2016 Couture，VOGUE RUNWAY，2016-06-05.

③　John Galliano：Spring 2007 CoutureDior，VOGUE RUNWAY，2007-01-22.

二、多色的运用

东方文化从古至今常用的色彩甚为繁多，难以厘清。从时装设计中实际使用的情况来看，与东方服饰及传统工艺品关联的色彩最多见，其中对紫色、绿色、蓝色的运用也较多见。在用法上主要为将这些色彩作为主色调形成协调或对比的效果，也有将这些色彩与其他色彩搭配的情形。

时装品牌汤姆·福特、华伦天奴、克里斯汀·迪奥、德赖斯·范·诺顿对东方文化中多色的运用涉及了东方对紫色的偏好。在汤姆·福特的 2013 年秋冬高级成衣中，一款紫色花卉纹茧形大衣搭配了黄色毛领（彩图 5①），其色彩与中国国家博物馆收藏的明代法华高士出行图罐十分近似。该罐通体以浓重的深紫色为地，间以孔雀蓝、白色、粉红色，瓶口铜质的金属色彩将整个罐子衬托得厚重而华贵。时装品牌华伦天奴经常将深紫色与其他东方元素一同使用。中国传统瓷器以及清代蟒袍常以胭脂红为底色，这种胭脂红实则是一种偏紫的红色。华伦天奴 2002 年秋冬高级定制系列中多款服装将花卉图案与紫红色一同使用，以此营造浓郁的东方气氛，如彩图 6②。在该品牌 2007 年秋冬高级定制系列中，一款七分袖紫罗兰上衣与绣有金色亭台及植物图案的红色短裙，并搭配了紫色的丝袜，整体形成紫色调，具有高贵而神秘的特点。在时装设计对紫色调的运用中，一种更淡的紫色也关联着东方文化。这种淡紫色与中国瓷器以及日本文化对紫藤花的喜爱有关。德赖斯·范·诺顿 2006 年春夏高级成衣系列，以及时装品牌克里斯汀·迪奥 2007 年高级定制系列都有对淡紫色的运用。

军绿色也在时装设计中作为东方文化的代表性色彩被运用。其中最典型的是约翰·加利亚诺为时装品牌克里斯汀·迪奥设计的 1999 年春夏高级成衣系列、卡尔·拉格菲尔德为香奈儿设计的 2010 年早春系列（彩图 7③）。在德赖斯·范·诺顿 2012 年秋冬的中国主题高级成衣中，军绿色被作为一种搭配色使用。埃米利奥·普奇 2013 年的度假系列则通过龙纹图案将军服与东方传统关联。

时装设计中亦有设计师运用东方少数民族地区色彩的情形，这些色彩有的来自当地的自然景观，还有的则与少数民族服饰色彩关联。最具典型性的是郭

---

①　Tom Ford：Fall 2013 Ready-To-Wear，VOGUE RUNWAY，2013-02-18.

②　Pierpaolo Piccioli：Fall 2002 Couture，VOGUE RUNWAY，2002-06-10.

③　Karl Lagerfeld：Pre-Fall 2010 Ready-To-Wear，VOGUE RUNWAY，2009-12-03.

培 2020 年春夏的喜马拉雅系列对布达拉宫、唐卡色彩，以及天山雪莲等藏族传统文化及自然景观相关色彩的运用。华伦天奴在 1966 年发布了一款渐变色条纹无领高腰长外套，该款式的腰线以上为横向细条纹，腰线以下为纵向细条纹，并在结构上有明显的东方服装特征。这款由华伦天奴·克利门地·鲁德维科·加拉瓦尼设计的款式在该品牌后来的发布会中以不同的方式进行了再设计。这一款式运用了藏族传统服饰腰部彩条围裙的色彩。藏族服装中这种由羊毛横向排列的彩色条纹围裙称为"邦典"。

除以上色彩外，因关联青花瓷和东方的传统染织技艺，时装设计中与东方文化关联的发布会中对蓝色调的运用也十分广泛。相关运用多与花卉图案结合在一起，与染织相关的蓝色运用则多呈现出染织技艺的特征。中国古代的绿地粉彩瓷器以及景泰蓝关联的蓝色亦有设计师运用。与东方文化密切关联的发布会中多见蓝色与黄色搭配，这样的配色与清代帝王的朝服不无关联。与东方传统绘画关联的米灰色调在时装设计中也较为多见，并常与植物花卉一同呈现。

第四节　艺

从字源上来看，艺术的"艺"字，无论中国或西方，大多专指一种特殊的技能①。工艺与艺术难以分割。现代汉语中"艺"的含义包含了技能和艺术两个方面。时装设计中将设计构想实现实物化要解决以下两个方面的问题：一方面是以怎样的成型技术来实现，另一方面是以怎样的工艺来完成。这两个方面都与技能联系密切。基于这两个方面，时装设计师才将艺术性融入技术，设计出具有美感的作品。从时装设计中对东方元素运用的实际情况来看，以上两个方面都有涉及。在成型技术方面，时装设计师受到东方传统服饰平面结构的启发。在工艺技术方面，许多来自东方文化的工艺、技艺都在不同程度上影响了时装设计师。这些工艺、技艺不仅包括传统服饰相关的工艺、服装结构，还包括其他传统技艺。

一、服饰相关工艺

东方传统服装在染织、缝制、装饰、整烫各个方面都有非常特别的工艺。

---

① 蒋勋：《美的沉思》，湖南美术出版社，2014 年，第 297 页。

染织方面，如中国的织锦、扎染、蜡染，日本和服的手工印染技艺；缝制方面，如中国的镶滚工艺；装饰方面，如东方传统刺绣技艺；整烫方面，如中国苗族的抽褶工艺。在以上这些工艺中，染织工艺和装饰工艺常常被时装设计师运用在设计中。此外，具有特色的东方传统饰品工艺也被设计师用在发布会的饰品设计中。

（一）染织工艺

广义上的染织是染和织的合称①。时装设计师常常通过运用东方的传统染色技术、织造技术来凸显设计作品的特色。织造面料的特殊工艺是使面料别具特色的核心。东方各地区各民族都有十分有特色的染织工艺，比如中国的云锦、缂丝织造工艺，日本的明仙织布工艺，印度的纱丽织造工艺等。

时装设计中对东方传统染织工艺的运用是对染或织的过程中某个独特技术的运用，基于此而获得了不同于其他同类材料的独特性。在这方面，查尔斯·弗雷德里克·沃斯和郭培的时装设计十分具有代表性。早在 20 世纪初期，查尔斯·弗雷德里克·沃斯的高级时装定制屋就通过运用东方的染织工艺凸显作品的独特性。日本和服明仙面料在织布之前会将经纱和纬纱染成不同的颜色，这种染色往往会根据图案的不同而将经纱不同的部位染色，颜色之间的间距和所染色彩的长度都有严格的规定。在查尔斯·弗雷德里克·沃斯高级定制时装屋的作品中，运用传统日式明仙面料织造技艺制作的面料显示了这种技术在欧洲被面料生产商运用。在郭培 2019 年"东宫"高级定制系列中，一些款式的面料运用了缂丝工艺中的螺钿织入工艺。源于西方的缂丝工艺与中国本土的丝织工艺结合，并改良成了一种别具一格的丝织工艺。螺钿织入工艺源于中国唐代的引箔缂丝，是一种将螺钿丝代替金银箔的织物缂丝工艺。对螺钿织入工艺的运用让郭培秀场上的一些织物有着母贝一般的细腻柔和光泽，犹如霞光一般妙曼、灵动、轻盈，散发出流彩霞光般的幻妙之色。许建树受邀在 2013 年高级定制时装周上发布的"绣球"系列，展现的浓郁中国风情源自中国传统云锦织造技艺更新后所呈现的光洁、华贵效果。

除了织造工艺外，在时装设计中还会运用东方传统的染色工艺。三宅一生大约在 1986 年设计了一款有圆形图案的外套（图 2-12②），该款式运用了扎染技艺，圆形图案的边缘呈现不规则的晕染特征，简洁大方又不失特色。对扎染技艺的运用成了三宅一生品牌文化的一部分，其在之后的设计中多次将扎染

---

① 吴山：《中国历代服装染织刺绣辞典》，江苏美术出版社，2011 年，第 311 页。
② Issey Miyake：Ensemble，https://www.metmuseum.org/art/collection/search/102878，2004.

技艺与不同的款式结合。比如，在 2013 年春夏男装系列中，具有扎染褶皱质感及质朴意蕴的西装与七分裤搭配出清新的效果（图 2—13[①]）；在三宅一生 2010 年春夏高级成衣系列中，一款宽松的衣服镶边呈现了扎染的特征，整体显得飘逸而自然（图 2—14[②]）。此外还有郭培在设计中融入中国传统蓝印花及蜡染技艺；许建树在设计中融入中国苗族等少数民族刺绣与苏绣，以及苗族蜡染技艺等。

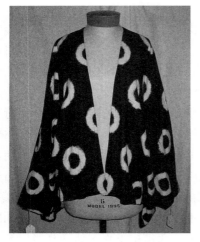

图 2—12　三宅一生（约 1986 年）

图 2—13　三宅一生（2013 年）

图 2—14　三宅一生（2010 年）

① Dai Fujiwara：Spring 2003 Spring 2013 Menswear，VOGUE RUNWAY，2020—02—23.
② Dai Fujiwara：Spring 2013 Ready—To—Wear，VOGUE RUNWAY，2020—02—22.

（二）装饰工艺

以镶、绲、绣、贴、烫、盘、嵌等工艺对服饰进行繁复装饰是东方传统服饰的重要特色。以上这些装饰工艺在时装设计中运用得最频繁的是绣、镶、绲、贴、盘。

1. 刺绣工艺

东方传统刺绣技法丰富，各地区都有著名的刺绣品类。中国、印度历史上都以生产刺绣手工艺品而闻名于世。苏州的苏绣、湖南的湘绣、广东的粤绣、四川的蜀绣是中国刺绣工艺的突出代表。日本的刺子绣也为众人所熟知。对东方传统技艺运用最具典型的是郭培。对东方传统刺绣工艺的运用是郭培高级定制作品的特色。郭培所用的中国传统刺绣技艺主要为京绣[①]和粤绣，涉及平绣、盘金绣、乱针绣、扒锦绣、堆绫绣、珠绣等诸多绣法。在纽约大都会时装博物馆的《镜花水月：西方时尚里的中国风》展览中，郭培的一件名为"大金"的礼服上绣满了金色的图案，所用的绣法主要为中国传统刺绣盘金绣技艺。盘金绣又叫蹙金绣，已有文物中最早运用盘金绣的织物是法门寺出土的蹙金绣拜垫，这种刺绣技艺通过用线对盘绕的金银线固定而形成略微突出于织物表面的图案。郭培的时装设计中不少刺绣图案都突起于面料表面，形成浮雕的特征。这种通过在图案表面垫入其他材料再用绣线覆盖的工艺来自潮绣。珠绣工艺是郭培时装设计中运用的另一种重要的装饰工艺。珠绣起源于隋唐时期。故宫博物院收藏的清代孔雀羽穿珠彩绣云龙纹吉服袍以十一万颗珍珠及珊瑚珠绣制云龙和海水图案，是宫绣的顶级作品，亦是我国刺绣中的珍品。潮绣中的珠绣工艺发源于清末时期，那时的广州及潮州绣庄开始以胶片、矾珠（胶珠）取代金银绣线用于戏服中[②]。郭培的时装设计常将几十万个直径 1.5 毫米至 2 厘米的珍珠以纯手工缝制，不同大小的珍珠排列形成卷云纹、水纹等图案。约翰·加利亚诺、让－保罗·高缇耶、川久保玲、拉夫·劳伦等都在设计中运用过东方传统刺绣技艺。约翰·加利亚诺 2014 年为时装品牌梅森·马丁·马吉拉的"匠心"系列设计了一款天青色套装，该套装用中国传统刺绣工艺对场景故事、花卉图案、如意云肩及白色袖口进行装饰，所展示的工匠精神衬托了该系列的主题。在古驰 2016 年春夏男装系列中，一款大红色运用盘金绣针法绣有花卉图案及水纹的套装可谓别出心裁。川久保玲、三宅一生、高田贤三都曾

---

① 明清时期北京一带的刺绣，其中为皇家宫廷服务的被称为宫绣，是京绣历史中最重要的部分。
② 黄炎藩：《潮绣》，岭南美术出版社，2014 年，第 89 页。

在设计中运用过日本传统刺子绣工艺。手工刺绣亦是拉胡尔·米什拉时装设计
作品中的重要特点，对印度纱丽刺绣工艺的运用，使其设计作品独具特色。在
2022年秋冬高级定制系列中，拉胡尔·米什拉以"生命之树"为主题，设计
中造型各异的细碎金色树叶和栩栩如生的花朵呈现了印度传统手工技艺的惊人
魅力。

2. 镶滚及镶拼工艺

镶沿、绲边的工艺装饰服装是中国传统服装缝制工艺的亮点和特色。镶滚
是镶沿和绲边的合称，是明清时期服装中常见的装饰工艺。镶沿也叫镶边，是
指在服装的边缘部分施加缘边，多用于领襟、衣叉、袖缘等处[①]。绲边是指沿
衣服、布鞋等的边缘缝制一条圆棱的带子[②]。镶滚工艺注重色彩搭配，有同色
镶滚和异色镶滚。高田贤三经常将镶拼工艺运用在其设计中，即便在极其简约
的服装款式中，这种镶拼工艺也能为作品增添东方特色（图2-15[③]）。在伊
夫·圣洛朗1977年秋冬高级定制系列中，异色镶边是该系列中国主题的重要
工艺。镶滚亦是旗袍的工艺特色，民国时期，旗袍镶滚的宽窄是流行的标志。
时装设计中，基于旗袍这一款式开展的设计大多运用了镶滚工艺。东方传统服
饰中的镶拼亦会涉及不同材质的拼接。在华伦天奴的设计中经常可看到异色镶
拼工艺的运用，在该品牌的秋冬系列中，用于镶滚的材料多为皮草。在高级定
制系列中运用皮草作为绲边会显得更精致、奢华（图2-16[④]）。除此之外，时
装品牌古驰亦经常在与东方传统关联的服装中运用镶拼工艺。

① 张晨阳、张珂：《中国古代服饰辞典》，中华书局，2015年，第974页。
② 张晨阳、张珂：《中国古代服饰辞典》，中华书局，2015年，第925页。
③ Kenzo：Dress，https://www.metmuseum.org/art/collection/search/175396，2009.
④ Valentino Garavani：Fall 2001 Couture，VOGUE RUNWAY，2020-02-24.

图 2－15　高田贤三（20 世纪 80 年代）　　图 2－16　华伦天奴（2001 年）

　　以多种面料镶拼为特色的工艺一般称为拼布工艺。这种工艺在时装设计中常用于体现东方特色。东方传统拼布工艺有着悠久的历史。东亚的东北地区及埃及是已知的最早出现拼布工艺的地区。拼布工艺广泛流行于现在的中国、朝鲜、韩国、日本，并在漫长的历史中发展出众多拼法。中国传统将缀缝称为"衲"，因僧人多穿纳缝的袈裟，"衲"也用来指代僧人的衣服。中国早在唐代就有将不同布料进行镶拼的工艺，最初这种工艺将各种锦缎织料裁剪成长方形进行拼接，并且注重工艺的均匀整齐[①]。中国明代时期的僧人穿着一种用多个方形布料缀缝而成的袈裟，因形似水田界画，被称为水田衣[②]。这种工艺在明代被竞相效仿，使得穿各色布料镶拼的服装一时成为女性的风尚，演变到后来则不再拘泥于形式，甚至有乱拼乱接的样式。后来甚至出现以织造的方式模仿拼布效果的面料。森英惠和山本耀司都曾在设计中运用过拼布技艺。西方时装设计师常将不同色彩和几何形状的布料拼接运用在时装设计中，这种源自镶拼的设计特色以印花或布料拼接的方式呈现。在时装品牌华伦天奴 2013 年上海系列中多款服装都有不同明度的红色几何形状拼接特征，这是运用镶拼工艺的典型案例。擅长运用印花的德赖斯·范·诺顿也曾多次在设计中运用与拼布工艺有关联的图案。在时装品牌古驰 2018 年春夏高级成衣系列中，一款多种布

---

① 张晨阳、张珂：《中国古代服饰辞典》，中华书局，2015 年，第 603 页。

② 吴山：《中国历代服装染织刺绣辞典》，江苏美术出版社，2011 年，第 107 页。

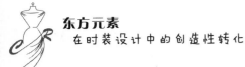

料拼贴的上衣款式结合了盘扣和立领进行设计。

（三）服饰其他工艺

东方传统饰品工艺也常被时装设计师运用于作品的设计中。在中国古代仅作为宫廷专用的点翠技艺、缠金工艺也在郭培 2019 年的"东宫"高级定制系列中呈现。而该系列的鞋子则运用了螺钿工艺结合所搭配的服装相同的面料进行设计。盖娅传说的发布会曾对中国传统羽绘、花丝镶嵌进行运用。麦昆也曾将东方的木雕工艺运用于时装设计中。

二、服装结构

平面性是东方传统服饰结构最大的特征，也是东方传统服饰与西方服饰在结构上最大的区别。这种平面结构并不把凸显人体的形体特征作为目的，常被认为是非构筑式的服装结构。20 世纪初期的时装设计师对日本和服结构进行了深入探索。时装设计师保罗·波烈、玛德琳·维奥、吕西安·勒龙都对日本和服结构进行了十分深入的研究。图 2-17① 中保罗·波烈设计的款式仅对和服结构的肩部和袖子的倾斜角度做了细微调整。吕西安·勒龙在 1927—1929 年运用和服的平面结构特征设计了一款 H 形廓形的黑色晚礼服。日本和服结构为克里斯托瓦尔·巴伦夏加在 20 世纪中期探索茧形廓形提供了十分重要的启示。相对于日本和服结构本身，玛德琳·维奥和克里斯托瓦尔·巴伦夏加更关注的是和服结构中的日本服饰文化观念。

东方传统服装的平面结构不容易呈现女性的身材特点，许多时装设计师都对运用东方服饰结构十分谨慎。一些设计师尝试在西方传统结构基础上局部融入东方服饰结构。例如，华伦天奴·克利门地·鲁德维科·加拉瓦尼在 20 世纪 60 年代中期设计的具有中国藏族邦典色彩的晚礼服参考了中国传统服饰的平面结构；该服装的彩条在肩部和袖子的方向显示了一种近似 T 字的平面结构。时装品牌克里斯汀·迪奥 2009 年春夏的高级成衣系列中有一款交领系腰带的短袖裙装（图 2-18②），该款式上衣在胸围线以上为半透明面料，腋窝处的处理方式与东方传统服饰平面结构近似。

---

① Paul Poiret：Evening Coat，https://collections. vam. ac. uk/item/O138415/evening-coat-paul-poiret/，1967.

② John Galliano：Spring 2009 Ready-to-Wear of Christian Dior，VOGUE RUNWAY，2008-10-29.

图 2—17　保罗·波烈（1913 年）

图 2—18　克里斯汀·迪奥（2009 年）

　　与其他设计师不同，三宅一生在设计中试图将东方传统的平面结构作为他设计中最突出的特点。三宅一生许多服装都有着二维平面的结构特征，如图 2—19①所示的款式，服装的结构是纯平面的，没有任何省道（图 2—20②），尽管这与东方传统服饰结构并不完全相同。而图 2—21③ 中的款式脱下之后的形态则是多个叠放在一起的圆环（图 2—22④），该作品的名字为飞碟。三宅一生的作品中最能体现东方服装平面性特征的是他的"一片布"项目的系列作品。该项目的服装由完整的一块布包裹身体，都具有东方传统服装的二维平面特征。这一项目持续开发，至 1999 年通过运用无缝连接的针织技术生产出了一种没有褶皱、绳边、褶皱及合缝的服装，这些服装从数字设备中织造完成时是一个完整的平面。2000 年三宅一生隐退后，该品牌对平面结构的探索以及"一片布"项目依然是其发布会最大的看点。

---

　　① Issey Miyake：Shirt，https://www.metmuseum.org/art/collection/search/154118，2009.

　　② Issey Miyake：Shirt，https://www.metmuseum.org/art/collection/search/154118，2009.

　　③ Issey Miyake：Flying Sauce，https://www.metmuseum.org/art/collection/search/80661，1994.

　　④ Issey Miyake：Flying Sauce，https://www.metmuseum.org/art/collection/search/80661，1994.

图 2—19　三宅一生（1991 年）

图 2—20　三宅一生（1991 年）

图 2—21　三宅一生（1994 年）

图 2—22　三宅一生（1994 年）

　　川久保玲 2012 年春夏系列"不和谐音"有着巨大的尺寸和扁平的造型。两个巨大的平面裁剪成衣服的外形后在侧缝缝合，中间形成的巨大空间用于容纳人的身体（图 2—23①）。这种平面化的裁剪思路与东方传统服饰结构如出一辙。川久保玲 2008 年春夏系列也有类似的设计。东方传统服装结构的平面性特征还包含了对几何形状的运用，以及基于一块布对身体的包裹。在川久保

---

　　①　Rei Kawakubo：Dress，https：//www. metmuseum. org/art/collection/search/172906，2014.

玲、三宅一生以及山本耀司的时装设计中，以上特征都有不同程度的呈现。图 2-24[1] 所示为中川久保玲 1983 年设计的米白色毛衣。玛德琳·维奥内也曾在作品中运用具有日本和服特征的几何形状的裁片。

图 2-23　川久保玲（2012 年）　　　图 2-24　川久保玲（1983 年）

三、其他工艺或技术

一些设计师在设计中受到与服装服饰无关的东方传统技艺的启发，从而设计出非凡的设计作品。在这方面最具代表性的是三宅一生，他将日本的折纸技艺作为时装设计的起点。日本折纸工艺也被约翰·加利亚诺、川久保玲及山本耀司以不同方式运用在其作品中。时装品牌克里斯汀·迪奥 2007 年高级定制系列以日本传统文化为主题（图 2-25[2]），该系列呈现出日本折纸工艺对设计师的启发，以及这种技艺如何与高级定制关联。三宅一生将日本传统扎染、折纸等技艺完美无瑕地融入其具有披挂、褶皱、包裹及染色特征的设计中。折纸所形成的褶皱让三宅一生的设计呈现出惊人的构造（图 2-26[3]、图 2-27[4]），同时又让一些款式具有宽泛、雍容的内涵。三宅一生曾带领团队在初期策划时以折纸来替代设计草稿，项目所有成员都通过对纸进行折叠形成三维形态来启

① Rei Kawakubo：Sweater，https：//www. metmuseum. org/art/collection/search/823999，2019.
② John Galliano：Spring 2007 Couture of Chritian Dior，VOGUE RUNWAY，2007-01-22.
③ Issey Miyake：Jacket，https：//www. metmuseum. org/art/collection/search/124785，2005.
④ Issey Miyake：Jacket，https：//www. metmuseum. org/art/collection/search/124785，2005.

发设计。而这就是三宅一生"折纸"系列的来源。川久保玲的爱徒渡边淳弥自2001年起就已将具有折纸风格的设计作为其标志性设计风格。郭培在时装设计中亦有对雕刻、编织等东方技艺的运用。

图2—25　克里斯汀·迪奥（2007年）

图2—26　三宅一生（1991年）　　图2—27　三宅一生（1991年）

　　不得不提的是三宅一生在设计中对中国传统火药的运用。三宅一生自1996年启动"客座艺术家"系列后，通过合作将不少艺术家的作品印在"一生褶"系列服装中。三宅一生与蔡国强联手创作了《龙：炸三宅一生服装》作品（图2—28[①]）。蔡国强通过用火药在三宅一生标志性褶皱面料服装上灼烧出

---

　　① Issey Miyake：Dress，https://www.metmuseum.org/art/collection/search/692445，2015.

抽象的龙形图案（彩图 8①），实现了火药与三宅一生服装设计作品的紧密结合。此外，三宅一生还曾将东方传统剪纸技艺与时装设计结合，将面料像剪纸一样剪开，使平面的布料获得如同剪纸一样可以拉伸延展的效果。

图 2-28　三宅一生（1995 年）

第五节　神

一、韵味

独特的东方文化孕育了独特的东方审美品位。在中国，除了宫廷艺术追求的高贵、华美之外，中国的文人赞颂一种自强不息、清雅脱俗、淡泊的精神境界。这种精神借助诗词歌赋、绘画等形式，以感物言志的方式，依托对山水、梅、兰、竹、菊的赞颂而呈现。中国画简练的笔墨中传达出闲适、寂寞，山水画里隐藏了一个自由、潇洒的世界。一些时装设计师尝试在设计中呈现东方文人所追求的意境：含蓄、素雅但又有风骨和傲气的风韵，逍遥、自在却又有风

_____

　① Issey Miyake：Dress，https://www.metmuseum.org/art/collection/search/692445，2015.

雅的气度。

　　盖娅传说在巴黎的时装发布会呈现了一种和富丽堂皇、精雕细琢完全不同的中国之美。设计师熊英在时装设计中用中华古典文化的诗意与浪漫，让其服装款式时而如婉转的水流，时而如飘动的青云，时而又如江南烟云。盖娅传说的时装发布会里有着中国传统文化里的儒雅温婉、敦煌壁画里的律动缥缈、仙侠传说里的超凡脱俗、江湖侠客的英气潇洒，还有着当下时代里的简洁干练。乔治·阿玛尼 2015 年春夏私人定制系列将东方文化中赋予竹子坚韧的精神以简练而雅致的设计加以呈现。袖子上素雅的色彩，剪影般的竹子图案，细腻柔和的面料，裙边裤脚如灯影照纱窗般的缥缈，以上种种散发着浓郁的东方神韵。设计师乔治·阿玛尼试图以东方传统文化中文人赋予竹子的清风傲骨，营造一种婉约、含蓄又不失优雅的风韵。

二、思想

　　东方传统观念及哲学思想在时装设计作品中亦有所体现。这表现为一些时装设计师或潜移默化地受到东方传统哲学思想的影响，或将传统服饰中人与衣关系里蕴含的哲学思想作为设计的核心要义，或在设计中受到过东方独特的思想启发，或在设计中呈现出独特的东方美学思想，或将传统服饰结构中蕴含的思想内核在时装设计中加以呈现，或把东方传统哲学思想作为设计的出发点。

（一）天人合一思想

　　天人合一是中国古代哲学思想中的一个重要命题。中国传统服饰审美文化中的"天冠地履"与中国传统体现天地人同构的宇宙观有着必然的联系。马可的"无用之土地"系列纯手工制作，以纯植物染料染色，在造型上有着鲜明的立体感，其中的一部分曾被埋在地下，显示出大地一般的粗犷厚重而坚毅的力量感。大自然成了"无用之土地"系列作品的"创作者"，雨水浸染和泥土侵蚀让这些埋在地下的服装布满了大自然留下的印渍。马可的作品包含了她对自然的敬仰，传达出自然，抑或说土地是生命的源头及灵魂的归宿的内涵，映射出中国传统哲学天人合一的思想。2008 年，马可在巴黎高级定制时装周上发布的"奢侈的清贫"系列作品没有刻意追求高超的结构及缝制工艺，没有别出心裁的设计，也没有精雕细琢的烦琐装饰工艺，有的只是如同过去农村百姓日常穿着的一般款式，以及现场古老的纺纱车上织布工人手抽出的纤长棉线，和已有百余年历史的织布机上织布工人以贵州流传千年的古老技术织出的绵长布匹。在被奢侈和精致弥漫的高级定制时装中，马克"奢侈的清贫"系列走向的是回归自然的田园牧歌，饱含了中国传统思想的内核。

天人合一的思想体现在衣文化上就是人与衣的和谐[①]。东方传统服饰依附于身体而存在，通过穿着这个过程让人体和服装形成一个整体。西方传统服饰通过裁剪技术及辅助部件让服装成为可以独立存在的立体形态。东西方服饰传统的差异从文化内涵上来看：东方服饰强调物尽其用，注重以自然的方式呈现人与衣的和谐关系；而西方服饰则强调运用裁剪技术、辅助部件以及各种形式法则进行形体塑造，注重以人为的方式呈现理想的造型。东方传统服饰结构在服装和人体关系中，强调服装和人体之间的空间给予穿着者舒适性，强调面料与人体融合成整体的生命与精神。日本将和服和身体之间的空间称为"Ma"，中文译为"间"。三宅一生说："我在传统和服中学到的是身体和布料之间的空间……不是款式，而是空间。"[②] 三宅一生认为服装不仅要能够从外部被看见，还要能够从内部被感知。他设计的服装会让衣服和身体之间留有足够的空间任由空气自由地流动。事实上，呈现如同和服与身体那样的空间关系也是川久保玲、山本耀司的设计特点。"我的设计一定会让空气在身体和衣服之间微妙地流动。也就是说，在我设计的服装中，有'间'。"[③]"间"，除了指空间外，还有停顿的意思。山本耀司将服装背部的结构起始位置锚定在两个肩胛骨上方，并将锁骨末端作为服装片结构设计的起点，通过面料与身体之间的空隙呈现最好的悬垂性，使面料尽可能与身体一同运动，如同有生命一样。面对是运用面料的悬垂性还是省道来解决因身体的起伏而带来的面料不服帖的问题时，山本耀司会毫不犹豫地选择前者。

玛德琳·维奥内曾在卡洛姐妹的高级定制时装屋工作，她在那里习得高级定制服饰的技艺及审美。在熟知该时装屋所喜爱的日本艺术后，玛德琳·维奥内开始收集以日本和服为特色的浮世绘版画。她发明的斜裁技术巧妙地运用了布料的悬垂性，使得面料随身体的运动而起伏流动，构筑了一个二者连接密切的整体。从服装和身体高度融合这个层面上来说，斜裁技术存在着与和服"间"的概念相通的部分。在玛德琳·维奥内将斜裁面料及日本和服平面结构融合的黑色连衣裙中，面料不仅贴合身体，同时也随身体的运动而伸展。

郭培由拿破仑的服饰触发而设计的"大金"及整个系列事实上饱含了中国

[①]　周梦：《传统与时尚：中西服饰风格解读》，生活·读书·新知三联书店，2011年，第22页。

[②]　邦尼·英格利希：《日本时装设计师：三宅一生、山本耀司和川久保玲的作品及影响》，李思达译，重庆大学出版社，2022年，第35页。

[③]　山本耀司、宫智泉：《做衣服：破坏时尚》，吴迪译，湖南人民出版社，2014年，第107页。

传统文化内核。郭培设计名为"大金"礼服的灵感来源是法国战争博物馆里拿破仑的马鞍和服饰，这些服饰上精美的图案及工艺让参观的郭培感慨帝王精神及生命意义。郭培发布的"大金"礼服这个系列的名称叫作"轮回"，用郭培的话来说这是时间、生命、文化历史的轮回[1]。

拉胡尔·米什拉在将源自印度传统的手工技艺转换为与当下时代审美契合的形态中，亦融入了东方的传统观念。在 2022 年秋冬高级定制系列中，拉胡尔·米什拉以"生命之树"为主题，借记忆中祖宅庭院中的榕树在夕阳中沐浴金光的形象，传达印度文化中对生命的敬仰。在 2021 年秋冬高级定制系列中，拉胡尔·米什拉将印度文化中的哲学观融入设计中——地球上的一切由五种元素构成，即土、水、火、风以及空间。

（二）侘寂与空无思想

根植于禅宗思想的"侘寂"概念对时装设计师也产生了重要影响。禅宗思想从中国流传到日本后被日本人崇尚，并被融入书道、茶道、花道中，形成一种推崇朴素自然的生活智慧。侘寂常常与含蓄、简素、别具一格的事物联系在一起。日本文化认为人本身就是不完美的存在，这种不完美才是作为人的特权，正因为这样人才能有更多可以尝试和体验的空间，人生才充满无限可能，而不是去成为一个被制定好的存在[2]。侘寂强调的是一种纳入了时间维度的美，在形态上具有有机特征，整体具有衰败、模糊及矛盾特征。侘寂思想深刻地影响了日本设计师，包括川久保玲、山本耀司以及渡边淳弥、阿部千登势等。川久保玲在巴黎时装周上发布的第一个系列就呈现了"侘寂"思想的影响：非对称、看似不完整的设计，给人一种未完成的感觉。在山本耀司看来，与不完美相关的东西都是美丽的，如肮脏的、枯萎的、玷污的、破损的。他故意把衣服做旧，甚至被称为"做旧服装大师"。在山本耀司 1983 年春夏高级成衣系列中，一件 T 字形黑色外套有着和服一样的廓形，自然垂坠的褶皱被破洞侵蚀，营造了一种时间流逝以及世事无常的氛围（图 2—29[3]）。美国时装设计师汤姆·布朗（Thom Browne）2016 年春夏高级成衣系列的西装将竹子、花朵、树枝、富士山、鹤等图案转化为阴影呈现在西装上，通过将服装不同部位的图案进行拼接，每套服装呈现出完整的日式绘画特征（图 2—30[4]），营造

① 郭培：《郭培谈高级定制的标准》，《艺术设计研究》，2015 年，第 3 期，第 9 页。
② 鹫田清一：《古怪的身体》，吴俊伸译，重庆大学出版社，2015 年，第 88 页。
③ Yohji Yamamoto：Coat, https://www.metmuseum.org/art/collection/search/163117, 2011.
④ Thom Browne：Ensemble, https://www.metmuseum.org/art/collection/search/700748, 2016.

出一种枯寂、荒寒之感。

图 2-29　山本耀司（1983 年）　　　图 2-30　汤姆·布朗（2016 年）

　　另一个在时装设计中产生了重要影响的禅学思想是"无"。川久保玲认为"留白是至关重要的"[①]，并且她十分"喜欢运用空间和空白"[②]。"无"这个遍布于诗歌、绘画、茶道中的禅宗概念是川久保玲作品的核心。川久保玲的时装设计作品中最受争议的是 1997 年春夏"身体邂逅服饰－服饰邂逅身体"（Body Meets Dress－Dress Meets Body）系列。在这个系列中，川久保玲通过在服装内部加入填充物彻底改变了服装的外部形态：模特穿上后臀部、颈部、腰部以及胸部异常隆起，完全破坏了女性身体凹凸有致的曲线。当英国《国民日报》的时尚编辑苏珊娜·法兰克尔（Susannah Frankel）问及川久保玲这个系列的灵感时，川久保玲用钢笔在白色纸上画了一个圆，而后就离开了[③]。禅宗用圆这一符号代表真理的圆满与绝对，称其为"圆相"。这表明在时尚界关于身体与服装关系、身体外在形态之美的探讨中，川久保玲的"身体邂逅服饰－服饰邂逅身体"系列本质上是在东方禅宗思想的深刻影响下产生的。

---

　　①　安德鲁·博尔顿、川久保玲：《川久保玲：边界之间的艺术》，王旖旎译，重庆大学出版社，2019 年，第 4 页。
　　②　安德鲁·博尔顿、川久保玲：《川久保玲：边界之间的艺术》，王旖旎译，重庆大学出版社，2019 年，第 4 页。
　　③　安德鲁·博尔顿、川久保玲：《川久保玲：边界之间的艺术》，王旖旎译，重庆大学出版社，2019 年，第 7 页。

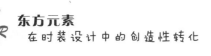

（三）物尽其用思想

深植于东方传统文化中的物尽其用思想对三宅一生具有重要影响。中国先秦思想家墨子反对奢华，并提出"节用"的思想主张。节用并非对造物的否定，而是对物质材料的珍惜。体现在造物上，就是要用最少的最合适的材料来造出所需要的有实用价值的器物，尽可能少地耗费原材料[①]。以最少的裁剪、最少的浪费实现最具有实用价值的服装是中国传统服装及日本和服结构的共同特点。为了尽可能减少对布料的浪费，东方传统服装制作时往往最大限度地保持对整幅布料的运用。换句话说，中国传统平面结构服装以及日本和服的结构是在对传统面料的布幅最完整运用的基础上形成的。当前中国西南地区不少运用传统布幅制作的少数民族传统服装依然保持着这样的特征。隐藏在东方传统服饰平面结构背后的东方造物思想中的是对材料的珍惜和杜绝浪费的思想理念，即物尽其用。三宅一生在时尚界引起强烈轰动的"一块布"设计源自他希望尽可能地减少面料浪费，这与东方传统服装结构中所包含的理念如出一辙。三宅一生的"一块布"系列是一种圆柱形的管状织物，穿着者可以根据自己的意愿对织物上预留的点进行裁剪，但不会产生任何的浪费。换句话说，三宅一生的"一块布"系列在当下时装设计中呈现了东方传统服饰中所蕴含的物尽其用的造物思想。

第六节　东西方设计师运用东方元素的类别差异

一、西方设计师运用东方元素的主要类别

西方设计师在时装设计中对东方元素运用涉及了材、形、色、艺、神每个设计要素的类别。总体而言，西方设计师对材、形、色、艺这几个设计要素类别的运用较为普遍，对神这种要素类别涉及相对较少。各个西方设计师对每一个设计要素类别的东方元素的运用重点存在一些偏差，并且各品牌之间也存在较大的差异。

---

① 邵琦、闻晓青、李良瑾等：《中国古代设计思想史略》，上海书店出版社，2020年，第19页。

在材这个要素上，西方设计师普遍对与东方传统文化关联的题材及独特的艺术体裁涉及较少。优质而独特的东方服饰材料是西方设计师运用的主要方面。尽管如今丝绸面料在欧洲意大利等地区同样有生产，但在时装设计中，丝绸依然是一种和东方密切关联的面料。尤其是西方设计师在设计和东方传统相关的主题或款式时，丝织面料依然是他们的首选。梅因布切基于东方服饰面料与东方传统服装款式的结合获得了设计上的独特性，如她在 1947 年设计的一款米色晚礼服，以及约 1948 年设计的紫色与浅黄色结合的晚礼服。

西方设计师对形这种设计要素类别的运用十分普遍，这是西方设计师运用东方元素最主要、最集中的方面。轮廓方面，西方设计师运用的重点是服饰廓形。从波烈设计的孔子外套来看，东方传统服饰的廓形较早被西方设计师运用在设计中。西方设计师对东方传统服饰廓形的运用从 20 世纪初期延续到了当下。从玛德琳·维奥内 1924 年设计的晚礼服和凤鸟玉柄在造型和色彩的近似程度来看，西方设计师至少在 20 世纪 20 年代就已经涉及对服装以外其他元素的廓形的选用。西方设计师选用的服装以外其他器物廓形主要集中在建筑、工艺品的廓形方面，但案例数量远远不及对服装廓形的运用。

在整体造型方面，西方设计师对东方传统服饰局部造型的整体运用最频繁。其中交领、立领、盘扣、广袖、宽腰带等和东方传统服饰关联最紧密的局部造型被广泛使用。亦有一些品牌以多种方式探索同一个东方服饰局部造型在设计中的用法。古驰 2018 年春夏至 2020 年春夏连续五个季的高级成衣发布会都涉及对中国传统服饰云肩的运用。对于一些较为复杂的东方传统服饰局部造型的运用，大多数西方设计师都趋向于对细节进行简化。比如日本和服腰带的系法非常多，有文库结、太鼓结、贝口结等，并有多种不同造型的蝴蝶结系法。但西方设计师对和服腰带的借鉴大多仅保留宽腰带及带缔这两种最重要的特征，甚至只对腰部做象征性的分割处理来暗示该款式与和服腰带的关联。少数时装品牌涉及对东方一些少数民族服饰部件整体造型的运用，例如高缇耶 2010 年秋冬高级成衣系列对中国彝族鸡冠帽的运用。在服装款式方面，西方设计师运用中国旗袍、朝服，日本和服，印度纱丽的情形较为多见。

西方时装设计师在 20 世纪初期就已经将东方传统图案纳入设计参考的范围。西方设计师运用东方图案的案例数量巨大。总体来说，在形这一层面上西方设计师对图案整体的运用广度不断拓展，对具象图案的运用远远多于抽象图案。在具象图案方面，西方设计师趋向于选择典型的东方传统图案，比如龙、虎、牡丹、樱花、荷花、蝴蝶、浮世绘人物、花鸟画等图案。西方设计师常以新工艺或技术运用东方图案，其中最具代表性的是德赖斯·范·诺顿。他以印花的方式将不同的东方传统具象图案运用在时装设计中，呈现出与其他设计师迥然不同的效果。西方设计师对于东方其他元素的整体造型的运用案例远远不及对服装款式和图案的多。但从已有的案例来看，西方设计师这一方面所做的探索具有积极的意义。

关于色这种设计要素类别的运用，西方设计师大多将红色、黄色、蓝色与东方传统相联系。近些年的时装设计将一种米灰色调和东方联系在一起，这和时装设计师对中国花鸟画图案的运用有关。西方设计师对军绿色的运用主要来自对军服的参考。西方设计师对东方少数民族服饰色彩的运用呈现了他们对东方色彩运用的不断拓展。

在艺这一层面上，西方设计师主要借鉴的是服饰相关工艺，并且主要集中在服装的装饰工艺方面，并以刺绣技艺、镶滚工艺为主。在诸多案例中，对刺绣技艺的运用方面较有代表性的时装品牌有让－保罗·高缇耶、古驰等。让－保罗·高缇耶 2005 年秋冬高级定制系列中将花卉图案与刺绣工艺结合运用设计的外套，以及 2010 年秋冬高级定制系列中的花卉纹披肩是对东方刺绣技艺运用的典型案例。一些时装设计品牌在对东方传统工艺的深入挖掘和探索过程中显示出不断迭代的特征。和其他时装品牌相比，华伦天奴对东方服饰技艺运用的最大特点是：一些东方元素很难识别其来源，只有仔细甄别才会发现其中一些高级定制款式中令人惊叹的工艺竟是对东方传统工艺不断迭代的结果。

尽管东方传统平面结构并未成为西方设计师运用东方元素的主要方面，但东方服饰与身体之间的空间给诸多设计师的设计实践带来了重要启示，并且启发了时装设计师设计出他们重要的代表作品，比如和服对克里斯托瓦尔·巴伦夏加茧形廓形的启示。在对东方其他工艺技术的探索中，西方设计师对日本折纸的运用较多见。但西方设计师似乎更多的是受到日本设计师尤其是三宅一生对日本折纸技艺孜孜不倦探索的影响。但折纸在时装设计中的用法，东西方设计师差异是明显的。

在对神这一层面的运用上，尽管西方设计师并未普遍涉足，但可以见到一些设计师深受东方思想或审美品位的影响，比如玛德琳·维奥内和乔治·阿玛尼。其中乔治·阿玛尼对东方韵味的实践表明，西方时装设计中对东方美学的探索迈向了新的征程。

二、东方设计师运用东方元素的主要类别

和西方设计师相比，东方设计师更注重对各个设计要素层面的东方元素进

行深入运用。

　　得益于对自身传统文化的了解，东方设计师在选材方面整体比西方设计师涉及面要广得多。在服装面料方面，注重对时装设计秀场上不常见的且十分特殊的东方面料的选用是东方设计师的普遍做法。无论是森英惠、高田贤三对和服面料的选择，许建树对云锦的运用，拉胡尔·米什拉对印度面料的运用，还是三宅一生对日本足袋和日本和纸的运用，注重的都是特色。高田贤三初到巴黎时，把具有日本特色的面料与欧洲本地的面料结合，取得了非常好的效果。正是这些有别于巴黎市场的面料，让他的作品和巴黎设计师的作品区分开来。后来高田贤三在将巴黎面料与日本面料结合的过程中创造了一种前所未有的搭配——将格纹与花朵或条纹结合。在对题材和体裁的探索方面，东方设计师所运用的内容与东方传统联系更加紧密，在涉及具体的题材与体裁时更能从东方传统文化内涵出发与时装设计的主题联系起来。

　　形这一层面同样是东方设计师运用东方元素的重要方面，但不同设计师的侧重点差异较大。森英惠和高田贤三都注重将东方服饰细节运用在设计中，但森英惠更注重对和服廓形和款式的运用。郭培注重从更广阔的方面探索中国传统服饰款式在高级定制设计中的运用，亦注重对中国传统服饰细节的挖掘与探索，她多次将中国传统服装款式如宽袖长袍、斜襟立领、肚兜、旗袍、裈袴、套裤、长衫等进行再设计。如果说西方设计师尝试了对东方少数民族传统服饰款式的运用的话，那么郭培的"喜马拉雅"系列对藏袍的运用则将时装设计对东方少数民族服装款式的运用推向了更高的层面。日本传统服饰款式给予了三宅一生较多的启示，除了和服之外还有日本武士的甲胄。山本耀司以及川久保玲早期的设计相对更注重对东方服饰廓形的运用。二者相比，川久保玲在早期的设计中对日本传统服饰的款式运用较多。比如川久保玲第一次在巴黎的发布会上发布的作品与日本插秧的农作服关联密切。山本耀司因对日本传统服饰的抵触，直至 1994 年秋冬才正式涉及和服主题。但山本耀司从不吝啬对东方传统服饰细节及部件的运用，曾多次设计与日本垮裤密切关联的款式。就目前发布会的作品来看，拉胡尔·米什拉的设计几乎很少与东方传统服饰廓形及细节联系。尽管三宅一生、川久保玲、山本耀司都曾将日本传统图案运用在其设计中，川久保玲对日本漫画形象运用的款式还被纽约大都会博物馆收藏，但事实上对传统图案的运用并非他们设计中最大的亮点和特色。而森英惠、郭培以及高田贤三则将东方的传统图案作为其设计中的重点。

　　东方设计师在拓宽对东方图案运用的广度方面扮演着重要角色。一方面，一些东方设计师对东方传统图案的运用是具有开创性的，比如森英惠对日本樱花、富士山及日本工笔画的运用，山本宽斋对浮世绘图案的运用，谭燕玉、郭培对佛教绘画图案的运用。另一方面，东方设计师对东方现代文化中的图案运用走在了前沿。

东方设计师对具有东方文化特征的色彩的运用远比西方设计师要广泛得多。首先是东方设计师对黑色的开创性运用。其次，东方设计师的相关实践更注重将丰富的东方传统色彩运用在其设计中。比如，山本耀司以黑白二色作为其品牌的主导色彩，但1994年春夏系列却涉及对多种日本传统色彩的运用。在这个系列中的日本传统色彩包括了蔷薇色、蓝铁、蓝色鸠羽、古代紫、茜色、代赭色、浅葱色、栗梅茶等①。

在艺这一层面上，东方设计师不仅涉及面广，并且运用得十分深入。服饰工艺方面，日本设计师注重对传统扎染工艺的运用与挖掘，其中三宅一生的探索最深入。郭培对中国传统服饰刺绣工艺的运用令人惊叹，不仅呈现了中国传统服饰技艺的精美与华丽，并且将这些传统工艺带到了过去不曾企及的高度。盖娅传说在巴黎发布的时装秀作品同样运用了大量的刺绣技艺，潮绣中的盘金、垫绣等技艺亦包含其中。东方设计师对东方传统服装的二维平面特征进行了深入的探索。三宅一生这一时装品牌在现有技术条件下，最大限度地探索了二维平面结构所具有的可能性。相关实践拓展了人们对二维结构的新认识。此外，三宅一生对折纸技艺的持续深入让折纸这种日本传统文化深深地嵌入了时装设计中。

东方时装设计对东方思想的运用尤为深入。东方思想是东方设计师注入在设计中的灵魂，呈现了与西方设计师的本质区别。对东方思想的运用使得东方设计师的作品具有深刻的文化内涵，因而展示出了西方人眼中不一样的东方传统。川久保玲对东方思想的运用以更加抽象而有深度的方式展现。三宅一生则将思想作为主线贯穿在其对各种东方元素的运用中。山本耀司注重探索以不同形式展现"间"和"侘寂"的内涵。郭培和拉胡尔·米什拉则将东方思想与繁缛复杂的工艺一同展现。马可在设计中对东方传统思想的运用呈现了一个农业社会传统中朴实而又深刻的天人合一思想。盖娅传说向世界呈现了充满东方浪漫和雅趣的东方风韵。

---

① 山本耀司、满田爱：《山本耀司：我投下一枚炸弹》，化滨译，重庆大学出版社，2014年，第212页。

第三章

运用东方元素的时装设计作品的主要风格

　　"如果一个民族的全部创造物都服从于一个法则，我们就把这一法则叫作'风格'。"① 在这句话里贡布里希所说的是指过去人们做事情的方式，并且这种方式是人们为达到某种预期目的而选择的最佳方式②。在时装设计中，风格是一种理性的觉悟，是设计师自觉实践的结果。运用东方元素的时装设计师不可避免在历史与现在、中心与边缘之间寻找自己的支点。时装设计中设计师对东方元素的运用并未完全迷失在折中与综合的尝试中，他们的设计作品有着不同的格调与特色。"构成服装的素材本身已具有一定的风格，这些具有一定风格的素材非但难以改变其原来面貌，而且会修正设计本义，影响原始创作动机。"③ 对东方元素的运用贯穿了时装设计的历史，融入了不同时代的潮流，因而作品风格必然是丰富多样的，并且可以从不同的层面进行划分。同一个设计师每次运用东方元素的目的不尽相同，即便在同一个系列中也会因用法不同而存在较大的差异。这对划分时装设计中运用东方元素的作品风格带来了一定难度。从设计过程中时装设计师选用东方元素所达成的结果来看，设计作品之间的差异相对鲜明，其中装饰风格、东方韵味及前卫风格是特征较凸显的风格类别。时装设计中运用东方元素的风格与时装品牌风格既有联系又有区别：联系在于各品牌运用东方元素都与品牌的风格定位联系在一起，区别则在于时装设计中运用东方元素的风格是诸多品牌运用东方元素时所呈现的共同特征。

---

① 贡布里希：《艺术的故事》，范景中、杨成凯译，广西美术出版社，2008 年，第 65 页。
② 贡布里希：《艺术的故事》，范景中、杨成凯译，广西美术出版社，2008 年，第 476 页。
③ 刘晓刚：《设计风格与风格设计》，《中国纺织大学学报》，1996 年，第 3 期，第 5 页。

第一节　装饰风格

以各种方式对服装进行装饰是世界各民族的服装历史中普遍存在的情形，时装设计中运用东方元素的作品呈现装饰风格的情形同样普遍存在。在历史上，各国的宫廷服饰是装饰风格的典型代表。20 世纪 20 至 30 年代的装饰艺术运动旨在适应机械生产的基础上，以装饰的方式创新装饰形式，提高机械产品的美观性。尽管这一运动在不同领域的实践方式不同，但归根到底，装饰艺术运动的追求是既有设计的现代性，又具有传统的装饰性。换句话说，这一运动肯定了传统设计规范在装饰部分的价值和意义。后现代主义设计中的装饰主义则将追求历史文脉和情趣联系在一起，以一种历史温情和人文情怀的方式让人们重温旧梦、回忆过去[①]。在时装设计中，东方元素被设计师用于装饰的情形不曾间断。一批运用东方元素的作品明显呈现出以装饰为主要特征，并在装饰的程度上有点缀装饰和繁复装饰差异。从设计师对东方元素的选择方面而言，以下两种情形较容易形成装饰风格：一种是设计师注重从形这一设计要素将图案的整体形运用在设计中，另一种则是注重从艺这一层面对装饰工艺进行运用。此外，在形这一层面运用东方服装的款式而开展设计，所形成的风格差异较大，但也存在表现为装饰特征的情形，这种情形通常伴随着对东方传统工艺或图案的运用。

一、点缀装饰

时装设计中运用东方元素的作品所形成的点缀装饰风格具有以下特征：在装饰特征上形成繁与简的对比，并且不追求东方传统意趣，同时服装的款式多为简洁的造型。设计师以不同的手法装饰服装，刺绣是其中较常见的。

点缀装饰风格在 20 世纪初期时装设计师对东方元素的运用中就已呈现。保罗·波烈在设计大草原外套（彩图 9[②]）时参考了东方立领对襟外套以及交领等细节，上衣门襟、底摆袖口的边缘以及衣角的牵牛花图案是该款式中为数

---

① 李砚祖：《艺术设计概论》，湖北美术出版社，2009 年，第 59 页。

② Paul Poiret：Stepp，https://www.metmuseum.org/art/collection/search/121201，2005.

不多的装饰，这些点缀性的装饰让这一款式散发出更浓郁的东方传统特征。尽管活跃于 20 世纪 20 至 30 年代的卡洛姐妹所设计的作品不少都运用了繁复的手工艺，但也不乏一些款式仅在局部点缀以花卉图案，形成点缀装饰风格。彩图 10① 中的绿色无袖不收腰连衣裙仅在下半部分点缀了几朵花，整个款式显得既清新又有亮点。与卡洛姐妹同时代的意大利时装设计师特拉维斯·班通运用东方元素的作品也有点缀装饰风格的案例。彩图 11② 中红色的连衣裙两侧开叉，两沿以刺绣图案装饰，这些细节显示出与清代满族妇女开衩长袍的联系。尽管特拉维斯·班通在服装的两个袖子处也运用了刺绣图案，但这并未改变整款服装繁简对比的特征。

时装设计师皮埃尔·巴尔曼在设计中对东方元素的运用呈现的点缀装饰的风格，显示了他在 20 世纪女装现代化的基础上试图唤起女性对美丽的幻想。彩图 12③ 显示了 20 世纪 60 年代末期皮埃尔·巴尔曼对日本服饰的参考，他将服装的底摆、领口、袖口处作为整款服装装饰的重点，呈现出点缀装饰风格。该品牌后来的设计师在运用东方元素时延续了类似的手法，参考中国传统服饰而设计的款式同样繁简有序（彩图 13④）。

20 世纪 70 年代，伊夫·圣洛朗掀起了从欧洲以外的其他地区的服饰中获取灵感的风潮，运用东方元素呈现点缀装饰风格特征的情形变得更加普遍。相关案例中，不仅有基于东方服装款式的设计，还有将东方图案用于点缀装饰西方款式的情形，以及将东西方服饰元素融合的情形。图 3—1⑤ 显示了伊夫·圣洛朗对印度传统服装款式的借鉴，简练的衣身将领口、袖口的装饰衬托得更加细腻。同一时期的时装设计师华伦天奴·克利门地·鲁德维科·加拉瓦尼在运用东方元素时同样采用了这种繁与简的对比。1973 年华伦天奴·克利门地·鲁德维科·加拉瓦尼设计了一款黑色不收腰长款礼服（图 3—2⑥）。该款式左右两侧开叉，叉高近膝盖，袖口和前胸镶嵌红色珠宝等精致饰品，在黑色面料衬托之下显得熠熠生辉。从廓形、袖口、侧缝的设计特征可以看出，中国清代

　　①　Callot Soeurs：Evening Dress，https：//collections. vam. ac. uk/item/O362560/evening—dress—callot—soeurs/，1962.

　　②　Vitalddi Babani：Dress，https：//www. metmuseum. org/art/collection/search/80218，1995.

　　③　Pierre Balmain：Evening Dress，https：//www. metmuseum. org/art/collection/search/96113，1978.

　　④　Oscar de la Renta：Evening Ensemble，https：//www. metmuseum. org/art/collection/search/131163，2006.

　　⑤　Yves Saint Laurent：Caftan，https：//www. metmuseum. org/art/collection/search/130323，2006.

　　⑥　Valentino：Evening dress，https：//www. metmuseum. org/art/collection/search/155674，2009.

朝服是这款晚礼服设计的重要参考款式。这款服装在风格上形成了点缀装饰的特征，增强了服装的层次感。图 3-3① 中，罗伯特·卡沃利的设计显示了如何在与东方传统无关的款式上运用东方图案进行点缀装饰。樱花及叶片组合的图案不对称地点缀在连衣裙上，显示了图案与日本传统的关联。20 世纪末期，设计师亚历山大·麦昆为时装品牌纪梵希带来了更年轻化的外观，并多次在设计中显示了与东方传统的关联。图 3-4② 中的黑色丝绸礼服被点缀了刺绣图案，东方花鸟图案以金色的丝线刺绣完成，立起的领子是服装上东方装饰图案的呼应，巧妙的领子设计将东西方服装传统融合在一起。

图 3-1　伊夫·圣洛朗（1968 年）　　　　图 3-2　华伦天奴（1972 年）

---

① Roberto Cavalli：Ensemble，https://www. metmuseum. org/art/collection/search/137528，2007.

② Givenchy：Evening Dres，https://fashionmuseum. fitnyc. edu/objects/132312/2009166? ctx＝b08923c9－78bf－4626－9798－23f95b907e2f&idx＝22，2009.

图 3-3　罗伯特·卡沃利（约 1971 年）　　　图 3-4　纪梵希（1997 年）

　　21 世纪的时装设计师在运用东方元素形成的点缀装饰风格时融合了时代的新风尚。各种夺人眼球的设计让 21 世纪的时尚像是弥漫着一种扑朔迷离的烟雾。时装设计中从未如此混乱地呈现对过去与现在的交错。时装品牌华伦天奴在高级定制及高级成衣设计中有不少作品都有着简练的外观，不少运用东方元素的作品结合高档的面料，呈现出点缀装饰的风格。图 3-5①的款式紧贴身体，立领和异色镶边显示了这一款式与东方传统的联系，搭配光泽感极强的裤子，给人一种传统与科技的碰撞感。时装品牌华伦天奴 2015 年秋冬高级成衣运用龙图案的款式则是一种更适合年轻女性的设计，该系列参考中国传统戏剧服装的款式，显示出点缀装饰风格。

———————————

　　①　Valentino Garavani；Fall 2001 Ready-To-Wear，VOGUE RUNWAY，2020-02-22.

图 3—5　华伦天奴（2001 年）

二、繁复装饰

时装设计师在同一款服装上大量运用与东方文化关联的图案、装饰工艺、传统技艺，在视觉上造成的堆砌之感就是繁复装饰风格。无论中外，宫廷刺绣对材料、技艺的考究体现的是一种繁缛复杂的审美。在宫廷文化逐渐退出历史舞台之后，这种审美特征在时装设计高级定制中得以延续。中国传统刺绣、戏曲服装，尤其是宫廷服饰传统体现的是错彩镂金的雕琢之美，其特征是装饰繁复、配饰繁重、材料昂贵。东方传统图案纹样、服饰工艺被时装设计师大量运用在其作品中时，东方传统文化中"错彩镂金、雕琢满眼"的美感便自然而然地呈现在设计作品中。

时装设计中通过运用东方元素达成精致繁复的风格与高级定制时装对细节及工艺的讲究不谋而合。但这并不意味着运用东方现代图案与繁复风格没有关系，也不意味着高级成衣中就不存在运用东方元素而形成其他风格的情形。相对而言，高级定制更注重运用手工工艺与东方传统图案、服饰工艺、传统技艺以形成繁复装饰之感。

兴起于 20 世纪 20 至 30 年代的装饰艺术运用给时装设计高级定制带来了一种重视装饰的浓烈氛围，当时的设计师注重将各种服装装饰工艺运用在服装上，形成繁复的装饰风格。爱德华·莫利纳曾将中国传统的狮子滚绣球图案作为服装的装饰主题，精致的工艺及图案细节营造出出色的装饰特征（图 3—6[①]）。20 世纪 20 至 30 年代以擅长装饰工艺闻名的卡洛姐妹在当时甚为流行的如同管子的服装中装饰大量的东方图案。彩图 14[②] 中的花卉被赋予了一种柔和的色调，使得服装被装饰得繁复但却丝毫不浮夸。卡洛姐妹运用东方元素的诸多设计作品都呈现出这样的繁复装饰风格。

图 3-6　爱德华·莫利纳（1924 年）

森英惠对工艺、材质的专注使得她的一些作品充满了奢华而繁复的意味。图 3-7[③] 为森英惠 1974 年秋冬系列作品之一，有着东方传统服饰的 H 形廓形以及典型的绲边工艺。日本的传统青海波图案和扇子图案在这款服饰中被融于一体。这些不断重复的图案以织锦的方式完成，从彩图 15[④] 可以看到图案细节处的繁复特征，金色作为一些细节轮廓线，大面积的金色弧线处还有提花的龟甲图案。日本高雅艺术、宫廷服饰中最华美的篇章被森英惠以繁复的方式在时装设计中演绎。一些款式除了在服装上大量填充图案外，还以珠绣的方式对图案添加层次。

---

① Edward Molyneux：Evening，https://www.metmuseum.org/art/collection/search/105583，1979.

② Callot Soeurs：Evening Dress，https://www.metmuseum.org/art/collection/search/84585，1944.

③ Hanae Mori：Evening Ensemble，https://www.metmuseum.org/art/collection/search/97249，1975.

④ Hanae Mori：Evening Ensemble，https://www.metmuseum.org/art/collection/search/97249，1975.

西方时装设计师伊夫·圣洛朗在 20 世纪 70 年代以奢华的方式将东方元素与高级定制结合，诸多款式都有繁复装饰的风格特点。伊夫·圣洛朗 1977 年秋冬高级定制系列让人们仿佛置身于东方宫廷，这个系列的服装将白天的服装以奢侈繁复的方式设计制作。大量的皮草运用在有绣花的外套、大衣等款式上。彩图 16[①] 为这场发布会中的一款晚礼服，丝绸的面料上布满了祥云图案，腰带上的穗子、右衽领口的绲边让这款繁复的晚礼服更显精致。伊夫·圣洛朗 1980 年以花朵为主题的春夏高级定制发布会中同样有此前以奢华的方式演绎东方元素的款式。图 3-8[②] 中圆领、对襟、绲边及桶状的裙子显示了这一款式与中国传统服饰的联系。上衣金色部分由立体刺绣的精致植物叶片堆叠而成，精致的细节工艺及细腻的层次使整个款式显示出繁复特征。

图 3-7　森英惠（1974 年）　　　　图 3-8　伊夫·圣洛朗（1980 年）

高级定制设计运用东方元素形成繁复装饰风格的案例甚多，进入 21 世纪这种风格依然盛行。时装品牌华伦天奴高级定制设计多次运用东方传统图案，或用刺绣，或用织锦，或将印花和织锦相结合，呈现独具魅力的东方繁复之美。图 3-9[③] 中，整个款式被中国瓷器的图案占据，图 3-10[④] 中的款式运用

①　Yves Saint Laurent：Evening Ensemble，https://fashionmuseum. fitnyc. edu/objects/29015/88731?ctx=83519b66-4b3e-4729-87ac-0fa34e52a894&.idx=77，1988.

②　Valentino Garavani：Fall 2002 Couture，VOGUE RUNWAY，2020-02-24.

③　Pierpaolo Piccioli：Fall 2002 Couture of Valentino，VOGUE RUNWAY，2002-06-10.

④　Valentino Garavani：Fall 2003 Couture，VOGUE RUNWAY，2020-02-24.

了繁复的日本传统图案装饰。时装品牌克里斯汀·迪奥在 20 世纪末期及 21 世纪初期的高级定制繁复而华丽。设计师约翰·加利亚诺在 1997 年上任以来就把目光投向了东方。2007 年春夏是约翰·加利亚诺在时装品牌克里斯汀·迪奥期间所设计的高级定制系列中最具繁复装饰特征的系列。该系列以日本传统文化为主题，款式设计围绕和服和折纸技艺等日本元素开展，在融合东西方传统元素的过程中以繁复装饰作为平衡二者的支点，在时装品牌克里斯汀·迪奥注重廓形的基础上运用布料堆积、折叠技术，结合东方图案及服饰细节、传统工艺，形成了惊艳的繁复装饰风格。图 3-11[①] 中的款式以折纸的方式制作的百合造型也成了装饰服装的重要部分。在图 3-12[②] 中，繁复装饰风格在和服的廓形、领型以及层叠的底摆、巨大的荷花及海浪图案中呈现。郭培的高级定制设计大量运用东方图案，以刺绣工艺对服装进行装饰。她的 2020 年春夏系列将佛教唐卡中的寰宇世界以刺绣的工艺表现，服装的面料成了画布，被施以无数的图案及形象。彩图 17[③] 为该系列中的一个款式，金色部分均为金线刺绣的唐卡图案，可谓繁复至极。

图 3-9　华伦天奴（2002 年）

图 3-10　华伦天奴（2003 年）

---

① John Galliano：Spring 2007 Couture，VOGUE RUNWAY，2007-01-22.
② John Galliano：Spring 2007 Coutur，VOGUE RUNWAY，2007-01-22.
③ Guo Pei：spring 2020 Couture，VOGUE RUNWAY，2020-01-23.

图 3−11　克里斯汀·迪奥（2007 年）　　图 3−12　克里斯汀·迪奥（2007 年）

　　高级成衣中手工工艺的复杂程度大大降低，借助现代印花技术形成繁复装饰风格的情况在高级成衣运用东方元素的款式中十分常见。图 3−13① 及图 3−14②显示，时装品牌高田贤三和古驰的繁复装饰特征主要来自复杂的图案，这些图案都以现代印花技术生产，不仅色彩艳丽，而且细节丰富。近年来，时装品牌古驰运用东方元素的设计作品以繁复为特点。图 3−15③ 中，异色镶边的西装运用精美刺绣的龙图案，以及衬衣、丝巾、戒指及手提包的设计显示出该款式对东西方传统的融合，其呈现的繁复装饰风格容易给人带来一种边界的消弭之感。

　　①　Kenzo：Jacket，https：//www. metmuseum. org/art/collection/search/180670，2009.
　　②　Tom Ford：Ensemble，https：//www. metmuseum. org/art/collection/search/101319，2004.
　　③　Alessandro Michele：Spring 2017 Ready−To−Wear，VOGUE RUNWAY，2021−05−14.

图 3-13　高田贤三（约 1975 年衣）

图 3-14　古驰（2013 年）

图 3-15　古驰（2017 年）

　　时装设计中对龙图案、青花瓷图案的运用多用于呈现繁复装饰风格。青花瓷图案丰富，动物图案中有龙凤、鱼、蝴蝶、花鸟等，风景图案中有山水、竹石等，植物图案有牡丹、缠枝莲花、皮球花、菊、寿桃、梅花、忍冬等，人物图案有戏婴、仕女等。在时装设计中对青花瓷瓶上缠枝莲花图案的运用最广泛。中国明清时期以青花缠枝莲花制作的花瓶有不少是皇帝赏赐给大臣的"赏瓶"。这种花瓶有"清廉"的寓意。受青花瓷影响，中国传统服饰产生了一种叫作"三蓝绣"的服饰装饰手法。三蓝绣并不是一种刺绣针法，而是一种刺绣的配色特征，是指将深浅不同的蓝色用于刺绣。说是三蓝，但实际不止三种蓝色。普通的三蓝绣有三到四种蓝色，但一些精致的绣品多达二三十种蓝色，色彩之间自然过渡，整体形成蓝色调。三蓝绣的刺绣针法多样，有平针绣、打籽绣等。时装设计中一些设计师将三蓝绣的特征与青花瓷图案结合，运用在时装设计中，形成一种繁复装饰的风格。在克里斯汀·迪奥 2005 年春夏及 2009 年春夏（彩图 18①）的高级定制系列中，一些礼服设计运用了蓝色花卉图案。这些刺绣蓝色花卉图案的色彩有浓淡变化，服装的繁复之感在裙子夸张的造型映衬之下更加凸显。青花瓷是詹巴迪斯塔·瓦利 2005 年秋冬高级定制系列的重要参考，设计师将青花瓷的色彩及图案运用不同深浅的色彩在服装上装饰出丰富的层次（彩图 19②）。

　　时装品牌华伦天奴 2013 年秋冬高级成衣系列是以青花瓷为参考形成繁复装饰风格的典型案例，该系列或飘逸，或垂坠，或硬朗的面料布满了蓝色花卉。彩图 20③ 中，蓝色印花占据了短裙表面。时装品牌华伦天奴还曾将青花瓷图案运用于 2005 年春夏男装系列中，西装外套、衬衣、裤子等款式都密布了缠枝莲花图案。彩图 21④ 中无论是衬衣还是裤子都被缠枝莲花图案装饰。罗伯特·卡沃利在设计中十分钟爱将青花瓷用于形成繁复的装饰风格。在 2005 年秋冬系列中，罗伯特·卡沃利将一款抹胸鱼尾裙印上了繁复的青花瓷图案（彩图 22⑤），这一款式让罗伯特·卡沃利获得了广泛的赞许。在那之后，青花瓷及色彩被他多次运用在设计中作为装饰，并以此形成繁复装饰风格。

　　时装设计中对龙凤图案的运用亦是呈现繁复装饰的重要方面。以创导简洁、大方闻名的香奈儿在 20 世纪 30 年代运用龙图案设计的外套同样显示出繁复装饰的特征（彩图 23⑥）。郭培运用龙图案设计的款式甚至以满绣的方式呈现，其中一些款式没有华丽的色彩，只有走进了才能看到细密的针脚和微妙的

　　① John Galliano：Spring 2009 Couture，VOGUE RUNWAY，2009—01—26.
　　② Giambattista Valli：Fall 2013 Ready—To—Wear，VOGUE RUNWAY，2021—11—05.
　　③ Maria Grazia Chiuri：Pierpaolo Piccioli. Fall 2013 Ready—To—Wear，VOGUE RUNWAY，2020—02—23.
　　④ Valentino Garavani：Spring 2005 Menswear，VOGUE RUNWAY，2020—02—24.
　　⑤ Roberto Cavalli：Fall 2005 Ready—To—Wear，VOGUE RUNWAY，2020—02—24.
　　⑥ Gabrielle Chanel：Evening Jacket，https://www. metmuseum. org/art/collection/search/175126，2009.

色彩，这些都是耗费了大量时间和心血的结果（彩图 24① 和彩图 25②）。在汤姆·福特为时装品牌伊夫·圣洛朗设计的 2004 年秋冬高级成衣系列中，有一款紧身礼服密布了龙图案与江崖海水图案（彩图 26③）。随着古驰这一时装品牌进入 21 世纪后为时装界带来一股具有极繁主义特征的复古风，对各种服饰装饰工艺及图案的运用成了古驰这一品牌设计的重点，该品牌的设计师频繁地将中国的龙图案用于形成繁复装饰风格。

第二节　前卫风格

　　"前卫"一词大约在 19 世纪早期成了艺术相关的词汇，被用来形容突破既有品味界限、形成新范式的艺术家、艺术运动或艺术作品的激进特征。艺术作品具备以下三条中的任何一条即可被称为是前卫的：一是对艺术传统重新定义，二是运用新的艺术技巧或工具，三是对可被视为艺术作品的客体范畴重新定义④。当时装设计师持续在作品中呈现与主流传统及价值观对立的态度时，这些作品常被称为前卫风格。前卫的东西变成或正在变成常规的东西时，新的前卫样式又会出现，服装样式也不例外。这是人类始终存在着求新求异、渴望认同的心理所致⑤。服装设计中的前卫风格在本质上是激进的，这种风格以实用性服装为基础，追求对界限的突破和对未来的探索。前卫风格的时装设计探索着时尚可能的方向，促进了实用服装朝着未来方向迈进。

　　"以否定为主导的思潮引发了对后现代时装艺术产生重要影响的'嬉皮士'和'朋克'运动。"⑥ 嬉皮士运动、朋克运动为时装设计带来了剧烈影响，促进了时装设计中产生更激进的前卫风格服装。波普艺术和抽象艺术也为时装设计注入了新鲜血液。

---

　　① 　Guo Pei：Fall 2016 Couture，VOGUE RUNWAY，2016－06－05.

　　② 　Guo Pei：Spring 2019 Couture，VOGUE RUNWAY，2019－01－24.

　　③ 　Tom Ford：Dress，https://www.metmuseum.org/art/collection/search/112902，2004.

　　④ 　Crane，Diana：The Transformation of the Avant－Garde：the New York Art Word 1940—1985，University Chicago Press，1987：14.

　　⑤ 　刘晓刚：《关于前卫、创意、实用的划分》，《中国纺织大学学报》，1997 年，第 6 期，第 76 页。

　　⑥ 　包铭新、曹喆：《国外后现代服饰》，江苏美术出版社，2001 年，第 39 页。

一、解构风格

雅克·德里达（Jacque Derrida）在哲学概念上给予了解构十分深刻的内涵。哲学层面上的解构之于设计中的解构主义，亦如西格蒙德·弗洛伊德（Sigmund Freud）的精神分析学之于超现实主义，原意和结果之间差距甚远。将解构的概念与具体的艺术门类结合往往意味着呈现丰富的感官体验。解构作为一种设计风格兴起于 20 世纪 80 年代建筑艺术的设计实践中。"20 世纪 90 年代中期，记者们开始使用'解构'或'破坏'这种词汇（至少字面上如此）来描述那些摆脱传统缝制、镶边和花案结构等精细加工技术的时尚界现实迹象。"① "服装设计中的解构是不断地打破旧结构并组合成新的结构的过程。"② 时装设计中的解构主义与传统制作完整的最终产品以外的所有环节以及一切被认为理所当然的惯例密切关联。散乱、突变、残缺、失重、超常是解构主义风格服装的五个特征，满足其中一种及以上即可被视为解构主义风格③。解构主义服装风格本质上是对时尚主流正统的质疑与否定，对多元性的呈现是解构主义时装风格的重要意义。破坏性是促使解构主义时装呈现张力、获得多元意义的重要源头。

从当下的语境来看，时装设计中运用东方元素的作品与解构主义风格的关联可以从川久保玲和山本耀司在巴黎的首次发布会算起。他们二者在当时的设计作品中体现了日本传统美学中的"侘寂"特征。日本现代美学史上学院派美学的确立者大西克礼从空间、时间及条件三个方面阐述了侘寂的三层语义，以及侘寂为何能作为一种美学范畴。大西克礼认为，"茶道中经常被使用的'侘'这个词，其实就已经隐含着'贫'的意味"④。"寂"的第二层语义不仅表现为一种时间的累积现象，同时还要求事物能呈现具有灭亡、衰败的特征⑤。"寂""侘"这两个概念殊途同归，二者是同义概念⑥。侘寂是一种与活泼、生动、新鲜对立的美，也是一种和肤浅、恶俗对立的美。在日本文化传统中，历经时间的事物所呈现的衰败、残缺特征被作为一种美受到风雅之士的欣赏。这种审

---

① 邦尼·英格利希：《日本时装设计师：三宅一生、山本耀司和川久保玲的作品及影响》，李思达译，重庆大学出版社，2022 年，第 227 页。

② 包铭新、曹喆：《国外后现代服饰》，江苏美术出版社，2001 年，第 72 页。

③ 于素霞：《解构主义风格在现代服装设计三要素中的应用研究》，天津科技大学，2017 年，第 5 页。

④ 大西克礼：《日本美学三部曲：侘寂》，曹阳译，北京理工大学出版社，2020 年，第 160 页。

⑤ 大西克礼：《日本美学三部曲：侘寂》，曹阳译，北京理工大学出版社，2020 年，第 185 页。

⑥ 大西克礼：《日本美学三部曲：侘寂》，曹阳译，北京理工大学出版社，2020 年，第 154 页。

美特质在川久保玲和山本耀司首次在巴黎发布作品时就成了一种具有破坏性的力量。

　　尽管川久保玲"声称不受过去任何事物的影响，但确实与日本传统文化相呼应"①。一种不与时间对抗、承认时间的厚重与力量的特征在日本设计师三宅一生、川久保玲、山本耀司的设计中都有所呈现。川久保玲的设计作品会在做工精致的服装上故意留下缝隙或未完成的边缘，一些不对称的地方也像是随意组装而成的，如图3-16②。相对于三宅一生对身体和服装关系的探索，20世纪80年代川久保玲和山本耀司作品中存在的巨大尺寸、不对称设计、褶皱、打结、毛边等细节，被西方时装评论家用"前卫""实验性"来形容。川久保玲1983年设计的名为"蕾丝"的黑色毛衣（图3-17③）有着不规则的孔洞，颠覆了时尚传统中蕾丝及新衣服的概念，被评论家私下称为"瑞士奶酪"。20世纪80年代以前西方时尚传统与美联系在一起的因素通常是精致、完整、光洁、严谨、装饰以及性别特质。而川久保玲在这款毛衣上赋予了面料另一种维度，这种维度不呈现时尚传统中崇尚的优美特征以及完美外观。20世纪80年代初期的《女装日报》（*Women's Wear Daily*）将川久保玲的作品贴上了"广岛包裹女郎造型"的标签。更多人则是对这些违反当时时装设计规则的设计风格而感到震惊④。

图3-16　川久保玲（1983年）1　　　图3-17　川久保玲（1982年）

　　① Vicky Carnegy：Fashion of a Decade. The 1980s，Library of Congress Cataloging - in - Publication Data，2007：38.

　　② Rei Kawakubo：Sweater，https://www.metmuseum.org/art/collection/search/79853，1995.

　　③ Rei Kawakubo：Sweater，https://www.metmuseum.org/art/collection/search/746750，2020.

　　④ Vicky Carnegy：Fashion of a Decade. The 1980s，Library of Congress Cataloging - in - Publication Data，2007：36.

　　川久保玲明确表示不喜欢完美的东西，并且喜欢在未完成及随机的事物中发现美。她因机械织布机所织造的布料过于完美而故意松动织布机的部分螺丝，进而生产出不太完美、更接近于手工织造的布料。川久保玲曾面对 *VOGUE*（美国版）杂志坦言，她展示一些未完成的衣服，甚至暴露他们的结构，目的是彰显不完美的事物的价值[①]。对表面粗糙、内在完美抑或说对残缺之美的传达在日本设计师的时装设计中多表现为对完美的拒绝、对非对称的强调。对川久保玲来说，未完成的、不平衡的、融合的、消解的以及无意图的表达已经成了她最重要的表达模式[②]。这种表达在川久保玲 1998 年春夏系列"群聚之美"中呈现得十分明显。整个系列犹如立体裁剪的样衣：生白布一样的色彩，布料缠裹身体留下随意的褶皱、裁剪后面料的边缘留下不规则的毛边及线头……其中一个款式（图 3-18[③]）整体呈现桶状特征，折叠后的面料在折线处与下一个褶皱固定，这些有褶皱的面料分作两段包裹了躯干，色彩如牛皮纸一样，内层则是一件套头无袖连衣裙，袖口和领口仿佛前一分钟才将多余的布料撕扯下来。这款服装除了裙子底摆处理得十分精致整洁外，其余的缝头完全暴露出来，让人觉得是一件半成品。

图 3-18　川久保玲（1983 年）2

　　① 安德鲁·博尔顿、川久保玲：《川久保玲：边界之间的艺术》，王旖旎译，重庆大学出版社，2019 年，第 8 页。

　　② 安德鲁·博尔顿、川久保玲：《川久保玲：边界之间的艺术》，王旖旎译，重庆大学出版社，2019 年，第 44 页。

　　③ Rei Kawakubo：Clustering Beauty，https：//www. metmuseum. org/art/collection/search/724251，2020.

　　"'游戏'是后现代时装设计的典型特征。"① 川久保玲把东方传统元素用于有戏谑或戏拟特征的设计中。在她的 2009 年春夏高级成衣系列中，具有非对称、未完成且有着东方服装平面特征的包裹性设计的作品被运用于讨论"衣服"与"非衣服"之间的界限。图 3—19② 中，在如同一块布包裹的不对称款式上，黑色的服装平面款式图的线条提示人们布料的二维特征，为观者抛出"这是不是衣服"的疑问。2015 年秋冬高级成衣系列名为"分离仪式"，这个与离别、送别相关的系列展现了仪式的美与力量对痛苦与分离环节的作用③。图 3—20④ 中，日本传统符号"○"被川久保玲用来讨论力量的扩展与缓和关系：秀场上这款服装的白色蕾丝形成了一种扩张感，削弱了黑色轮廓的力量与压力感。在川久保玲 2021 年春夏系列的秀场中，草间弥生代表性的圆点、大眼睛和 PVC 包裹的米老鼠图案被无处不在的红色笼罩（彩图 27⑤）。事实上，商业运作这一无形而强大的控制力量亦如秀场上的红色那般给草间弥生的艺术带来不可抗拒的压力。东方的现代图案在川久保玲的秀场上更多的是让人思考被商业裹挟的艺术与非艺术之间的差异。

图 3—19　川久保玲（2009 年）　　　图 3—20　川久保玲（2015 年秋）

① 包铭新、曹喆：《国外后现代服饰》，江苏美术出版社，2001 年，第 43 页。
② Rei Kawakubo：Fall2009 Ready—to—Wear，VOGUE RUNWAY，2009—04—07.
③ 安德鲁·博尔顿、川久保玲：《川久保玲：边界之间的艺术》，王旖旎译，重庆大学出版社，2019 年，第 176 页。
④ Rei Kawakubo：Fall 2015 Ready—To—Wear of Comme des Garcons，VOGUE RUNWAY，2015—04—08.
⑤ Rei Kawakubo：Spring 2021 Ready—To—Wear of Comme des Garcons ，VOGUE RUNWAY，2020—10—20.

和川久保玲将东方传统元素置于后现代艺术的话题讨论中不同，未完成的、不规则的、不完整等特点在山本耀司的秀场上持续存在，但并不曾被扩大至更深刻的层面进行讨论。尽管如此，山本耀司对时装设计依然是具有明显破坏力的。山本耀司在1997年春夏时装周上向香奈儿和伊夫·圣洛朗致敬。秀场上这些模仿香奈儿及伊夫·圣洛朗的经典款式被故意留出未缝合的边缘，让这些经典款式留下了属于山本耀司的印记——未完成的。这种不完美之美在山本耀司1983年春夏高级成衣系列中大量呈现。图2-29中，裙子宽松的垂坠特征及交领显示了这一款式与日本和服的联系，镂空之处破坏了该款式原本的完美感。相对于当时所谓斯文得体的、追求完美的时装而言，这一款式所具有的日式侘寂之美是一种破坏力。在山本耀司近些年的设计中，这种破坏力愈演愈烈。图3-21①为山本耀司2018年春夏高级成衣中的一款服装，该款式不仅仅由不完整的服装部件组成，在模特身上的黑色布料如同撕开的破布被随意缠裹。山本耀司2019年春夏高级成衣系列的主题讨论了对完整感的破坏。在图3-22②的款式中，拉链的重力感为服装带来了一种正被撕裂的力量。衰败之感在2021年春夏系列中的一款裙子上体现得非常彻底（图3-23③）。裙子的轮廓几乎被从躯干往外飞散的小布片消除了，这些布料如同正在燃烧而飞起或已经燃烧殆尽的纸张，模特的肤色为这款服装添加更加强烈的燃烧气氛。这款服装呈现的除了侘寂之美外，还包含一种感叹转瞬即逝的物哀之美。山本耀司在男装设计中常以一种破旧的方式呈现历经时间和磨砺而显露的力量（图3-24④）。在女装设计中，这样的设计具有更强的破坏力。

① Yohji Yamamoto：Spring 2018 Ready-To-Wear，VOGUE RUNWAY，2020-02-28.
② Yohji Yamamoto：Spring 2019 Ready-To-Wear，VOGUE RUNWAY，2021-09-05.
③ Yohji Yamamoto：Spring 2021 Ready-To-Wear，VOGUE RUNWAY，2020-09-03.
④ Yohji Yamamoto：Spring 2021 Manswear，VOGUE RUNWAY，2021-07-02.

图 3—21　山本耀司（2018 年）

图 3—22　山本耀司（2019 年）

图 3—23　山本耀司（2021 年）

图 3—24　山本耀司（2022 年）

　　对残缺不全以及不规则的执着追求，使得这种源自侘寂的美感在川久保玲和山本耀司的设计中被转换成对西方时装标准具有破坏性的设计风格。二者在 20 世纪 80 年代初期在巴黎秀场上的设计作品中对模糊性别、东方传统中黑色的运用更加强化了他们对时尚传统的破坏力。山本耀司及川久保玲的设计呈现了一种有别于西方传统的设计风格，时装评论家常常把他们的作品在风格上简单地与日本地域联系在一起，将其称为日本风格。如果将他们作品中所包含的东方传统的影响力放置在时装设计发展历史中，川久保玲和山本耀司密切关联东方元素的时装设计风格指向的是对西方时尚传统的超越。

  20 世纪 80 年代初期，川久保玲和山本耀司开创了具有时间流逝的侘寂美学特征的风尚，这种风尚在 20 世纪 90 年代以后被更多的时装设计师以实验性的方式进行拓展。侯赛因·卡拉扬在其毕业设计作品"切向流"中将服装和铁一同埋入花园，形成具有铁锈痕迹的金棕色作品。被奉为时装设计解构风格代言人的梅森·马丁·马吉拉被公认为受川久保玲影响的设计师。以瓷盘碎片制作的胸衣（图 3−25①）是梅森·马丁·马吉拉重要的作品之一。1997 年梅森·马丁·马吉拉在鹿特丹的博伊曼斯·范伯宁恩美术馆的展览中将霉菌洒在服装上，这些从他过去 18 个系列中分别挑选出来的白色服装在室外成了老旧之物。在精致、完美的时装设计作品的对比之下，有侘寂之美特征的解构风格服装获得了当下的意义。梅森·马丁·马吉拉在运用东方元素时同样以一种破坏的方式呈现，这种方式和川久保玲及山本耀司如出一辙，但梅森·马丁·马吉拉似乎比川久保玲更直接，除了对服装本身以外，他将这种破坏渗透到了对时装设计整体环节中。相对于川久保玲、山本耀司及德赖斯·范·诺顿，梅森·马丁·马吉拉在运用东方元素时无论是在材料选择还是作品形态上都呈现得更加激进。德赖斯·范·诺顿 2013 年整个高级成衣系列都是对川久保玲的致敬。在德赖斯·范·诺顿 2012 年秋冬高级成衣系列对中国传统服饰平面图形的运用中，对图形的故意破坏使得印花呈现残缺的特征（图 3−26②）。具有侘寂之美特征的时装设计作品否认了过去对具有时间流逝特征的服装与身份地位低下的必然联系，尽管这些设计师的做法不过是以一种精心设计的方式模仿过去的印记，但这种做法否认了时装设计对财富的炫耀，促进了一部分过去在时装设计中被否认的观念成了时尚。

---

① Martin Margiela：Ves，https://www.metmuseum.org/art/collection/search/781957，2018.

② Dries Van Noten：Fall 2012 Ready−To−Wear，VOGUE RUNWAY，2020−02−23.

图 3-25　梅森·马丁·马吉拉（1989 年）　　图 3-26　德赖斯·范·诺顿（2012 年）

综上所述，以川久保玲、山本耀司、梅森·马丁·马吉拉、德赖斯·范·诺顿为代表的时装设计师运用东方元素的作品在设计风格上为解构风格。

二、朋克风格

20 世纪 70 年代英国及美国特定的时代背景孕育了朋克运动。在诞生之初，朋克文化承载着延续和发展西方 20 世纪 60 年代反文化运动的使命，先天就带有反叛和颠覆主流文化的基因，具有明显的反文化倾向①。时装设计中的"朋克是一种'反叛的风格'，乖张的服装和配饰、'莫霍克'发型、安全别针、涂鸦 T 恤以及恋物癖和束缚装，它在各个层面都象征着失序"②。20 世纪 70 年代，被称为"朋克教母"的维维安·韦斯特伍德在伦敦的概念服装店受到了朋克们的追捧。随着她在 1982 年登上时装周，朋克的反叛文化逐渐被人们接受。朋克风格服装因对传统和权威的拒绝显示出丰富的创造力。随着朋克风格服装进一步向流行文化渗透，一些学者甚至认为朋克风格是后现代服装风格的一部分。

---

①　吴群涛：《朋克文化身份的"三重变奏"》，《武汉理工大学学报（社会科学版）》，2016 年，第 3 期，第 349 页。

②　亚当·盖奇、维基·卡米娜：《时尚的艺术与批评》，孙诗淇译，重庆大学出版社，2019 年，第 25 页。

　　朋克风格的服装具有十分鲜明的外在特征。黑色皮夹克、牛仔裤、铆钉、穿孔、文身、拉链、别针、金属链条、夸张的戒指、颜色鲜艳的头发以及具有阴森恐怖特征的妆容是朋克颠覆传统秩序的可识别符号，除此之外朋克风格还有一个重要特质是故意将不匹配的东西混搭在一起。这些特点使得朋克风格与其他风格区别明显。

　　朋克符号被一些时装设计师与东方元素混合在一起，形成朋克风格。维维安·韦斯特伍德2012年春夏高级成衣系列对东方元素的运用可以视为对自己朋克服装风格的自我重塑。在这个系列中，中国20世纪初期的制服款式被改造为朋克风格服装，东方元素被维维安·韦斯特伍德吸纳为开拓和探索的方向。在该系列中，一款灰蓝色有四个贴袋的宽大夹克搭配了朋克象征性的超短裤，配饰则选用了白色高跟鞋以及和衣服同色的帽子（图3-27①）。另一款同样有四个贴袋的夹克运用了近似于迷彩特征的面料，衣角和门襟被故意弄脏，并搭了超短裤、橙色网眼袜以及高防水台皮鞋（图3-28②）。中国的书法、国画也被用于设计成打上朋克风格的款式。还有一款印有文字及中国画的服装搭配了超高的防水台凉鞋以及颜色鲜艳的网眼袜，模特白色的脸上有深色的眼影，蓬乱的头发搭配了看起来有点滑稽的帽子，披散的外套则来自维维安·韦斯特伍德从不避讳的性暗示（图3-29③）。维维安·韦斯特伍德以这样的方式将东方元素营造成反叛传统的朋克形象。

---

　　① 刘米娜、杨聃、张丹枫：《换了新天：中国时尚70年》，https://www.163.com/dy/article/EQ49VG2005148Q26.html，2019-09-27。

　　② Vivienne Westwood：Spring 2012 Ready-To-Wear，https://www.vogue.com.cn/shows/Vivienne-Westwood/2012-ss-RTW/，2012。

　　③ Vivienne Westwood：Spring 2012 Ready-To-Wear，https://www.vogue.com.cn/shows/Vivienne-Westwood/2012-ss-RTW/，2012。

图 3—27 维维安·韦斯特伍德
（2012 年）1

图 3—28 维维安·韦斯特伍德
（2012 年）2

图 3—29 维维安·韦斯特伍德（2012 年）3

　　让－保罗·高缇耶 2001 年秋冬高级定制系列围绕中国的旗袍及越南的奥戴开展设计，形成了别具一格的朋克风格。不同于维维安·韦斯特伍德，让－保罗·高缇耶在将东方服装款式与朋克的反叛结合时，融入一些不协调元素，呈现了怪诞、夸张的戏剧特征。模特的发饰有如同蒲扇造型的（图3-30①），有像树枝的，有如油纸伞骨架的，还有如绢扇和穗子组合的。一些模特有四条眉毛，一些则戴着有眼睛图案的流苏眼镜。不少款式搭配着完全不着边际的白色或黑色手套。金属配饰有着如同剪纸一般的色彩与特征。开衩的旗袍或改为从前面开叉，或局部结合立体裁剪褶皱。秀场上的诙谐幽默之余是该系列精致的工艺、精美的梅兰竹菊等图案，以及隐形拉链和盘扣的大胆搭配。高缇耶2010年秋冬高级成衣系列对中国花卉图案、传统帽子的运用同样是以一种不协调的混搭方式形成朋克风格（图3-31②）。

图3-30 让-保罗·高缇耶
（2001年）

图3-31 让-保罗·高缇耶
（2010年）

　　时装品牌路易·威登2011年春夏高级定制系列以中国清代服饰为主题，该系列没有诙谐幽默，亦没有邋遢和散乱，而是一种精心打扮、精心设计的朋克特征。来自朋克风格的深色暗沉的眼影、艳丽的头发、超短的裤子以及运用珠子串成的流苏对金属材质或毛边的模仿（图3-32③），呈现着该品牌对精致之美的强调。该系列运用的高档而奢侈的面料、有差异但不至于不和谐的色彩搭配，让秀场上这些有立领对襟、黑色绲边或盘扣的款式呈现出一种略带街头朋克的率性。时装品牌路易·威登2018年度假系列将朋克的铆钉、拉链、皮料、铁链、超短裤等元素和印有日本传统图案的外套、短裙或裤子搭配（图3

---

① Jean-Paul Gaultier：Fall 2001 Couture，VOGUE RUNWAY，2020-02-24.
② Jean-Paul Gaultier. Fall 2001 Read-To-Wear，VOGUE RUNWAY，2021-07-14.
③ Marc Jacobs：Spring 2011 Read-To-Wear，VOGUE RUNWAY，2020-02-28.

－33①）。来自山本宽斋设计的浮世绘图案或被印在宽大的 T 恤上，或被运用于整个款式的设计中。模特粗黑的眉毛和上扬的黑色眼影关联了浮世绘人物画眼部特征，同时也指向了朋克黑色的眼影。精致的裁剪、精巧的图案以及考究的局部细节显示了时装品牌路易·威登融合日本传统武士服饰、图案与朋克风格时，将朋克的表面形式感作为了款式设计的先决条件。

图 3－32　路易·威登（2011 年）　　　图 3－33　路易·威登（2018 年）

时装品牌香奈儿 2010 年早秋系列同样也有明显的朋克风格特征。这个系列将朋克的金属、皮革、高筒皮靴等元素，以及中国传统服装款式、铜钱、灯笼、青花瓷等元素统一在香奈儿品牌反叛背后的精致优雅之中。以彩图 28②为例，该款式以民国时期女式学生装为基础，点缀了精致的金属山茶花，绲边成为呼应学生装和香奈儿传统的细节，铜钱和珠串则贯通了中国传统及朋克注重饰品的特点。帽子及珠串上的香奈儿标志将这个系列中香奈儿品牌传统放在了至高无上的位置。尽管香奈儿这个系列没有展示朋克的颓废、不协调、怪诞，但朋克风格已经很明显地呈现了。与其说香奈儿在这个系列中运用了东方元素，灌注了朋克精神，不如说香奈儿在这个系列中借东方元素和朋克风格展示了香奈儿的精神。

---

① Marc Jacobs：Spring 2011 Read－To－Wear，VOGUE RUNWAY，2020－02－28.
② Karl Lagerfeld：Pre－Fall 2010 Ready－To－Wear，VOGUE RUNWAY，2009－12－03.

三、简约风格

成立于 20 世纪 20 年代的包豪斯学院在设计中强调形式简约、突出功能，并表现出对抽象几何化的追求。路德维希·米斯·凡·德·罗（Ludwig Mies Van der Rohe）曾提出"少即是多"的设计思想。这种思想最终在现代国际主义设计中呈现出无装饰的形式。对减少装饰的提倡始终与各时代中的前卫时装联系在一起。简约风格强调在服装的基本功能前提下减少装饰，将服装的品质与廓形以及极少的局部非装饰性细节联系在一起，但不强调祛除所有文化特征。在时装设计史上，简约风格与装饰风格如同一对孪生姐妹，二者都随时代潮流的变化呈现不同的外观，但从未消失。运用东方元素的时装设计作品具有简约风格的一般特点。从形的层面运用东方传统服装款式，同时摒弃装饰工艺而设计的时装多为简约风格。但正如前文所说，服装设计中被用作参考的材料自身所具有的鲜明特点会对设计产生强烈的影响。在运用东方元素形成以简洁风格为特征的款式中，这种影响十分明显。

从时装设计中运用东方元素的作品来看，20 世纪初期保罗·波烈的一些设计作品即已显示出简约风格的端倪。随着 20 世纪初期日本和服出口至欧洲，一种从和服简化而来的款式出口到欧洲被用作茶袍。1913 年保罗·波烈设计的礼服借鉴了这种茶袍的基本款式特征，通过对袖子的改进以及裤子的融入，设计出的没有任何装饰的礼服呈现出简约的特征（图 3-34）[①]。马里亚诺·佛图尼用绉纱设计的长袍最早是一种茶袍的款式，具有和服式的 H 形廓形和简约的外观。经佛图尼的改进，茶袍至 1925 年发展出了外观简约甚至有极简风格特征的款式（图 3-35[②]），服装款式特征通过绉纱的弹性而呈现。

---

① Paul Poiret：Evening Trousers，https：//collections. vam. ac. uk/item/O248904/evening-trousers-paul-poiret/，1967.

② Mariano Fortuny：Delphos，https：//fashionmuseum. fitnyc. edu/objects/64407/851935? ctx=2cf2f54b-0952-46ff-b4eb-cfb3de9474ae&idx=0，1985.

图3-34　保罗·波烈（1913年）　　　图3-35　马里亚诺·佛图尼（1925年）

　　20世纪中期，查尔斯·詹姆斯、克里斯汀·迪奥、皮尔·卡丹设计的运用东方元素的款式呈现了简约的风格特征。远在大洋彼岸的查尔斯·詹姆斯对东方传统服装的浓厚兴趣促使他将中国的旗袍与当时的潮流特征相结合，从而形成了简约的设计风格。从图3-36① 中可以看出，该款式在保持旗袍外观特征的基础上舍去了所有装饰，款式的结构成了设计的重点。第二次世界大战之后崛起的时装设计师克里斯汀·迪奥的设计尽管总体而言是昂贵而奢侈的，但并不意味着克里斯汀·迪奥完全没有尝试过简约的款式。他参考中国传统款式设计的红色套装（图3-37②）保留了立领的特征，偏向左边的门襟暗示了中国传统服饰的偏襟。皮尔·卡丹推出的未来主义风格外观简练，充满现代气息，大多数款式都呈现出简约风格。皮尔·卡丹运用东方元素的服装款式不少都保持了这种特征。他在1969年推出的时装系列中，一些款式有着中国传统长袍的外观。图3-38③ 显示皮尔·卡丹在这个系列中以简单的色彩分割呈现这些款式的镶边特征。

---

　　① Charles James：Evening Dress，https://www. metmuseum. org/art/collection/search/172061，2013.

　　② Christian Dior：Dinner Suit，https://www. metmuseum. org/art/collection/search/158576，2009.

　　③ Pierre Cardin：Ensemble，https://www. metmuseum. org/art/collection/search/96197，1977.

图 3-36　查尔斯·詹姆斯（1939 年）

图 3-37　克里斯汀·迪奥（1955 年）

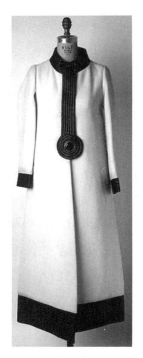

图 3-38　皮尔·卡丹（1969 年）

如果说皮尔·卡丹对东方元素的运用是在一种有未来主义特征的基础上呈现的简约风格，那么邓姚莉的设计所呈现的简约风格则是在极简风格的影响下

　　呈现的。邓姚莉的设计主要受到中国传统服饰款式及结构的影响，强调服装给人呈现的强烈感受，同时避开了所有的装饰技艺，在融通中西方传统的同时呈现简约的风格特征。邓姚莉认为几何式的外观赋予了穿着者力量①。图 3－39②及图 3－40③中的款式呈现了邓姚莉提取中国清代朝服的部分特征后的简洁效果。图 3－39 保留了中国清代朝服的廓形、色彩特征以及披领、下摆开衩的细节，而图 3－40 则运用了西式的裁剪及连衣裙的款式特征，呈现了中国明清时期朝服的补子及对襟的部分形态。正值 20 世纪末期极简主义时装风格流行的时候，奇安弗兰科·费雷 1996 年为时装品牌克里斯汀·迪奥设计的旗袍（图3－41④）具有极其简洁的特征。异色面料的分割暗示了中国传统服饰的一字襟，立领的设计简约到连盘扣都省了去。这与时装品牌克里斯汀·迪奥以奢华繁复来设计旗袍的做法极为不同。

图 3－39　邓姚莉（1982 年）

图 3－40　邓姚莉（1992 年）

---

①　Valerie Steele：John S. Major. China Chic：East Meet West，Yale University Press，1999：93.

②　Yeohlee Teng：Suit，https：//www. metmuseum. org/art/collection/search/80204，1983.

③　Yeohlee Teng：Keats，https：//www. metmuseum. org/art/collection/search/80204，1995.

④　Gianfranco Ferré：Ensemble，https：//www. metmuseum. org/art/collection/search/87862，2002.

图 3-41　克里斯汀·迪奥（1996 年）

　　21 世纪运用东方元素的品牌中，华伦天奴的设计作品呈现了简洁的风格。2001 年华伦天奴将中国传统服装的对襟、立领款式与当代女性简洁的职业装结合，呈现既有东方传统特征又符合当代女性实际生活需要的简洁风格（图 3-42①）。在华伦天奴的上海系列中，不少款式都具有极强的可穿性的简洁风格。一些西式风衣、外套、连衣裙（图 3-43②）在底摆融入了与清代朝服关联的分叉细节，运用了清代长袍的 H 形廓形，以及包裹的特征，几乎没有任何多余的装饰。在 2020 年高级定制系列中，华伦天奴以大红色及具有光泽感的面料呈现了旗袍的外观（彩图 29③），形成一种不见旗袍之形却有旗袍之神的效果。

　　①　Valentino Garavani：Spring 2001 Couture，VOGUE RUNWAY，2020-02-22.

　　②　《Valentino（华伦天奴）上海系列时装发布会》，http://www.fengsung.com/n-13112015244
5384-7.html，2013-11-20.

　　③　Pierpaolo Piccioli：Fall 2002 Ready-To-Wear，VOGUE RUNWAY，2020-03-03.

图 3－42　华伦天奴（2001 年）　　　　图 3－43　华伦天奴（2013 年）

第三节　东方韵味

　　东方悠久的历史文化孕育了独特的东方文化传统。在受到佛教的影响后，中国和日本的传统艺术变得更加灿烂而悠远。一些运用东方元素的作品呈现出与西方服装风格疏远的同时，密切地与东方传统文化关联在一起，但没有解构风格那般犀利的破坏性，甚至这些作品从根源上就以呈现东方传统思想观念为目的。"东方风格"更多用于西方学者对运用东方元素作品在风格上的统称。"韵味"一词具有东方传统中的含蓄内涵，亦有风味之意，更适合作为有独特东方意境作品风格内涵的名称。确切来说，东方韵味是时装设计师追求在设计中传达独特的东方传统审美及思想意境而呈现的结果。从已有的资料来看，这种风格与东方传统艺术、美学抑或思想的独特之处不可分割。尽管东方韵味这种风格不是时装设计中运用东方元素的作品数量最多、影响最广的，但却是时装设计中运用东方元素的作品所呈现的风格中最独特的。

一、诗画风格

　　"错彩镂金，雕缋满眼"和"初发芙蓉，自然可爱"两种美感或美的理想一直贯穿于中国历史①。如果说运用东方元素的时装设计作品以繁复装饰风格呈现了东方传统"错彩镂金、雕琢满眼"之美的话，那么，时装设计师运用东方元素对诗画意境的追求则呈现的是"初发芙蓉，自然可爱"之美。"在中国艺术中，感官本身的刺激并非艺术追求的目的。"② 自然风景在文人的笔墨中转化为他们内心的风景，情与景相互交融映射，既缠绵悱恻，又超旷空灵，形成一种高旷、孤寂的美学意蕴。书法这种既具有抒情性又具有造型特征的媒介让中国绘画得以追求"画中有诗"的审美理想及艺术趣味。"由舞蹈动作延伸，展示出来的虚灵的空间，是构成中国绘画、书法、戏剧、建筑里的空间感和空间表现的共同特征，而造成中国艺术在世界上的特殊风格。"③

"中国画以书法为骨干，以诗为灵魂，诗、书、画同属一层境。"④ 一些时装设计师在设计中尝试把观者在中国画中通过发挥自己的艺术想象所体验到的意境之美以形象化的方式呈现出来。在时装设计中对如诗如画的意境追求具有以下特征：一则追求诗一般的空灵；二则追求如书一般潇洒及风骨；三则追求如画一般抟虚成实，在作品中注入生命的节奏与流动的气韵。因此在造型上设计师追求的是中国画那般恬淡、悠远的意境空间，而非西方绘画那般有建筑空间似的立体雕塑感。

时装设计中的诗画风格是一种被改造后的诗画意境，调和了奢华和淡薄，以一种精致细腻的设计方式表达中国古代文人所追求的归田园居的淡薄以及潇洒理想。若要问哪些品牌在运用东方元素的时装设计作品中呈现了诗画风格，乔治·阿玛尼以竹子为主题的系列算是较有代表性的。

在 20 世纪 80 年代，乔治·阿玛尼打破刚与柔的界限，巧妙地在女装中移植了些许男装的技巧，让女装拥有一丝硬朗的气概。乔治·阿玛尼去掉男装的垫肩和衬，形成圆肩的造型，在传统硬朗的男装中注入了一丝阴柔，如图 3-44⑤。乔治·阿玛尼以轻松自然的裁剪，在时装设计中形成了内敛含蓄而不炫耀、严谨高雅而不简单的中性风格。这种特征奠定了他在后来的设计中呈现诗画风格的基础。

---

① 宗白华：《美学散步》，上海人民出版社，1981 年，第 34～36 页。

② 蒋勋：《美的沉思》，湖南美术出版社，2014 年，第 241 页。

③ 宗白华：《美学散步》，上海人民出版社，1981 年，第 93 页。

④ 宗白华：《美学散步》，上海人民出版社，1981 年，第 123 页。

⑤ Giorgio Armani: Ensemble, https://www.metmuseum.org/art/collection/search/130166, 2006.

图3－44　乔治·阿玛尼（约1990年）

　　乔治·阿玛尼在时装设计中追求高雅简洁、庄重洒脱，这使得他孜孜不倦地从东方艺术中汲取养分。他的设计遵循三个黄金原则：一是去掉任何不必要的东西，二是注重舒适，三是最华丽的东西实际上最简单①。其中第一条与中国画的留白处理相通。中国画的空白与画中的事物联结，如同彩云推月。八大山人的画中，一条生动的鱼跃然纸上，满幅空白皆是水，使空虚成为生命的源泉，流淌出无限的生命与物相的节奏。第二条对舒适的追求与中国画对心灵自由的追求之间虽然有一定距离，但对自由的追求是二者的共性。中国画"笔不滞于物，笔乃留有余地，书写作家自己胸中浩荡之思、奇逸之趣"②，将诗境融于画境，在物我浑融之中，求得灵虚的空间与生命的气相。中国诗词绘画的静远空灵背后是艺术家活跃而有韵律的心灵。诗词绘画化实相为空灵，使人的精神得以飞跃至美的境地。中国诗画意境并不是对无边空间的无限追求，而是从无限与浩瀚回到自己，"俯仰自得，心游太玄""澄怀味像"，汲取天地氤氲的生命气相，以滋养自己的精神生命。乔治·阿玛尼的第三条原则与中国山水画有着相通之处。中国山水画趋于简淡，然而简淡中包含无穷境界③。

---

　①　王朋：《极简主义风格在服装设计中的应用与研究》，武汉纺织大学，2014年，第20页。
　②　宗白华：《美学散步》，上海人民出版社，1981年，第123页。
　③　宗白华：《美学散步》，上海人民出版社，1981年，第29。

虚实相生是中国诗词绘画里共同的意境结构，乔治·阿玛尼 2015 年春夏私人定制系列是对这种意境结构的写照。"中国古代诗人、画家为了表达万物的动态，刻画真实的生命和气韵，就采取虚实结合的方法，通过'离形得似''不似而似'的表现手法来把握事物生命的本质。"[①] 因此能在空虚里产生动荡的气韵，无画处皆是妙境，故而中国画的空间在一虚一实、一明一暗的流动节奏中呈现。"虚中有实，以小见大"显示了中国的艺术家将物质精神化的独特方式。兰、竹绘画题材与书法的撇捺关联，笔墨落纸有力而突出，显示出物相的内部生命与精神，也反映了艺术家的主观感受和情感态度。时装设计师乔治·阿玛尼 2015 年春夏私人定制系列以东方传统绘画中的竹子为主题。不同于其他高级定制中常见的繁复装饰，他以一贯的简洁做派让这一季的服装以趋向于简淡、飘逸的方式追求以竹子为主题的中国画中流动的气氛、高洁孤傲的精神品质。中国画中竹子的剪影或浓或淡，或紧密或疏松的特征在这个系列中反复出现（彩图 30 和彩图 31），如同中国画在空虚的背景之上突出而集中地表现出竹子的动态。细看这些竹子时就会发现，设计师在表现这些竹子时运用了不同的工艺，或以压花的形式在金色真丝外套中出现，或用凸纹提花，或用刺绣，或是织入欧根纱披肩中，层次十分细腻。中国画里生命的节奏和韵律在这个系列中被转化为服装质地及层次的节奏韵律，表现竹子精神生命的律动（彩图 32[②] 和彩图 33[③]）。水晶立体细管表现了竹子光洁的外表，以及如玉一般的特质（彩图 34[④]）。对竹笋外壳斑驳的特征（彩图 35[⑤]）以及对竹子外壳凸起的绒毛（彩图 36[⑥]）的表现显示了设计师不仅有卓越的观察能力，而且有着如中国画笔触皴法那般灵动而力透纸背的表现能力。

在乔治·阿玛尼 2015 年春夏高级私人系列作品中，动与静、繁与简、硬朗与飘逸的对比呈现的是文人画中虚与实的写照。秀场上模特神采奕奕，衣褶飘动，似从画卷里走出来的去尽了人间烟火气息的理想人物，有着洒脱的内

---

① 宗白华：《美学散步》，上海人民出版社，1981 年，第 276。

② 《Armani 高定系列唯美和沉静气息以竹体现东方优雅风范的典范》，http://www.360doc. com/content/19/0505/08/2535363_833420194.shtml，2019−05−05。

③ 《Armani 高定系列唯美和沉静气息以竹体现东方优雅风范的典范》，http://www.360doc. com/content/19/0505/08/2535363_833420194.shtml，2019−05−05。

④ 《Armani 高定系列唯美和沉静气息以竹体现东方优雅风范的典范》，http://www.360doc. com/content/19/0505/08/2535363_833420194.shtml，2019−05−05。

⑤ 《Armani 高定系列唯美和沉静气息以竹体现东方优雅风范的典范》，http://www.360doc. com/content/19/0505/08/2535363_833420194.shtml，2019−05−05。

⑥ 《Armani 高定系列唯美和沉静气息以竹体现东方优雅风范的典范》，http://www.360doc. com/content/19/0505/08/2535363_833420194.shtml，2019−05−05。

心、飘然自得的风度。这些作品让人联想到从中国古代文人生活中延续而来的雅趣诗意，是一种对"景外之韵""象外之致"的意境描绘。这个系列对于竹子图案的运用贯通了中国和日本的文化传统。服饰比例、宽腰带、褶皱等细节都显示了该系列与日本文化传统的关联。一方面，这与日本设计师在时装设计界乃至设计界的影响力不无关联。另一方面，日本的传统绘画以及传统思想都和中国密不可分，日本现代设计中的极简风格源自对日本"侘寂"美学传统的另一种挖掘，而"侘寂"美学传统的源头可以上溯至中国的禅宗思想。

　　森英惠的一些时装设计作品在日本传统艺术的基础上融入了西式晚礼服的特点，但在风格特征上追求的却是一种东方的诗画意境。森英惠的设计作品以运用日本元素形成精致而女性化的特点而闻名。她的设计融合了日本元素和西方设计，并尝试将二者统一于东方意境之中。日本江户时代的艺术是她取之不尽的灵感来源。彩图 37[①] 中，森英惠将草书流畅而奔腾的笔触印在垂坠的薄纱上，并结合了和服的宽大袖子，以及她惯用的半透明质地的纱。在这个款式中，服装的质地巧妙地表现了书法的飘逸之感，亦如书法艺术一般空灵。不过，若从西方文化的视角出发，和这种材料联结在一起的更多的是女性的柔美。事实上，森英惠在设计中呈现日本绘画作品中诗画风格的特征在其早期作品中就已存在。她曾使用印有彩色花卉的丝绸面料营造出日本绘画中的虚实特征以及艺术家自由的精神境地（彩图 38[②]）。

　　盖娅传说在巴黎的四场时装秀给时尚界带来了浓烈的中国风雅气韵，对诗画意境的呈现是其作品风格的重要方面（图 3-45 和图 3-46）。不仅如此，盖娅传说还在这种诗画意境中尝试呈现潜藏于中国画中东方文人心中的隐秘世界。无论是 2020 年春夏秀场上超凡脱俗的书生（图 3-47），还是 2017 年春夏秀场上散发着中国山水画中渔樵耕读意味的超凡侠女（图 3-48），都散发着一种世外隐逸的缥缈气质。

[①]　Hanae Mori：SUMIE，https：//www. metmuseum. org/art/collection/search/105243，2004.

[②]　Hanae Mori：Evening Ensemble，https：//www. metmuseum. org/art/collection/search/158887，2009.

图 3－45　盖娅传说（2017 年）1

图 3－46　盖娅传说（2019 年）

图 3－47　盖娅传说（2020 年）

图 3－48　盖娅传说（2017 年）2

二、禅意风格

金丹元认为禅意不是禅，更不是禅宗，而是一种超越了宗教界限的审美范畴①。禅的介入让中国和日本的艺术精神变得熠熠生辉。禅意在中国和日本艺术作品中占据着极其重要的位置。"中国意境中最高审美目的是体现'天人合一'、来去自由的人生哲理。"②庄子主张尊重"自然之道"，将人视为大自然的一部分，这与佛学强调主动与自然结合达到"梵我合一"是相同的③。庄禅互渗凝聚形成了中国传统的艺术精神。禅宗传到日本后促进了俳谐的兴盛，俳谐以浅显的语句传达不可言传的禅意，该方式在后来被拓展至生活的诸多领域，如茶道、插画、武士道、剑术、庭院建筑等。禅意调节着个体与自然的关系，使二者合一，使得人们得以追求超脱于时间、空间的精神自由性。

时装设计中运用东方元素呈现出禅意风格的作品蕴含着传达禅意的启示。这种启示不仅与最少的感官刺激、丰富的身心或情感体验关联，并且尝试从感官的刺激升华为哲学境地的冲淡、平和的沉思，在浩瀚宇宙与渺小的自我之间寻求身心的安身之所。极简主义服饰风格与减少感官刺激相关，但并非所有的极简主义设计都包含了这样的哲学内涵：启示人们从身心及情感体验、体悟世界与自我的关系中求得心灵自由。一些极简主义的设计提倡一种普世美学，以期实现最大化的商业利益。与其他时装设计师不同，在三宅一生和马可运用东方元素设计的时装作品中禅学意味较明显，尽管二者侧重点有区别。

三宅一生作品中的禅意风格源自日本传统文化中的侘寂美学，并根植于天人合一思想。"寂"之美源自日本的俳谐，以原始的不完美之态的外表追求心平和淡然、与自然共处的和谐。大西克礼将"寂"的第二层语义归纳为"宿""老""古"的意味④。"当我们用'寂'的第二层语义的观点去探讨客观的自然事物的时候，在根本上就会与'生命'或'精神'建立起一种联系。"⑤在人们观照大自然的过程中，丰富多样的生命容易让人感觉大自然为一个巨大的生命体。要实现"寂"这种审美体验，需要超越对事物的喜爱之情，并将"生"这一实相作为基础去感受自然及世界。大西克礼认为人们关照时间累积

---

① 金丹元：《禅意与化境》，辽宁美术出版社，2018年，第32页。
② 金丹元：《禅意与化境》，辽宁美术出版社，2018年，第83页。
③ 金丹元：《禅意与化境》，辽宁美术出版社，2018年，第171页。
④ 大西克礼：《日本美学三部曲：侘寂》，曹阳译，北京理工大学出版社，2020年，第155页。
⑤ 大西克礼：《日本美学三部曲：侘寂》，曹阳译，北京理工大学出版社，2020年，第194页。

现象的那一刻，对象与人之间在"生"这一问题上的联系是关照行为的根源，这会使得人和对象一同成为被关照的对象①。换而言之，这一过程中，人与所关照的对象化为一个整体，即天人合一。而物心合一、天人相即是潜藏在日本俳谐中的一种世界观。在"寂"的审美体验中，对自我的否定和超脱使自我皈依自然，进而使得人获得了精神自由的终极体验②。"寂"的审美体验将自我同化于自然的无限之中，获得了精神上的"自由性"。

三宅一生尝试在设计服装时将身体和心灵的自由体验放在首位。为了使穿着者获得服装与身体合二为一的体验，三宅一生在设计中将"间"这种让日本设计师引以为傲的日本传统美学思想发挥到极致。传统服装在穿着时完全依赖于肩部等与身体接触的部位承担服装的重量，三宅一生开发的褶皱面料因褶皱自身存在支撑力，肩部等处需要承担的服装重量被减少，同时受力的位置也被分散至身体各处。身体和服装融为一体的体验感在三宅一生的广告中以夸张的动作来呈现。三宅一生最早在1991年让一位来自法兰克福芭蕾舞团的舞者为其服装拍摄广告，幅度巨大的动作呈现了服装给予身体的自由。此后该品牌便多次借由舞者来展现"设计与身体"的亲密感。三宅一生的设计让衣服和身体之间留有足够的空间任由空气自由流动，这样的设计让第一次试衣服的模特感叹自己如同没穿衣服一样，因为服装和身体之间充满了空气。与其说三宅一生创造了一块与身体一起运动的一块布；不如说三宅一生创造的"一块布"成为人体的一部分，形成了整体的共同运动。

马可禅意风格的设计并不来自穿着的身心体验，而是将作品置于天地之间，让作品和自然融为一体。她启发观众在观看作品时关注自我、人类及自然，进而获得对生命的体悟。马可的"无用之土地"系列包含了这样一种思想：设计师仅仅作为设计作品发起人，大地为作品真正的创作者，让服装与自然产生互动，让时间改变服装状况，让服装留下对大地的记忆。马可做了一些尺寸巨大并且体感强烈的服装。让大地在这些厚重的服装上留下泥土的色彩、斑驳的纹理。这些被时间浸染、被自然搓揉的服装拥有了一种浑厚的力量感。"无用之土地"系列的发布会以静态展览的方式呈现。模特站在灯箱上，外露的皮肤都抹上了和泥土一样的色彩，顶部的灯光从上而下照射在模特身上。服装和模特融为一体，如同被大地浑厚的力量洗礼过的雕塑作品，让人体会到大地的力量如何化为肃穆、庄重而神圣的光，如何将历史长河中的一代代人照得

---

① 大西克礼：《日本美学三部曲：侘寂》，曹阳译，北京理工大学出版社，2020年，第194页。
② 大西克礼：《日本美学三部曲：侘寂》，曹阳译，北京理工大学出版社，2020年，第236页。

透亮。马可的这一系列试图唤起一种人们对大地、自然的沉思，已经超越了时装设计中一般意义上的美。

身心的自由并不是与奢侈、浪费关联的。精神自由和俭朴关联更为密切。三宅一生运用东方非构筑式结构，设计出体现人与服装融合的作品，对禅学意味呈现得更纯粹。对自然的尊重在三宅一生的设计中被转化为"间"。这一描述服装的内部空间的概念是由最大限度地运用整幅面料的和服的平面结构决定的。"间"在源头上和物尽其用的东方传统观念关联在一起。三宅一生从1971年的首个系列开始就将和服的设计原则融入设计中。1976年三宅一生开始了以"一块布"为理念的实践，他尝试设计由一块布覆盖身体的服装，其中一些款式包含了东方传统服装的通肩特点，一些款式的成衣照片很容易让人想起悬挂在传统衣架上的和服（图3-49①）。1997年三宅一生和他的门徒也即品牌的纺织工程师藤原大正式提出了"一块布"理念，并发布了由织造的一块管状布而成型的穿衣系统。这种管状布料由现代电脑工业织布技术生产，整套服装的形状都在织造的过程中完成，手套、帽子、袜子等部件都包含在其中，不需要额外的缝纫，并且仅有极少的浪费。消费者根据自己的尺寸自行将这种管状布料剪下来即可穿着。该系统经历多次改进，如1999年在面料上呈现花纹，至2000年，这种管状面料已经可以从任何部位裁剪②。在三宅一生1999年春夏高级成衣的秀场上，一整块布料将模特连接成一个整体（图3-50③）。"一块布"理念中始终未有变化的是：赋予穿着者最大限度运动的可能、最大程度对物质材料的节俭。

"侘"字在日本茶道中被经常使用，强调一种审美趣味上的单纯、淡泊、清净、质朴，这种审美趣味和奢侈相反。因"侘"和"寂"在审美范畴上的同一性，与三宅一生对身体和服装之间的空间的设计及节俭、俭朴的呈现如同一张纸的两个面，这两个面整体都关联着"寂"。

---

① 李孟苏：《传奇设计师三宅一生："一块布"中的设计哲学》，https://m.163.com/dy/article/HEDVJOQF0541URKJ.html，2022-08-10。

② 玛尼·弗格：《时尚通史》，陈磊译，中国画报出版社，2020年，第504页。

③ Morketing：《三宅一生离去，"三宅一生"继续前行 | Morketing品牌记18期》，https://new.qq.com/rain/a/20220828A05AFK00?web_channel=wap&openApp=false，2022-08-28。

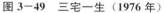

图 3—49　三宅一生（1976 年）　　　　图 3—50　三宅一生（1999 年）

　　马可"奢侈的清贫"系列追寻的本质来自物所承载的情感，呈现一种质朴无华、自然平淡的特征，甚至流露出对过去农耕时代的留恋。"中国古代艺术一向以'简古淡雅'为至难之境。"[①] "苏轼在美学上追求的是一种质朴无华、平淡自然的情趣韵味，一种退避社会、厌弃世间的人生理想和生活态度，反对矫揉造作和装饰雕琢，并把这一切提到某种透彻了悟的哲理高度。"[②] 马可不满足于赏心悦目的服装。在贾樟柯拍摄的纪录片《无用》中，马可坦白地说："如果我不能通过服装去传递更本质的一种内涵的话，那我就觉得我做设计毫无意义。"在马可看来，源自生活但又不是名家的质朴作品最具时间穿透力，是指引人们的心灵向质朴回归的艺术品。她聘请中国西南地区农村里掌握古老纺织技艺的手艺人以纯手工的方式纺织过去广大百姓所用的布料，以天然染料染色，以纯手工的方式缝制衣服。在这些从祖辈手上流传至今的传统手工艺的背后是中国人的传统价值观。马可为自然而感动，而农民在马可的眼中是在大地上写作的诗人。马可在巴黎小皇宫发布的"奢侈的清贫"系列将一种在繁华背后回归简朴的故事娓娓道来。在一些时装品牌让作品变得繁复的时候，马可却在做减法。在当下人们的感官被过度刺激的状况下，马可试图从心灵上唤起人们对质朴无华的事物中所富含的精神价值的重视，并基于这种价值的启示对自己的行为有所反思。对物欲的减少意味着精神的富足，她所追求的精神上的富足在当今社会已然成了一种奢侈。马可所希望的是把自己的生命历程传递给服装的穿着者。

　　"寂"的第二层含义还与时间关联，具有古拙的色彩、丰富的表面肌理是三宅一生和马可作品的一些共同点。但马可更强调时间对情感的作用。不过，

　　①　金丹元：《禅意与化境》，辽宁美术出版社，2018 年，第 179 页。
　　②　李泽厚：《美的历程》，生活·读书·新知三联书店，2009 年，第 166 页。

色彩特征并不是决定他们的设计作品呈现出禅学风格的首要条件。三宅一生不少作品也运用了艳丽的色彩，这些色彩赋予服装更鲜明的"生"的活力，亦是对着装体验中身心获得自由的喝彩。而深沉的色彩则更容易在视觉上引发观者将其与禅学意境关联（彩图 39①、彩图 40②、彩图 41③、彩图 42④、彩图 43⑤）。三宅一生的褶皱面料丰富的肌理背后有着深刻的东方文化传统内涵，岂止"设计风格优美、纹理丰富，成功地混淆了我们⑥对形状和比例的正常观念"⑦那么简单。

第四节　东西方设计师运用东方元素的
时装所形成的设计风格比较

不可否认，时装设计中运用东方元素的风格从属于运用设计作品所属的品牌的风格，但同一个品牌运用东方元素具有代表性的作品所形成的风格不尽相同。总体而言，东西方设计师运用东方元素的作品所形成的风格在类别上存在交集，但又呈现了不同的侧重点。

一、西方设计师运用东方元素的时装所形成的主要风格及特征

在时装设计中运用东方元素的西方著名设计师众多，不同时代都有著名设计师以不同方式将东方元素运用在其作品中。从作品所形成的风格特征来看，装饰风格及前卫风格是西方设计师运用东方元素的作品呈现的主要风格类别。

从持续时间来看，上述两种风格是西方设计师运用东方元素较早呈现的风格，亦是一种持续时间最久的风格，同时还是如今西方设计师运用东方元素的

---

① Issey Miyake：Ensemble，https://www.metmuseum.org/art/collection/search/649884，2014.

② Issey Miyake：Dress，https://www.metmuseum.org/art/collection/search/112871，2005.

③ Issey Miyake：Cape，https://www.metmuseum.org/art/collection/search/109977，2004.

④ Issey Miyake：Ensemble，https://www.metmuseum.org/art/collection/search/112865，2005.

⑤ Issey Miyake：Evening Dress，https://www.metmuseum.org/art/collection/search/124782，2005.

⑥ 在这里的"我们"二字指西方传统。

⑦ Vicky Carnegy：Fashion of a Decade. The 1980s，Chelsea House，2007：37.

东方元素
在时装设计中的创造性转化

作品所呈现的主要风格类别。保罗·波烈的探索显示了早在 20 世纪初期时装设计师对东方元素的运用中，装饰风格及前卫风格已经显现。这是一种基于时代需求在时装设计中对东方元素选择性运用、主动改进的结果。正值欧洲女装向现代化迈进的历程中，时装设计师受到东方传统服饰的启发，将设计朝着更简洁的方向探索。时代的潮流变化也让时装设计师运用东方元素的风格有所变化，爱德华·莫利纳和卡洛姐妹对东方传统图案相关的运用以繁复风格为主。其后设计师在不同的时代以不同的方式探索了上述两类风格。

　　20 世纪 70 年代末，无论是繁复装饰还是点缀装饰都在伊夫·圣洛朗的手中变得更具有高级定制的精致特征。进入 21 世纪以后，时装品牌华伦天奴接过了伊夫·圣洛朗的接力棒，在高级定制和高级成衣中持续探索运用东方元素形成的装饰风格。时装品牌克里斯汀·迪奥的一些运用东方元素的款式同样也有典型的装饰风格特点，但更凸显戏剧化特征。罗伯特·卡沃利运用东方元素的作品以装饰风格为主。时装品牌古驰对东方元素的运用被纳入复古繁复风格中，并将时装设计中运用东方元素的装饰风格带到更复杂的语境里。除此之外，拉夫·劳伦、马切萨、玛丽·卡特兰佐、艾丽·萨博等时装品牌运用东方元素所形成的风格都以装饰风格为主。进一步说，以上品牌以不同方式对东方元素运用的探索中，在款式数量上具有繁复装饰风格的要明显多于点缀装饰风格，凸显了后现代时装设计中对装饰的痴迷。

　　在皮尔·卡丹 20 世纪 60 年代末期具有未来主义特征的时装设计实践中，时装设计运用东方元素的风格被更紧密地与前卫风格相关联。而后梅森·马丁·马吉拉以解构的方式将时装设计中运用东方元素的风格与 20 世纪 80 年代末期的前卫风格联系在一起。21 世纪时装设计师运用东方元素所形成的前卫风格获得了更多探索的可能。维维安·韦斯特伍德、让-保罗·高缇耶、路易·威登、香奈儿等品牌将东方元素与朋克风格结合，亚历山大·麦昆在前卫风格中以其对时尚独特的感受力运用东方元素探索了解构风格，德赖斯·范·诺顿则结合印花在将东方元素用于解构风格时进行了更多可能的探索。

　　从运用东方元素的时装设计品牌数量来看，装饰风格涉及了最广的西方时装品牌。一方面，这与这种风格贯穿了 20 世纪初期到现在的整个历程有关。除了上文提及的具有代表性的品牌外，实际涉及的时装品牌要更加广泛。比如在东方元素运用的起始阶段涉及的西方设计师还有爱德华·莫利纳、让娜·浪凡、维塔尔第·巴巴尼等。另一方面，其则与装饰风格本身所具有的适应能力有关，以装饰为特征的风格在不同时装品牌的风格中都能以不同的方式演绎。

　　从西方设计师对东方传统文化探索的深度方面而言，乔治·阿玛尼运用东方元素形成的东方韵味风格显示了他对东方艺术中诗画意境的深入探索。20世纪 80 年代乔治·阿玛尼以简约的款式、精致的裁剪，追求低调优雅的设计，成了极简主义时装设计的代表。因受到后现代时装设计各类风格的冲击，乔治·阿玛尼的品牌发展出多条副线。他的高级定制设计保持了低调精致的特点。在追求低调雅致、简洁而有内涵方面，乔治·阿玛尼与东方传统艺术有了更多交集。在时装设计师运用东方元素呈现具有东方韵味的诗画意境的发布会中，乔治·阿玛尼 2015 年春夏私人定制系列至今鲜有人超越。

二、东方设计师运用东方元素的时装所形成的主要风格及特征

　　东方设计师受到本国传统文化深刻影响，"神"这一设计要素类别在东方设计师的作品中都有不同程度的体现。与其说他们有选择性地将东方元素运用在时装设计中，不如说嵌入他们观念中的东方传统文化在他们的设计中自然地流露。尽管涉及的设计师数量远不及西方，但东方设计师对东方元素的理解不止于表面。这直接导致了东方设计师运用东方元素的作品无论是装饰风格、前卫风格还是东方韵味方面，都将东方传统特征呈现得更加彻底。从作品所形成的风格方面而言，一方面，东方设计师所运用的东方元素在设计要素层面凸显的类别和其作品形成的风格有不可分割的关系；另一方面，尽管一些东方设计师所运用的东方元素在设计要素层面属于相同的类别，但由于设计师所希望达成的目的有所区别，因而作品风格有较大的差异。

　　东方设计师如郭培、拉胡尔·米什拉以对东方传统装饰工艺的运用为重点，他们的设计作品具有惊人的装饰细节，繁复装饰风格即成了二者作品的主要风格。源自中国明清时期的宫廷刺绣图案丰富，刺绣针法丰富多样，工艺技术精湛考究，自然给注重运用中国传统刺绣技艺的郭培带来不少灵感。但中国传统刺绣对郭培更明显的影响是在审美风格上。郭培的作品无不散发着浓烈的繁复气息。从"轮回"系列的大金运用满身的盘金绣，到"一千零二夜"系列的青花瓷款式的染绣一体，再到"喜马拉雅"系列中对唐卡图案的刺绣表现，繁复的风格特征贯穿了郭培时装设计作品的始终。这种繁复表现为装饰图案及技艺的复杂性及服饰材料的堆砌两个方面。以大金为例，这一件作品自 2002 年开始制作，拖尾最长处近 6 米，100 名工人做了近 5 个月，耗时五万个小时[①]！郭培说："我认为时尚不应该只关注当下，我更关心细节背后的意义。

---

① 郭培:《郭培谈高级定制的标准》,《艺术设计研究》, 2015 年, 第 3 期, 第 9 页。

比如，你在我的服装上看到的刺绣和图案背后的故事。"① 郭培曾表示相对于时装走秀，她更喜欢静态展览，因为静态展览能让观众近距离长时间地观察其服装的所有细节。可见，郭培尝试将观众引向对其设计细节的关注。郭培对其每一个细节尤其对图案及其技艺的极致追求，决定了其运用东方元素的服饰主要呈现出繁复风格。郭培在工艺精细程度方面早已超越了国际上的高级定制品牌。时装品牌香奈儿的艺术总监久闻郭培的服装装饰工艺精致而卓越，因想谋求合作而邀请郭培参观香奈儿工坊，在看到郭培正在制作的金线嫁衣时即表示香奈儿的高级定制都无法做到这样的工艺，于是便提出双方互相传授工艺的合作意向②。

注重对印度传统工艺运用的拉胡尔·米什拉的作品同样为繁复风格。拉胡尔·米什拉的设计作品无论是织物还是刺绣都以纯手工的方式完成，因此他的作品需要耗费大量的时间。拉胡尔·米什拉作品中的手工刺绣同样是他作品的重要特点。他广泛地与印度手工艺人合作，希望能传承并发展印度的手工传统。因坚持手工制作，有时对 5 米布的装饰可能就需要花一个月的时间，有时一个款式需要消耗 1000 甚至 2000 多个小时。拉胡尔·米什拉 2022 年秋冬高级定制系列融入了印度传统文化中对生命敬仰的观念，但因重用装饰工艺，这个系列作品复杂细碎的装饰成了主要特征。

日式复杂印花是森英惠代表性的设计作品的主要特征。她将诸多有明显日本传统文化特征的元素借助印花技术转化到服装造型中，如浮世绘作品（图 3－51③）、樱花、枫叶、扇子、牡丹等，不少作品都用细小的珠子细密地装饰起来（图 3－52④、图 3－53⑤），其中也包括她著名的蝴蝶图案连衣裙（图 3－54⑥）。因此繁复装饰风格是森英惠运用东方元素作品的主要风格。森英惠作品中的一些印花与东方传统艺术相关，在运用具有垂坠特征的纱或丝绸面料的同时取消珠绣工艺，恰如其分地呈现了东方诗画意境，如前文提及的印有书法的款式。

① Paula Wallace：Guo Pei Couture Beyond，Rizzoli Electa，2017：9.
② 郭培：《郭培谈高级定制的标准》，《艺术设计研究》，2015 年，第 3 期，第 8 页。
③ Hanae Mori：UKIYOE，https://www.metmuseum.org/art/collection/search/105240，2004.
④ Hanae Mori：UKIYOE，https://www.metmuseum.org/art/collection/search/105240，2004.
⑤ Hanae Mori：Dress，https://www.metmuseum.org/art/collection/search/105238，2004.
⑥ Hanae Mori：Dress，https://www.metmuseum.org/art/collection/search/105238，2004.

图 3-51 森英惠（1983 年）1

图 3-52 森英惠（1983 年）2

图 3-53 森英惠（1979 年）1

图 3-54 森英惠（1979 年）2

　　曼尼什·阿若拉、鄞昌涛、盖娅传说、许建树等品牌对东方元素的运用都有明显的装饰风格特征。高田贤三运用东方元素形成的风格也有不少涉及装饰风格的款式，其中一部分也表现为点缀装饰风格。

　　相对于上面提及的设计师，三宅一生、川久保玲、山本耀司以及马可的作品是朴素的。他们中部分设计师偶尔用到繁复的印花，但数量极少，可以忽略不计，或者这些印花在具体的主题中作为达成其设计目的的媒介，而非用于装饰。川久保玲和山本耀司对东方元素的运用与后现代语境中的解构主义风格联系更加密切。不论他们初到巴黎的时候是出于何种原因开展他们的设计，川久保玲和山本耀司看似破旧并且故意以非常规的方式设计的作品关联了日本传统审美思想：将"寂"视为一种高雅的美。"他们的设计不仅是让衣服的结构，而且是让时尚的标准概念受到了挑战。"[①] 这种挑战不仅表现为川久保玲和山本耀司对不完美事物价值的反复呈现，还表现为东方传统服饰中的 H 形廓形、宽大的服装尺码、黑色的运用以及男女皆可穿着的特征。他们的作品因与西方传统不相符而被视为对传统的颠覆。川久保玲 2016 年秋冬系列名为"十八世纪朋克"，指向了 18 世纪那个充满革命的时代。这个系列的服装运用的一些提花织物有明显的东方面料特征，夸张的服装由提花织物拼接而成，其中的一些用铆钉拼接而成。朋克对传统及循规蹈矩的对抗深受川久保玲青睐，在这个系列中，她将朋克和东方元素结合，将 18 世纪西方服饰传统和与之违和的朋克及不对称造型、夸张的色彩结合，创造出一种叛逆而浪漫的款式。类似这样的设计实践让西方时尚传统失去了评判标准。川久保玲一直是时装设计中激进的实践者，东方元素在其进行各种实践的过程中一次次运用至更具前卫特征的设计主题中。纽约大都会博物馆举办的川久保玲个人作品展呈现了川久保玲的设计实践可以纳入各种后现代主义话题中。而近些年川久保玲把东方元素以戏拟的方式呈现在作品上，比如前文提及的对草间弥生波点及眼睛元素的运用。

山本耀司对日本传统元素的运用并不受制于传统本身。在山本耀司与和服有关的系列中，和服传统的穿着方式被完全破坏。因对日本传统意义上的女性之美持反对态度，并且山本耀司认为传统和服有诸多的规矩，给人一种束缚之感，因此和服成了他的设计禁区。直至 1994 年他才和自己和解。山本耀司不认为和服就应该按照它原来的样子留下来。在 1994 年春夏高级成衣系列中，他完全改变了传统和服的穿着方式。在使用布料的时候，山本耀司将布料的使用方向改为和传统和服相反，并且努力保持布料的流动性，让服装与身体成为一体。在 1994 年秋冬高级成衣发布会上，山本耀司运用了和服 H 形廓形、无领的设计，并结合了异色的宽腰带元素。敞开的如和服般的外套运用了和服面料的幅宽来制作，甚至在制作西式服装的时候也运用这样的面料幅宽。这样的设计源自和服在制作时对固定幅宽[②]面料的完整运用，这样的处理方式成了这个系列的特点。在这次发布会上，山本耀司基于和服元素所设计的款式给人一种自在且随意之感。山本耀司同样注重挖掘"间"的魅力。尤其注重运用服装

① 川村由仁夜：《巴黎时尚界的日本浪潮》，施霁涵译，重庆大学出版社，2018 年，第 213 页。
② 37 厘米。

和身体的空间塑造服装背部。这源自山本耀司追求一种即将离去的美。这种源自不完美之美的余韵在山本耀司的注解里代表了稍纵即逝、擦肩而过。山本耀司清楚地把自己和追求完美的设计区分开："我不想做完美的衣服。如果想要追求完美，那去敲高级定制的门就好了。"① 在男装设计中，山本耀司以同样的方式让服装呈现出并不完美的特点。比如为精心打造的款式注入一点孩子气，或加入一些粗糙的元素。"他在时装界开启了美的新次元。"② 这是卡尔·拉格菲尔德对山本耀司的评价。

　　将"间"与"寂"深层次地融合在身心自由的穿衣体验中是三宅一生与川久保玲、山本耀司最大的差别。在纪录片《三宅一生：为设计而生》中，三宅一生说："我一直认为是布料和身体之间的空间创造了服装，经过手工折叠，我们创造出一种全新的、不规则的起伏空间。"三宅一生是将"间"最大限度地运用在时装设计中的日本设计师。尽管马可仅在巴黎时装周上发布过两季作品，但同样也呈现了与典型的西方传统毫无联系的特点。无论是三宅一生还是马可，在他们不少设计作品中所包含的东方传统思想内核被他们当作一种方式用于回应当下时尚所面临的困境。比如个体生命与自然的关系问题，时尚带来的奢侈浪费问题、环境污染问题，以及时尚的现代性本质给传统服饰手工艺人带来的生存权利被剥夺、迫于无奈改变生活等方面的问题。

---

① 田口淑子：《关于山本耀司的一切》，许建明译，广西师范大学出版社，2016 年，第 17 页。
② 田口淑子：《关于山本耀司的一切》，许建明译，广西师范大学出版社，2016 年，第 224 页。

第四章

东方元素在时装设计中的转化方法

　　对文化元素的不断挪用构成了服装设计发展的历史主义[①]。在时装设计历史上，设计师对其他文化元素的模仿、学习、借鉴和改良无疑促进了时装设计朝着更多元的方向发展。无论是被时装设计师作为一种对时尚传统的批判，还是被作为变革的方向，东方元素在时装设计中总是和西方传统与非西方传统的博弈以及设计创新关联在一起。近二十年来西方学界提出的"文化挪用"至今在概念和分支的界定方面尚不清楚。"文化挪用"一词在 2012 年网络社交平台崛起后广泛流行，一些与"文化挪用"关联的时装设计作品在网络平台上引爆成为二者针锋相对的舆论战争。这显示了时尚场域中对抗和博弈的力量变得更加复杂，大众与时尚精英对抗博弈不仅是时尚场域不可忽视的部分，这种新力量让当下的时装品牌及设计师在设计中运用其他文化的有关元素时更加谨慎。

　　挪用被公认为是后现代艺术也是当代艺术最常用的一种创作方法和语言构成方式[②]，不但涉及图像、符号、文本，还涉及观念、情节、模式等。但挪用并非后现代、当代艺术的专利。"倘若将'挪用'一词的使用范围限定在艺术设计领域，则是特指艺术创作主体利用过去已有的图像或样式进行创作，这种创作形式不同于客观、被动的'模仿'或'再现'，而是主动、积极、充满目的的个人选取。"[③] 东方元素在时装设计中的转化方法是和挪用相关的艺术设计方法。正如挪用在中国有不同于西方的内涵一样，时装设计师在将东方元素

---

①　吴郑宏：《"文化挪用"在时尚设计视域的创建研究》，《美术大观》，2020 年，第 10 期，第 143 页。

②　赵奎英：《当代艺术发展引发的四大美学问题》，《文艺理论与批评》，2022 年，第 4 期，第 16 页。

③　潘长学，胡新叶：《从当下存在看艺术的未来——当代挪用艺术创作美学维度的理论溯源与审美批判》，《艺术百家》，2021 年，第 1 期，第 50 页。

挪用于设计中时并不完全等同于当代艺术及后现代艺术中的挪用。时装设计中的创造性转化强调对文化的尊重，设计师因挪用东方元素对文化持有者造成侵犯的设计作品不能被称为创造性转化。时装设计对新样式的追求决定了设计师运用东方元素时必然以不同于他人的方式呈现这些元素。因此，再创造是东方元素在时装设计中创造性转化的必然结果。

在时装设计的实践中，有些设计师注重对东方元素特征的模仿；有些设计师关注挖掘或表现东方元素的内涵，或者基于某些已有的尝试不断深入；有些设计师则将东方元素运用后现代解构的方法进行实践。如果将时装设计师对东方元素转化后的结果和所参照的东方元素进行比较，东方元素在时装设计中转化的方法归纳起来则主要是以下三种：以求同为目的的模仿法，以求变为目的的分解组合法，以求异为目的的衍义法。材、形、色、艺、神五个东方设计要素都能以不同方式转化到时装设计中。这五个设计要素既有被时装设计师单独转化的情形，亦存在将多种要素一同转化到时装设计中的情形。在将多种要素一同转化时，多以某一种要素为主，其他要素为辅。

第一节　模仿

时装设计师将某种设计要素类别的东方元素转化到时装设计中时，通过模仿的方法让这些作品在视觉上明显呈现出与所运用的元素十分类似的特征，并通常会涉及对材料或技术的改进。事实上，时装设计师是以一种明确的目的性对东方元素进行模仿的。无论是对新技术、新材料的运用还是对传统技术的改进，都显示了时装设计中对东方元素的模仿并非追求再现。形似或神似才是设计师以模仿的方法运用东方元素的特点所在，这显示了设计师对东方元素的独特的视觉化特征以及这些元素在历史上的影响力的依赖，他们基于此唤起人们过去的情感和经验，并试图以此为前提给人们带来新的体验。图案、色调、观念与思想三个方面是时装设计师以模仿的方法对东方元素进行转化最多的方面。

一、图案模仿

时装设计师以模仿的方法将来自东方的图案转化到其设计中时，多数情况下模仿对象的造型特征会被设计师保留，而模仿对象的色彩特征、工艺技术则会根据设计师的需要而有不同程度的变化。有将色彩与工艺技术一同保留的情形，有保留色彩特征结合新技术的情形，也有变换色彩结合东方传统工艺技术的情形，还有变换色彩同时运用新技术的情形。

大多数情况下，保罗·波烈对东方图案的运用都不对图案做过多调整。他曾将日本箭羽图案运用于其设计中（图4-1①）。这种在和服中常见的图案有二方连续的特点。在日本明治到昭和年间，箭羽图案被作为女学生和服裙裤的固定花纹②。保罗·波烈运用箭羽图案的款式十分宽大，有别于西方传统的紧身特征。而在图案特征上，保罗·波烈设计的款式上箭羽图案外形更短，排列也更加密集。保罗·波烈设计的大草原外套上用于点缀的牵牛花以及缘饰乍一看和东方传统图案几乎一样（图4-2③），但仔细观察就会发现这些图案是一种对东方传统图案的模仿。这些模仿的图案，让这款大草原外套有了更加浓烈的东方特色。20世纪早期以模仿的方法将东方图案转化到时装设计中的著名设计师还有卡洛姐妹。她们在设计中模仿了20世纪20年代中国出口至欧洲的披肩上的图案。图4-3④中裙子上的图案由外观特征上与中国传统十分相似的宝相花、螭龙、如意、卷草组合而成。卡洛姐妹以模仿东方图案的方式设计过许多类似的款式，她们甚至在1926年为客户设计过有大朵花卉图案的披肩，该披肩与当时中国出口欧洲的牡丹花卉图案披肩在构图上十分近似，并且都有垂坠的流苏。保罗·波烈1911年设计的"火焰"套装内为红色丝绒连体裤，外为白色真丝绣花披肩，并以彩色丝线绣制花卉与百鸟图案，同样模仿的是当时中国出口欧洲的披肩图案。克里斯托瓦尔·巴伦夏加1962年设计的白色双宫绸花朵图案晚礼服和20世纪中国出口的披肩同样关联密切。

---

① Paul Poiret：Arrow of Gold，https：//www.metmuseum.org/art/collection/search/81676，1951.

② 泷泽静江：《和服之美》，杜贺裕译，鹭江出版社，2018年，第26页。

③ Paul Poiret：Steppe，https：//www.metmuseum.org/art/collection/search/121201，2005.

④ Callot Soeurs：Evening Dress，https：//www.metmuseum.org/art/collection/search/85999，1944.

图 4—1 保罗·波烈（1925 年）

图 4—2 保罗·波烈（1912 年）

图 4—3 卡洛姐妹（1926 年）

　　20 世纪 20 年代中国出口欧洲的披肩图案对时装设计师有着深刻的影响，以至于几乎一个世纪以后的时装设计师还以一种复古的方式模仿这些图案。这种影响呈现在让－保罗·高缇耶的设计中。在他的 2005 年秋冬高级定制系列中，牡丹图案被用于装饰一款大红色毛领外套（图 4—4①）。在 2008 年春夏高

---

　　① Jean－Paul Gaultier：Fall 2005 Couture，VOGUE RUNWAY，2020－02－28.

级定制系列中，让－保罗·高缇耶将牡丹图案与凤凰图案结合在一起，组合成有中国传统特征的凤穿牡丹主题（图 4-5①）。而在 2010 年秋冬高级定制系列中，他将巨大的牡丹图案与各色小朵的牡丹图案聚集在一起，模仿中国牡丹披肩的视觉特征，但这款披肩和整个系列都与西方传统并置在一起。以上三款服装中牡丹图案被设计师以不同的方式组合在一起，而对流苏元素的运用同样关联了这些牡丹图案的来源。

图 4-4　让－保罗·高缇耶（2005 年）　　图 4-5　让－保罗·高缇耶（2008 年）

　　20 世纪 70 年代起，时装设计师运用现代印染技术模仿东方图案的方式逐渐发展成为一种普遍的方式。米索尼在 1970 年将中国传统凤穿牡丹图案主题印染在合成的针织面料上，无论是凤凰的形态还是牡丹及其他花卉都与中国传统特征十分近似。这个主题的面料有深蓝和浅蓝两种色调，被用于设计长袖连衣裙款式（彩图 44、彩图 45），宽大的袖子和流苏显示了这些图案模仿的源头。伊夫·圣洛朗在 20 世纪 70 年代末期同样以印花技术结合真丝面料模仿中国传统祥云图案及花卉，除了 1977 年高级定制发布会上的相关作品外，以类似的方式设计的面料被运用在该品牌的高级定制设计的款式中（彩图 26）。时装品牌华伦天奴 2002 年秋冬高级定制系列同样有基于印染技术模仿中国传统工艺品图案而设计的款式，而在 2003 年秋冬高级定制系列中，该系列多款服装都以印染技术模仿了日本的图案，其中一款为带披肩的晚礼服（图 4-6），红色的底上各种植物图案被排列得十分紧密。该品牌 2005 年的男装系列以印染技

---

　　①　Jean－Paul Gaultier：Spring 2008 Couture，VOGUE RUNWAY，2020－02－22.

术模仿了缠枝牡丹图案（彩图21），图案的色彩与中国早期生产因铁含量较高而形成的深蓝色的青花瓷颜色十分相近。罗伯特·卡沃利在2005年秋冬高级成衣系列中的两套蓝色礼服同样是以印染技术对青花瓷图案的模仿，龙、蕉叶、菊花等图案清晰可辨（彩图46[①]）。玛丽·卡特兰佐以印染技术模仿瓷器图案时结合了瓷器的造型特征，将过去时装设计师以印染技术模仿东方传统图案的方式从平面的图案形态转变为将平面面料与立体造型相结合（彩图47）。

图4-6　华伦天奴（2003年）

如今以印染的方式模仿东方传统图案已是一种普遍的做法。华伦天奴、古驰、德赖斯·范·诺顿等品牌都曾将中国传统龙、虎、凤图案以印花的方式转化到时装设计中。森英惠及山本宽斋的时装设计中所运用的浮世绘图案并非完全照搬历史，他们以印染的方式呈现日本浮世绘图案亦为对传统图案的模仿。

20世纪20年代，爱德华·莫利纳和让娜·浪凡等设计师对东方图案的模仿显示了设计师在保留图案造型的同时让图案呈现出新的特质，这种特质主要来自对手工装饰工艺技术的改进。爱德华·莫利纳曾在裙子上装饰狮子滚绣球的图案，这一图案在造型和色彩上有鲜明的中国传统特征。类似的图案主题在中国传统服饰中多以刺绣的方式完成，亦可以结合堆绫或贴布技法进行处理，而在瓷器中这样的图案主题则以绘画的方式呈现。中国在明代时期就有绘制狮子滚绣球一类主题的青花瓷盘，其通过贸易运往欧洲。爱德华·莫利纳以亮片

---

① Roberto Cavalli：Fall 2005 Ready-To-Wear，VOGUE RUNWAY，2020-02-24.

和珍珠为材料，用珠绣工艺对该图案进行处理，如彩图48[①]。这样的方式显示了东西方服饰装饰形式的混合。同一时期的时装设计师让·帕图亦显示出和爱德华·莫利纳类似的思路。让·帕图以珠绣的方式模仿中国传统的花鸟图案及风景图案。让娜·浪凡曾以圆形的仙鹤图案和水纹装饰一件黑色的西式晚礼服（图4-7[②]），以绿色及米黄色线运用盘金绣针法及珠绣工艺制作团状的仙鹤图案，模仿中国传统仙鹤朝阳图案（彩图49[③]）。该裙子下摆的水纹与中国清代朝服下摆江崖海水图案十分相似，但让娜·浪凡仅把水纹的左右对称的局部作为模仿的对象，并以对称的方式处理了立水上下的平水（彩图49）。在色彩上，让娜·浪凡以单一色彩进行处理，工艺上运用了和仙鹤朝阳图案相同的盘金绣针法。让娜·浪凡对中国传统图案的模仿方式显示了一种明显的同中求异的思路。相对而言，爱德华·莫利纳的作品则更接近于异中求同的效果。此两种关于运用不同刺绣工艺模仿东方传统图案的思路，在后来的时装设计师的作品中以不同的图案和工艺呈现。

图4-7　让娜·浪凡（1924年）

---

① Edward Molyneux：Evening Dress，https：//www. metmuseum. org/art/collection/search/105583，1979.

② Jeanne Lanvin：Robe de Style，https：//www. metmuseum. org/art/collection/search/81462，1962.

③ Jeanne Lanvin：Robe de Style，https：//www. metmuseum. org/art/collection/search/81462，1962.

　　时装品牌迈松·阿涅斯－德雷科尔、香奈儿、拉夫·劳伦以异中求同的方式模仿中国传统图案的作品十分具有代表性。图4－8①中迈松·阿涅斯－德雷科尔设计的晚礼服套装上的云彩、火焰、鸟等图案的外形特征与中国传统图案十分近似。整体图案被设计师根据需要组合在一件短上衣及一条连衣裙的腰部，并以蓝色、金色及米白色的线用盘金绣技艺进行装饰（图4－8、彩图50②）。时装品牌香奈儿在1996年秋冬高级定制系列中的一些连衣裙、外套、晚礼服、大衣款式的设计中模仿了中国明清时期屏风的图案。一款红色真丝连衣裙及外套以红色、金色、银色塑料亮片及金色串珠为材料运用珠绣的方式处理。该系列中的一款黑色晚礼服大衣同样采用了珠绣工艺，材料为黑色、金色及珊瑚色塑料亮片及金色串珠。该系列模仿屏风图案的服装关联了香奈儿收藏中国乌木屏风的历史。在时装品牌香奈儿1984年春夏的高级定制系列中，设计师以蓝色、白色水晶及串珠在白色真丝欧根纱上模仿了中国传统青花瓷图案，这些图案被用于装饰晚礼服裙装以及白色外套。其中晚礼服裙子模仿了现藏于纽约大都会博物馆的一个清代折枝花六角青花瓷瓶，瓶口瓶底的回形图案被运用于裙子的腰部，瓶子肩部的万字纹则被运用在抹胸的边缘，裙子上其他部位花卉图案的特征及布局与瓶身基本一致。在外套的设计中，青花瓷器的如意图案结合金色的线条被作为服装的缘饰，形成了与香奈儿套装的一致特征，珠绣的图案则被作为服装前片、袖子及背部的装饰（图4－9③、彩图51④）。在拉夫·劳伦2011年的秋冬高级成衣系列中，设计师用彩色丝线及金线以刺绣工艺模仿了中国传统龙图案，并将其运用在红色夹克（彩图52）及晚礼服大衣中。

---

　　①　Jeanne Havet：Evening Ensemble，https：//www. metmuseum. org/art/collection/search/82453，1932.

　　②　Jeanne Havet：Evening Ensemble，https：//www. metmuseum. org/art/collection/search/82453，1932.

　　③　Gabrielle Chanel：Ensemble，https：//www. metmuseum. org/art/collection/search/835308，2020.

　　④　Gabrielle Chanel：Ensemble，https：//www. metmuseum. org/art/collection/search/835308，2020.

图4—8　迈松·阿涅斯—

德雷科尔（1930年）

图4—9　香奈儿（1984年）

　　克里斯汀·迪奥2003年及2009年春夏高级定制系列对青花瓷图案及三蓝绣的模仿，并不拘泥于中国传统三蓝绣通过花瓣分层而呈现的色彩渐变特征，图案也有所变化，但边缘的蓝色线条及叶片图案强调了与青花瓷的关联。同为对青花瓷图案的模仿，上文提及的香奈儿的款式趋向于异中求同，而克里斯汀·迪奥的款式则趋向于同中求异。时装品牌古驰在2016年春夏男装系列中也有模仿中国传统花卉图案及水纹的款式。图4—10①中的外套及裤子上以盘金绣技艺装饰了花卉图案，上衣衣摆及袖口处则是以潮绣盘金绣工艺模仿龙鳞图案。花卉图案以盘金绣针法处理并不是中国传统的典型方式，因此，时装品牌古驰在这一款式中对中国传统图案的模仿是一种同中求异的方式。

---

① Alessandro Michele：Spring 2016 Manswear. VOGUE RUNWAY，2020—02—22.

图 4-10　古驰（2016 年）

郭培对中国传统图案的模仿采用的是同中求异的思路，这使得她的设计作品不仅有别于西方设计师，也有别于所模仿的中国传统图案。郭培将青花瓷图案转化到时装设计中时所运用的技术与其他设计师皆不相同。郭培模仿了中国古代服饰中染绣一体的装饰工艺，以蓝色颜料绘制图案后再施以刺绣和水晶，并且刺绣针法不同于中国古代染绣一体服饰中所用的锁绣，而是采用了乱针绣。除了图案外，郭培同样结合了瓷器的造型，但她将青花瓷的花瓶和瓷盘造型一同运用，因而获得了立体感极强的外观造型。

郭培将中国传统图案的二维平面特征转化为具有三维立体特征的效果，同样采用的是同中求异的模仿思路。她在表现凤纹时，常将凤凰尾部的羽毛以立体的形式来表现，有时还加上一些水晶、珍珠等。在郭培 2012 年的"神龙传说"系列中，一款以红色为底，运用 24K 金线刺绣的无袖连体衣上有两个巨大的金色立体凤凰翅膀，其中一个翅膀从腹部向肩部环绕，另一个则从腰部往肩部环绕。这对由亮片、水晶、金色叶片、刺绣结合在一起设计而成的翅膀和紧身连体衣上的云纹、龙纹、水纹、花朵塑造了一个中国传统吉祥纹样主题：龙凤呈祥。郭培常常通过结合具有立体感的材料让传统刺绣的平面特征转变为平面和立体的结合。比如在平面上刺绣花卉的基础上或加上金色的金属立体花朵及叶子，或点缀由水晶珠子、亮片等装饰的立体刺绣叶片，或加上立体的花蕊，或在花叶某些地方饰以水钻、亮片等，或将花卉的枝干、卷曲的叶子用金属链条装饰。对诸如传统的水纹一类平面特征十分明显的传统图案，郭培有时也进行了从平面到立体的转化。在 2016 年秋冬高级定制系列中，郭培用镶钻的链条沿着水纹的水路装饰，运用条状的珠子排列起来将水路做成突出于平面的立体条纹，并在刺绣完的水纹表面上用水晶排列装饰（彩图 53①）。此外，郭培也以改变色彩及图案造型特征、改进刺绣技艺、结合新材料的方式呈现有别于中国传统图案的特征。

二、色调模仿

在将东方元素转化到设计中时，倘若时装设计师将来自东方的图案和色彩作为单独的两个要素进行运用，将图案作为一种变化要素，而将色彩作为不变要素时，就形成了对东方色调的模仿。换句话说，以模仿的方法运用东方工艺品的色调通常会伴随与之相关的图案，但在视觉上设计师对图案的模仿程度不如对色彩模仿那么明显。

对东方色调的模仿同样贯穿了时装设计师运用东方元素的历史。玛德琳·维奥内 1924 年设计的绿色真丝雪纺连衣裙为 H 形廓形，色彩为从绿色到浅黄色渐变，并有极细的卷曲线纹图案，款式呈现了设计师对中国商周时期的凤鸟纹玉柄饰品色调的模仿。香奈儿在 1926 年到 1927 年设计了一款有金色蕾丝和蓝色亮片的管子状及膝连衣裙（彩图 54②）。这款连衣裙显示了香奈儿在 20 世纪 20 年代将烦琐的蕾丝和珠绣融合成为一种奢华的服饰装饰。该款式在色彩上是黑色与金色的组合，与香奈儿曾收藏的一块来自中国的乌木漆面屏风十分相似。中国古代家具装饰黑色与金色的色彩组合方式影响了周边国家。在日本传统家具装饰中，金色与黑色及黑褐色的搭配亦十分常见（彩图 55③）。值得一提的是，香奈儿通过色彩的搭配将服装上的龟背图案弱化了，如彩图 56④。从中国现有的出土织物来看，龟背图案与西域文化交流融合有关，曾在中国魏晋至唐代十分流行。在日本与中国的交流过程中，龟背图案传到了日本，被称为龟甲纹。

21 世纪的时装设计对东方传统文化中的色调模仿有更明显的同中求异特

---

① Guo Pei：Fall 2016 Couture，VOGUE RUNWAY，2016—06—05.

② Gabrielle Chanel：Evening Dress，https：//www. metmuseum. org/art/collection/search/82560，1965.

③ Nameless：Box for Accessories，https：//www. metmuseum. org/art/collection/search/52990？pkgids＝761，2015.

④ Gabrielle Chanel：Evening Dress，https：//www. metmuseum. org/art/collection/search/82560，1965.

征。相关的运用以时装品牌德赖斯·范·诺顿、华伦天奴为代表，其中华伦天
奴的案例最丰富。德赖斯·范·诺顿 2003 年春夏、2008 年春夏两个系列都运
用了以黄色或胭脂红为底印染的花卉图案。仔细甄别则会发现这些花卉图案与
中国传统瓷器或画珐琅花瓶上的花卉图案相距甚远，但色彩色调十分近似。
2008 年春夏的一款连衣裙上有横向分割的图案（彩图 57①），其中包括黄底的
橙色花卉图案、白底的青色花卉图案，以及带状条纹等，这种色彩及分割方式
与故宫博物院收藏的乾隆款画珐琅开光人物双耳瓶的色调十分近似。时装品牌
华伦天奴也多次在设计中模仿东方工艺品及纺织品的花卉图案色调，尽管有些
相关款式和模仿的对象同样是花卉主题，但其图案特征与东方传统图案相距甚
远。比如在 2004 年春夏高级成衣系列中，设计师模仿了中国瓷器的黄色调、
浅蓝色调（彩图 58②）。在 2004 年秋冬高级定制系列中，一款长袖礼服模仿了
中国明代帝王朝服的黄色调（彩图 59③）。而 2006 年春夏高级成衣系列的一些
款式则模仿了印度纱丽的红色调、绿色调及黄色调。在 2021 年春夏高级成衣
系列中，红色调（彩图 60④）、黄色调（彩图 61⑤）、淡紫色调以及绿色调的服
装款式则是对不同色调的中国清代瓷器的模仿。

三、观念与思想的传达

在时装设计中，设计师通过结合不同服装款式及技术以物化的方式呈现隐
性的东方元素，即东方传统观念和思想，这样的转化方式同样可以被视为模
仿。东方传统思想及观念对自小在东方长大的时装设计师的影响是潜移默化
的。这些影响如同深深埋藏在设计师心底的种子，没有人会感觉到种子在发
芽、长大甚至开花。直到某一天这些观念和思想附着在设计师的作品中以物化
的方式呈现，并通过在不同环境中进行对比后才会让人察觉到。一般来说，西
方设计师将东方文化中的观念与思想在时装设计中的转化通常伴随着和东方传
统文化相关的主题，东方设计师呈现东方传统观念和思想的方式则更加灵活。

日本时装设计师在设计中对东方传统观念、思想的传达十分典型。东方传
统服饰整体宽大，穿着后难以辨别身体的轮廓。这些特征在日本时装设计师三

---

① Dries Van Noten：Spring 2008 Ready－To－Wear，VOGUE RUNWAY，2021－08－17.
② Valentino Garavani：Spring 2004 Ready－To－Wear，VOGUE RUNWAY，2020－02－25.
③ Valentino Garavani：Fall 2004 Couture，VOGUE RUNWAY，2020－02－25.
④ Jacopo Venturini：Spring 2021 Ready－To－Wear，VOGUE RUNWAY，2020－10－30.
⑤ Jacopo Venturini：Spring 2021 Ready－To－Wear，VOGUE RUNWAY，2020－10－30.

宅一生、川久保玲、山本耀司的设计中都有体现。日本传统文化赞美稍纵即逝、瑕疵缺憾的事物，即将从枝头飘落的樱花、秋日林间的落叶等在日本传统文化中反复出现。布料和人体之间留有一定的空间，不以暴露身体形态为美的传统观念，对不完美、无常或稍纵即逝的事物赞美，对"间"的运用等是持续影响三宅一生、川久保玲、山本耀司时装设计的东方传统观念与思想。川久保玲和山本耀司在 20 世纪 80 年代初期刚登上巴黎时装周的时候，他们发布作品的本意并非要和西方传统对抗。他们刚走向巴黎时装周的时候，那些和他们的生命融为一体的观念和思想在他们的作品中更接近于自然流露。山本耀司本人认为他们二者在巴黎的第一场发布会的作品本意并不是要与西方审美对立，他们不过是呈现了自己喜欢的东西。川久保玲首次在巴黎发布的作品主题灵感源自日本传统服装，当时川久保玲认为需要相当强的力量才能很好地驾驭欧洲主题。山本耀司则因不想向世界解释日本而将第一件进入日本的葡萄牙服装作为他第一次发布会的主题。换句话说，山本耀司在当时是想用西式的裁剪方法去巴黎做发布会。他特意将直线裁剪、和服等这些一看就会认为是日本的元素从他的设计中统统撇掉。黑色带来的肃穆之感、服装的宽大特征带来性别的模糊是川久保玲和山本耀司第一次发布会作品的共同特征。川久保玲的设计有强烈的包裹感，不仅分不清是男装还是女装，并且许多服装都有明显的左右不对称。山本耀司第一次发布会的作品整体十分简洁，但一些超大尺码的服装会叠穿在一起。在一些保守派的批评家看来，他们这种与华丽、精致不着边际的设计是对西方传统服装及审美标准的冒犯。而这也成了他们持续进步的动力。宽大、打结、破洞、不对称处理、不完美这些要素是川久保玲 20 世纪 80 年代初期时装设计作品的重要特征（图 4—11①、图 4—12②、图 4—13③、图 4—14④）。不对称、包裹、宽大、未完成这些特征自 20 世纪 80 年代初期就已经在山本耀司的作品中呈现，并延续至今。在巴黎发布时装作品之后，他们并未在设计中改变自己所认为的美的设计，其结果必然被认为是反叛的、与时尚流行对抗的。"从第二次、第三次开始，就被叫作破坏衣服了。"⑤

---

① Rei Kawakubo：Fall 1983 ready－to－wear，https：//fashionmuseum. fitnyc. edu/objects/80129/881573?ctx=1883ab0e－246d－4757－bc81－77a59b62e71a&idx=1，1988.

② Rei Kawakubo：1983 ready－to－wear，https：//fashionmuseum. fitnyc. edu/objects/34608/909869?ctx=1883ab0e－246d－4757－bc81－77a59b62e71a&idx=14，1990.

③ Rei Kawakubo：Cape，https：//www. metmuseum. org/art/collection/search/79863，1995.

④ Rei Kawakubo：Coat，https：//www. metmuseum. org/art/collection/search/172100，2012.

⑤ 田口淑子：《关于山本耀司的一切》，许建明译，广西师范大学出版社，2016 年，第 119 页。

图 4-11　川久保玲（1983 年）1

图 4-12　川久保玲（1983 年）2

图 4-13　川久保玲（1983 年）3

图 4-14　川久保玲（1982 年）

　　相对于川久保玲和山本耀司的激进，三宅一生和马可在设计中对东方传统观念和思想的呈现更加温和，更强调这些思想如何回馈当下时尚流行中的实际情况，尽管他们二者的方式相距甚远。马可在设计中对大自然的亲近是中国传统天人合一思想的自然流露，对当下时代的时尚所进行的深入思考促进了马可的心灵向自然回归。三宅一生一方面将日本侘寂的审美思想与时装设计结合，追求一种质朴、自然、返璞归真的特性，岁月洗涤后沉淀的朴素、平淡、古雅、寂静的意象，以及让身体获得舒适的空间需求的着装体验。另一方面，三宅一生在设计中还传承了东方传统文化中顺应自然的哲学思想，他通常不轻易破坏事物的天然属性。三宅一生的一些作品看似无形，但实际上却疏而不散。他设计的一些服装不仅可以水洗、随便折叠，还可以随意地揉成团塞进旅行箱，还有一些款式从身上脱下来后可以迅速地还原到穿之前的折叠状态，如图4—15①。

图4—15　三宅一生（约1993年）

不同于东方设计师在设计中对东方传统观念和思想的自然流露，乔治·阿玛尼2005年春夏私人定制系列是他长期探索东方美学思想的结果。乔治·阿玛尼2015年春夏私人定制系列不仅呈现了中国传统文化赋予竹子的精神内涵，并且在西方服装款式与东方服饰传统融合的过程中传达了独特的东方韵味（图4—16②）。

---

① Issey Miyake：Ensemble，https：//www. metmuseum. org/art/collection/search/79295，1996.
② 《Armani高定系列唯美和沉静气息以竹体现东方优雅风范的典范》，http：//www. 360doc. com/content/19/0505/08/2535363 _ 833420194. shtml，2019—05—05。

图 4—16　乔治·阿玛尼（2015 年）

　　对东方传统观念与思想的呈现是森英惠与郭培时装设计中不容忽视的特点，尽管这不是他们作品中最大的特征。森英惠在薄纱上印染书法的晚礼服（彩图 37）比印染绘画图案的款式（彩图 38）将东方韵味呈现得更加淋漓尽致。森英惠也曾将花卉与蝴蝶的绘画作品作为图案印在丝绸面料上（彩图 62[①]），绘画作品的色彩及其他细节特征都一应俱全地被保留，服装款式的平面结构与印染的绘画共同显示了东方传统特色。森英惠巧妙地运用了丝绸面料，使得绘画作品中空灵的美学特征得以传达。在郭培 2020 年春夏高级定制系列中，最后出场的款式运用了大量的唐卡图案，如彩图 63[②]。她在对唐卡图案模仿的同时也试图将图案背后的观念呈现出来，这个不过多裁剪以及最完整呈现唐卡图案的款式包含了东方传统中天人合一的思想。

　　除了乔治·阿玛尼，还有一些时装设计师尝试运用东方绘画在设计中传达东方传统观念和思想。让-保罗·高缇耶 2001 年秋冬高级定制系列的一款露背黑色礼服在背部以剪纸的方式勾画了一幅在山间自在悠闲的画面。若从单套服装来看，设计师意在传达东方文人画中的场景与意境。但在时装发布会中，设计师把这一款式纳入了有怪诞意味的系列之中。克里斯汀·迪奥 2022 年秋

①　Hanae Mori：Evening Dress，https://www.metmuseum.org/art/collection/search/78976，1996.
②　Guo Pei：Spring 2020 Couture，VOGUE RUNWAY，2020-01-23.

冬的高级成衣款式（彩图 64①）及德赖斯·范·诺顿 2011 年春夏高级成衣中的一些款式（彩图 65②）有这样一个共同点：浅驼色的服装款式，留有大量的空白，角落点缀了少量色彩清淡的印花图案，并且这些图案都与花鸟的主题相关。这些信息显示了设计师对中国传统绘画大量留白的处理方式的模仿，设计师以这样的方式设计，尝试传达东方绘画中的意境。不过，德赖斯·范·诺顿更趋向于将东方绘画作品中的意境与质地柔和的面料结合，并通过东方传统色彩（彩图 66③、彩图 67④）以及植物形态（图 4—17⑤）传达东方传统绘画意境中婉约、含蓄及自在的美学特质。

图 4—17　德赖斯·范·诺顿（2019 年）

————————

① 　Maria Grazia Chiuri：Fall 2022 Ready-To-Wear，VOGUE RUNWAY，2001-10-09.
② 　Dries Van Noten：Spring 2011 Ready-To-Wear，VOGUE RUNWAY，2020-02-23.
③ 　Dries Van Noten：Spring 2011 Ready-To-Wear，VOGUE RUNWAY，2020-02-23.
④ 　Dries Van Noten：Spring 2011 Ready-To-Wear，VOGUE RUNWAY，2020-02-23.
⑤ 　Dries Van Noten：Fall 2019 Ready-To-Wear，VOGUE RUNWAY，2020-02-25.

第二节　分解组合

在艺术领域，巴勃罗·毕加索（Pablo Picasso）和库尔特·施威特斯（Kurt Schwitters）的抽象拼贴式创作早已预见了一种以分解组合为特征的创作手法。在时装设计中，分解组合是一种将拆解的设计要素重新组合起来的设计方法，设计者将原本完整的视觉符号分解后重新组合，或选择其中的一部分与其他内容组合。设计师将东方元素创造性地转化在时装设计中时，会将一些东方元素分解后重新组合在一起，也会将一些分解后的东方元素与西方传统或其他文化中的服饰部件组合。

以分解组合方法将东方元素进行转化不局限于具体的款式，设计师拥有足够的设计自由。严格来说，无论是将东方元素分解后重新组合，还是将不同文化传统的元素分解后并置在一起，设计师都不同程度地将这个过程与西方服饰传统一同考量。一方面，时装设计师无法摆脱品牌的定位及传统；另一方面，将不同文化传统的元素并置是时装设计师获得更多新尝试的重要途径之一，亦是打破文化桎梏的重要方法。作为一种形成新款式的设计方法，分解组合并不是后现代时装设计中才出现的方法。对文化元素进行分解后有选择性地组合在一起的设计方法也不局限于解构主义时装风格中。从时装设计师以分解组合的方法将东方元素转化到时装设计中所形成的作品来看，包含后现代时装设计师的实践在内，一些作品在将分解后的设计要素类别以重组[①]的方式所形成的款式具有更明显的调和特征，而另一些作品则以对比为特征。

后现代主义的服装表现了对一切美学传统的蔑视[②]。在后现代时装设计的语境中，分解组合的设计方法使后现代主义服装设计呈现出更明显的非原则性的特征，设计师通过分解后重新组合或与其他元素并置形成有杂糅性、破碎感、荒诞化或玩世不恭的陌生化特点。一些时装设计师通过分解组合的设计方法将东方元素与后现代艺术中的反讽、戏谑或狂欢关联在一起，以此消解历史语境中的优雅、理性、经典，促进文化批判、建构新的意义，他们的作品主题因此获得了超越东西方传统美学的意义。

---

① 既包含将东方元素分解后重组，也包含对分解后的西方元素组合。

② 吴晓枫：《后现代主义思潮对当代服装设计的影响》，《装饰》，2003 年，第 2 期，第 63 页。

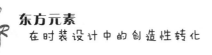
一、重组

若时装设计师把东方元素和与其有共性特征的服饰元素组合在一起，则会获得调和效果而非对比效果。将不同设计要素类别的东方元素组合在一起是获得调和效果的一种情形，将来自东西方的各种元素统一于某种范式中是获得效果的另一种情形，比如设计师将有共性的东西方元素统一在某种风格之中。时装设计师对分解后的元素进行组合时，无论是以东方服饰传统为主，还是以西方服饰传统为主，都会获得调和特征的服装款式。具体情形如下：一类是以西方服装款式为主导，将东方服饰局部细节与西方服装款式组合在一起；另一类是以东方服装款式为主导，将东方服装款式进行改进、调整，包括对东方服装款式以西方结构技术或装饰方式进行改进。

以重组的方法将东方元素转化到时装设计中至少可以上溯到 20 世纪初期。早在 1913 年，保罗·波烈就通过对和服袖子和肩线的结构进行微调获得新样式。纽约时装技术学院收藏了一件制作于 1927 年的蓝色西式礼服（彩图 68）：上衣宽大且不收腰，衣片四边镶滚且下半部分有中国传统绣花的长方形丝绸面料作为前片，拼接两片浅蓝色面料作为袖子，搭配一条底摆镶滚的裙子，并有黄色的束状流苏作为装饰。这件礼服是由一条中国传统马面裙拆解后重新组合而成的。马面裙的一部分用来做上衣，并加装了袖子，剩下的被重新缝合成裙子。

将东方元素分解后再组合的转化方法常被设计师运用在整个系列中，也常被设计师运用在单套服装的设计中。伊夫·圣洛朗 1977 年秋冬高级定制系列以重组的方法对东方元素的运用具有承前启后的意义。在这个系列中，中国长袍作为基础，对领型、袖口、装饰、工艺等细节进行改进，显得更加华丽（图4-18①、彩图 16②）。该系列还运用了新材料对中国清代士兵服装、斜襟短袍、对襟短袍等款式进行转化，外套、风衣等款式添加了有东方服饰元素特征的图案或细节。伊夫·圣洛朗在这个系列中对东方服装款式的改进继承了保罗·波烈的方式，而将东方元素与西方服装款式组合的方式则在时装品牌克里斯汀·迪奥、香奈儿 21 世纪运用东方元素的系列中发挥得淋漓尽致。

---

① Yves Saint Laurent：Evening Pajamas，https://www.metmuseum.org/art/collection/search/97193，1983.

② Nameless：Evening Set，https://fashionmuseum.fitnyc.edu/objects/15594/871361?ctx=f9d64700−2ac8−4aca−87fd−7bb8afb96dd1&idx=58，1987.

图 4-18　伊夫·圣洛朗（1977 年）

时装品牌克里斯汀·迪奥 2007 年春夏高级定制系列是以重组的方式对东方元素进行创造性转化的典型案例。该系列有着雕塑般的立体感，这与品牌创始人克里斯汀·迪奥先生对廓形的强调有高度的一致性。这一系列以日本传统文化为主题，对日本的折纸、绘画以及传统服饰进行了挖掘。服饰方面主要为不同性别不同阶层穿着的和服。和服及相关饰品被分解出交领、H 形廓形、宽腰带、低后领、隆起的背部、带子、宽袖子、装饰图案、高腰和布料缠裹特征，并提取出除黑色、灰色以外不同明度及纯度的红色、紫色、绿色。扇子、竹编斗笠被分解出有韵律的折叠、扇形、编织、平顶的造型等要素。艺伎妆容及发型分解出涂白的面部、红唇、红色眼影、隆起的发髻、发簪、花朵。图案则选择了葛饰北斋的版画《神奈川冲浪里》的浪花，以及竹子、银杏、鱼、枫叶等。插花分解出干枝、松枝、花朵。时任设计师约翰·加利亚诺在这个系列中将这些分解后的日本元素与克里斯汀·迪奥这一品牌对廓形和体感的追求组合在一起。面料如纸一般被折叠后用于塑造品牌传统特征的小礼服、套装及巨大裙摆的晚礼服。这样组合即形成了灰色沙漏形的小礼服（图 4-19①）、玫红

---

① John Galliano：Spring 2007 Couture，VOGUE RUNWAY，2007-01-22.

在时装设计中的创造性转化

色套装（图4—20①）、粉红色小礼服。和服款的宽袖子与高腰、扇子、海浪及西式膨大的裙摆组合成白色小礼服（图4—21②）。和服隆起的背部、低后领、缠裹特征、图案，艺伎的面妆、隆起的发髻和鱼尾裙组合成红色主调的礼服（图4—22③）。以上列举的款式代表了该系列款式设计的组合逻辑，不一而足。

图4—19　克里斯汀·迪奥（2007年）1

图4—20　克里斯汀·迪奥（2007年）2

图4—21　克里斯汀·迪奥（2007年）3

图4—22　克里斯汀·迪奥（2007年）4

①　John Galliano：Spring 2007 Couture，VOGUE RUNWAY，2007—01—22.
②　John Galliano：Spring 2007 Couture，VOGUE RUNWAY，2007—01—22.
③　John Galliano：Spring 2007 Couture，VOGUE RUNWAY，2007—01—22.

　　如果说时装品牌克里斯汀·迪奥的 2007 年春夏高级定制系列运用重组的方法注重强调该品牌的廓形特点，那么时装品牌香奈儿 2010 年的早秋系列则是在分解后的东方元素与其品牌文化之间寻求更多可能的共性，并且让朋克元素充当了二者的润滑剂。在时装品牌香奈儿 2010 年早秋系列中，设计师将中国元素和香奈儿小黑裙、无领裙套装等基本款式，斜纹软呢面料，山茶花，以及朋克风格的黑色皮革、金属组合在一起形成了朋克风格。这个系列将以下中国元素进行了进一步分解：青花瓷、中国清代服饰、甲胄、剪纸、灯笼、铜钱等。设计师从清代朝服、肚兜、大襟衣等款式中分解出无领、立领、披领、云肩、斜襟、对襟、镶边、折叠褶皱、挂脖、裙片交叠、衣片开衩等细节元素。青花瓷分解出蓝色植物图案后进行了图案形式变化以及立体化处理，最终与香奈儿品牌的山茶花合并在一起。从有方形片状特征的甲胄中分解出方形以及与之关联的纵横交错的网状。色彩则是来自剪纸、灯笼以及凉帽的红色，青花瓷和大襟衣的蓝色，以及清代帝王朝服的黄色。设计师对凉帽、珠串、长靴、束状流苏、铜钱等清代服饰品进行了再设计，结合金属以及香奈儿的标志组合出项链、耳环以及手镯。朝服、大襟衣的廓形与风衣、长款或中长款外套组合。香奈儿套装组合了斜襟、折叠褶皱，黑色则来自官员朝服、朋克以及时装品牌香奈儿的传统。青花瓷图案与方形形状组合小黑裙及长筒皮靴，搭配流苏耳环，即是一款有中国元素的朋克风小黑裙（彩图 69[①]）。云肩与剪纸融合成有蕾丝状的镂空特征，然后与西式收腰礼服裙组合。肚兜的挂脖特征和香奈儿分层的小黑裙组合成挂脖礼服，搭配凉帽形状的黑色帽子、朋克特征的夸张首饰以及黑色手套。斜肩衣领口、流苏配饰统一在香奈儿套装中（彩图 70[②]）。凉帽、有流苏的珠串以及以亮片装饰的偏襟外套散发出鲜明的清代宫廷特征（彩图 71[③]），灯笼被作为服装的装饰图案，搭配红色亮片装饰的背心及手提袋、有流苏的珠串，渲染出浓郁的中国传统文化特征（彩图 72[④]）。整个系列的服装全部为西式服装结构，香奈儿的品牌传统是该系列最重要的主导。格子、黑色、对边缘的装饰是时装品牌香奈儿重要的设计语言，也是连接中国元素和朋克主题的重要方面。时装品牌香奈儿在这个系列中将东方元素进行创造性转化，试图弥合东方元素和西方传统的鸿沟。

　　不同于时装品牌克里斯汀·迪奥和香奈儿将东方元素用于构建有西方传统

---

① 　Karl Lagerfeld：Pre-Fall 2010 Ready-To-Wear，VOGUE RUNWAY，2009-12-03.
② 　Karl Lagerfeld：Pre-Fall 2010 Ready-To-Wear，VOGUE RUNWAY，2009-12-03.
③ 　Karl Lagerfeld：Pre-Fall 2010 Ready-To-Wear，VOGUE RUNWAY，2009-12-03.
④ 　Karl Lagerfeld：Pre-Fall 2010 Ready-To-Wear，VOGUE RUNWAY，2009-12-03.

的款式，郭培的 2020 年春夏高级定制系列几乎是一个东方元素自行组合的案例。这样说并不是指郭培在这个系列中完全排除了西方服饰传统的影响，而是这个系列的调和特征来自所分解的元素原本所具有的整体性。郭培试图在 2020 年春夏高级定制"喜马拉雅"系列中营造一个关于永恒的主题。藏族服饰的上衣及腰带、廓形，僧人服装的拼接细节，雪莲花、雪、唐卡图案，天人合一的思想是郭培用于组合这个系列的主要元素。她将藏袍只穿单个袖子的着装方式（彩图 73①）、超长的袖子（彩图 74②）、用腰带对胯部的捆扎（彩图 75）、缠裹等特征贯穿了整个系列设计。丝绸、从日本采购的奥比面料被以不同的方式切割后组合，其中一些款式用刺绣的方式呈现了佛教唐卡的内容（彩图 17）。白雪、雪莲花不仅是这个系列中重要的点缀（彩图 75③），亦被设计为裙子形态。重组的方法让郭培打破了这个系列中东方元素的传统规范，使这个系列获得了与西方品牌完全不同，亦与东方传统不同的特征。

华伦天奴这一品牌常常以西方服装款式为主导，结合东方元素组合成新的女性西式套装、风衣等。比如将女性的套装改为立领斜襟（图 4—23④），同样的方式也被运用于风衣中，并根据季节的不同运用不同面料，同时根据主题的需要纳入不同的装饰手法（图 4—24⑤）。立领对襟同样被用于和风衣或套装组合，通过变化一些细节就会得到多个款式。这些细节包括扣子、袖型、裙摆等。这些处理方式显示了时装品牌通过重组将更多的东方服饰细节形融入西方服装款式中。德赖斯·范·诺顿 2006 年春夏高级成衣系列以日本和服为主题，各种西方服装款式在整个系列中占据了主导性地位。衬衣、短裤、外套、吊带、连衣裙是这个系列中主要的款式类别，设计师将这些类别依据日本和服的廓形、比例、细节及色彩特征进行改造，并融入了有日本特征的图案、扎染等元素。彩图 76⑥是该系列中极有日本和服特征的款式，但仔细观察就会发现，这是一套低领衬衣和长裙的组合。印花图案、衬衣腰部的渐变色彩以及腰带起到了一种混淆视听的作用。在古驰 2011 年春夏高级成衣系列中，西方传统款式在设计中占据了更强的主导性。宽腰带、高腰、V 形领、宽肩是设计师用于营造日本传统特征的主要元素。在彩图 77⑦的款式中，宽腰带和对比强烈

① Guo Pei：Spring 2020 Couture，VOGUE RUNWAY，2020—01—23.
② Guo Pei：Spring 2020 Couture，VOGUE RUNWAY，2020—01—23.
③ Guo Pei：Spring 2020 Couture，VOGUE RUNWAY，2020—01—23.
④ Valentino Garavani：Fall 2002 Couture，VOGUE RUNWAY，2020—02—24.
⑤ Valentino Garavani：Spring 2008 Couture，VOGUE RUNWAY，2021—10—05.
⑥ Dries Van Noten，Spring 2006 Ready—To—Wear，VOGUE RUNWAY，2020—02—25.
⑦ Frida Giannini：Spring 2011 Ready—To—Wear，VOGUE RUNWAY，2020—02—23.

的色彩是日本服饰元素，其余则是西方服饰元素。在上述品牌的相关运用中，德赖斯·范·诺顿充分发挥了品牌自身突出的印染技术优势，使其成了将东西方传统与现代融合的支点，为款式设计带来了更多新的可能。

图4-23　华伦天奴（2002年）

图4-24　华伦天奴（2008年）

　　以东方服装款式为主导而进行改进的设计中，东方服装款式被用于与各类元素重组。诸多案例中，关于旗袍的改进较有代表性，设计师在设计实践中讨论了旗袍与东西方元素组合的情形。克里斯汀·迪奥这一品牌对旗袍的再设计具有迭代推演的特征，这将在本章的第三节再讨论。罗伯特·卡沃利曾在2003年春夏高级成衣系列中将旗袍改为短款。在这个将旗袍与紧身胸衣系列结合在一起的系列中，一部分旗袍的下摆融合了波浪褶皱（图4-25①），并运用了具有典型中国特征的黄色调植物花卉图案或红色调龙纹图案（彩图78）进行装饰。伊夫·圣洛朗2004年秋冬高级成衣系列的后半段是设计师对伊夫·圣洛朗在世时运用中国元素的回顾。在这个系列中，一些旗袍被设计师以中国宫廷纺织品图案、色彩以及西方的亮片刺绣工艺组合在一起（彩图116②）。以亮片满绣的黄色旗袍有拖尾的设计，并以江崖海水图案、龙图案、章纹图案装饰。同样的装饰手法被运用在黑色旗袍款式中，装饰图案则是海水纹、团龙纹及花卉图案。该系列印有团龙及花卉图案的旗袍有典型的繁复风格特征（彩图26）。拉夫·劳伦在2011年秋冬高级成衣系列中将旗袍与龙图案

———————————

　①　Roberto Cavalli：Spring 2003 Ready-To-Wear，VOGUE RUNWAY，2020-02-24.

　②　Roberto Cavalli：Spring 2003 Ready-To-Wear，VOGUE RUNWAY，2020-02-24.

东方元素
在时装设计中的创造性转化

组合在一起（图4-26①）。在路易·威登2011年春夏高级成衣系列中，旗袍和朋克元素组合在一起。图4-27②中，旗袍与披领元素组合在一起，开衩的位置被调整得更高。以上是诸多时装设计师对旗袍进行改进的较有代表性的案例，显示了东方传统服装款式在时装设计中被改进的诸多情形。

图4-25　罗伯特·卡沃利（2003年）　　图4-26　拉夫·劳伦（2011年）

图4-27　路易·威登（2011年）

① Ralph Lauren：Evening Dress，https：//www. metmuseum. org/art/collection/search/632626，2016.

② Marc Jacobs：Spring 2010 Read-To-Wear，VOGUE RUNWAY，2020-02-24.

在结合西方服装结构对东方服装款式进行改进的案例中，时装品牌华伦天奴关于旗袍以及和服的改进十分典型。严格意义上来说，改变旗袍通肩的设计都可以被视为运用西方服装结构对旗袍的改进。时装品牌华伦天奴在 2020 年秋冬高级定制系列中，以旗袍为主要参照对象运用西方服装结构呈现了外观简洁但款式极像旗袍的连衣裙（图 3—41）。香奈儿这一品牌在 1996 年秋冬高级成衣系列中将中国 20 世纪 60 年代流行的军服样式依照女性的身体轮廓进行调整（图 4—28①）。约翰·加利亚诺在其同名品牌 1994 年秋冬高级成衣系列中将有和服特征的款式完全以西方服装结构裁剪而成（图 4—29②）。这款交领样式、有宽腰带的短款和服参考了保罗·波烈 1913 年的一款紫色及象牙白丝绸晚礼服。上述案例显示了时装设计师将西方服装结构作为调节东西方服饰审美差异的手段。

图 4—28　香奈儿（1996 年）　　图 4—29　约翰·加利亚诺（1994 年）

二、并置

以并置的方式将东方元素转化到时装设计中时，元素之间的对比会因差异

---

① Karl Lagerfeld：Ensemble，https://www.metmuseum.org/art/collection/search/678032，2015.
② John Galliano：Dress，https://www.metmuseum.org/art/collection/search/839643，2020.

化而被进一步拉大。经典的和荒诞的、完整的和不完整的、古典的和现代的会被设计师并置在一起。时装设计师早期的做法并不是以并置方式获得后现代时装设计中的戏谑或反讽目的，但沿着早期时装设计师的实践继续探索，最终走到当下时代设计师惯用的并置手法将东西方元素并置，这似乎是一种必然的结果。

　　时装设计中最早以并置的方式将东方元素进行转化的是保罗·波烈。1911年保罗·波烈举办的"一千零二夜"晚会上有灵感来源于哈莱姆妇女大灯笼裤的哈莱姆裙，和服的开襟及袖型等细节形也被融入其中，甚至还有伊斯兰教寺院塔尖特征。克里斯汀·迪奥在1951年将印有中国唐代书法家张旭的《肚痛帖》的白色山东绸面料用于鸡尾酒礼服设计中（图4-30①）。《肚痛帖》（图4-31）上的文字被作为一种图案印刷在面料上。克里斯汀·迪奥所设计的礼服为西式结构的收腰款式，与东方传统没有什么必然的联系。换句话说，时装设计师克里斯汀·迪奥在这次设计中运用东方元素的行为是一种误解。这种无意中带来的荒诞感在后来的时装设计中变成了有意为之。

图4-30　克里斯汀·迪奥（1951年）　　　　图4-31　张旭《肚痛帖》

　　香奈儿在1956年运用有汉字面料设计的礼服套装（图4-32②）和上述克

　　① Christian Dior：Evening Dress，https：//www.metmuseum.org/art/collection/search/83264，1953.

　　② Gabrielle Chanel：Ensemble，https：//www.metmuseum.org/art/collection/search/157466，2009.

里斯汀·迪奥相比更注重在细节设计中对中国服饰细节形的吸纳，但这并未改变并置所带来的对比效果。该款式运用了西式结构，穿在里面的收腰连衣裙和黑色外套的里衬都将汉字作为装饰图案。香奈儿将汉字的方向进行了调整，没有明确的排列规律，整体上打乱了文字的可读性，但她不曾破坏任何一个字，单个文字依然是可辨识的。这些方向各异的文字对于服装而言是为了装饰而拼凑在一起的。香奈儿在设计中尝试将中国传统马面裙的外在形态融入连衣裙的款式设计中，以此将服装款式特征和面料上的汉字图案相呼应。从款式设计的角度而言，香奈儿对这款服装的设计是将西方服饰作为基础，结合有汉字的面料，同时适当地纳入了对东方传统服饰细节特征的考量。

图 4-32　香奈儿（1956 年）

　　如果说克里斯汀·迪奥对《肚痛帖》的运用是在不知情的情况下产生的，那华伦天奴 2013 年上海系列在完全与中国传统无关的款式中运用红色则是有意为之的。多数情况下，色彩常常被作为某种设计要素类别的特征一同运用于设计中。比如在运用剪纸图案时对红色的运用，又比如在运用青花瓷图案时对蓝色的运用。当色彩这种设计要素类别被作为一个独立的要素使用时，设计师则会采用并置的转化方法。其中的一种情况是将中国传统无关的款式和有典型的东方传统特征的色彩并置，比如红色、黄色。在华伦天奴 2013 年上海系列中，彩图 79[①] 中的款式除了色彩外，无论是皮质的外套、裙子还是内搭的

---

　　① 《Valentino 上海首秀中国红红翻天》，http://www.360doc.com/content/14/0102/12/5554415_342022983.shtm，2014-01-01。

半透明衬衣都与中国元素没有直接联系。换句话说，这一款式在这个系列中通过对红色的运用获得了和该系列服装其他款式那样的中国传统特征。类似的做法在时装设计中十分常见。不少时装品牌如古驰、克里斯汀·迪奥等都会在中国春节到来之前针对中国人对红色的喜爱之情以及春节的相关习俗，将一些与东方元素无关的手袋、挎包、鞋子等单品，或风衣、毛衣等款式运用红色进行设计。这样的做法被大量的中国消费者接受，这意味着在这种情形中，红色作为一种象征符号被捆绑在了消费社会中。

当时装设计师将一些改造后的东方传统服饰的细节组合在一起时，所形成的脱离了东方传统的款式因失去了参照对象而会呈现出陌生化的特点，此时设计师通常会将典型的东方传统色彩作为一种文化象征符号而使用，以明确这些款式的指向。华伦天奴·克利门地·鲁德维科·加拉瓦尼大约在1970年以丝绸面料设计了一款以红色为主调的晚会服装（彩图80①），该款式是诸多东方传统元素的杂糅。这款晚会服装采用里外搭配的设计，最里面为抹胸连衣裙，上半身有折叠的死褶，腰部以垂褶形成了荷叶边，下半身是腰部有褶皱的直身裙，裙子为一片式，面料交叠于左前方。与抹胸连衣裙搭配的有两件外衣，均为不收腰设计。其中一件是半透明的丝绸面料制作的长袖上衣，该上衣前片左右相交形成低领，衣长约至臀围。另外一款则是无领长袖对襟开衫，前片同样运用了折叠的死褶，衣摆长度至臀围线以下，该上衣唯一的闭合处是领口的系带。两件外衣在系带、交领、不收腰、直桶裙身、裙门交叠这些细节上显示了与中国传统服饰的关联，但并不与中国传统服饰中的具体款式对应。1970年左右，华伦天奴·克利门地·鲁德维科·加拉瓦尼设计的红色款式还有长袖系腰带丝绸连衣裙（彩图81②），该款式前胸折叠的褶皱、腰部的细带显示了其与彩图80红色裙子套装有共同之处，但款式特征与东方文化传统则更加疏远，如果不将两款服装并列，甚至很难辨别出该款式中的红色关联了东方元素。上述两个款式通过红色的运用强化了所设计的服装款式与东方传统的关联。

并置所带来的对比差异同样可以上溯至保罗·波烈的时装设计中。1919年保罗·波烈在尽可能保持天鹅绒面料的完整性的前提下完成了图4-33③中的长袍设计，尽管保罗·波烈将这款服装命名为"巴黎"，但这款服装似乎和东方传统关联更密切。除了这款服装的结构和西方传统相距甚远但和日本和服

---

① Valentino：Evening Ensemble，https：//www. metmuseum. org/art/collection/search/98021，1983.

② Valentino：Evening Dress，https：//www. metmuseum. org/art/collection/search/97044，1983.

③ Paul Poiret：Paris，https：//www. metmuseum. org/art/collection/search/121199，2005.

更近似之外，服装门襟闭合之处还装饰了一块源自中国的云雷纹图案。这块由精细手工工艺制作的图案搭配束状流苏后有着浓郁的东方特色（彩图 82①），与造型简洁的连衣裙及长袍并置在一起，所形成的碰撞感要大于调和感。在山本耀司 2015 年春夏高级成衣系列中，设计师将从过去旧服装上拆下来的绣片用于设计中。这些已经老旧甚至有残破痕迹的绣片被拼接在西装或裙子上。在不考虑山本耀司之所以这样做的意图的情况下，山本耀司的设计和保罗·波烈的"巴黎"有几分类似。图 4-34② 和图 4-35③ 中的款式都有山本耀司独特的设计语言——脱散的边缘以及不对称的设计。山本耀司以这样的并置方式强调岁月流逝痕迹的侘寂之美，而这是保罗·波烈设计中不曾有的。以并置的方法将东方元素转化到时装设计中是许多设计师常用的方式，涉及的时装品牌甚多，其中让-保罗·高缇耶、川久保玲、山本耀司、德赖斯·范·诺顿、古驰等设计师多将这样的并置纳入后现代的讨论中。

图 4-33　保罗·波烈（1919 年）

---

①　Paul Poiret：Paris，https://www.metmuseum.org/art/collection/search/121199，2005-06-05.

②　Yohji Yamamoto：Spring 2021 Manswear，VOGUE RUNWAY，2020-02-25.

③　Yohji Yamamoto：Spring 2021 Manswear，VOGUE RUNWAY，2020-02-25.

图 4-34　山本耀司（2015 年）1　　　　图 4-35　山本耀司（2015 年）2

　　时装品牌克里斯汀·迪奥的 2003 年春夏高级定制系列在秀场布置以及款式设计方面将东西方元素并置，产生的对比差异带来一种震撼的效果。时装设计师约翰·加利亚诺在 2002 年以前并不曾到过中国和日本，他称 2002 年的中国、日本之旅完全是一次思维解放①。他在中国观看了戏曲，参观了戏曲演出的后台，还参观了少林寺，并与僧人交流过如何冥想。这次旅行让他体验了一个真实的东方，给予了他丰富的灵感。从整体形式上来看，他为克里斯汀·迪奥设计的 2003 年春夏高级定制系列的场秀将武术（图 4-36②）、杂技（图 4-37③）、时装走秀的片段组合在了一起。从作品特征上来看，他将分解后的中国元素、日本元素和西方服饰元素组合在了一起。约翰·加利亚诺并未按原样复制或改进中国戏曲服装，他将分解后的戏曲服装的廓形与戏曲服装的色彩组合，面料则以日本元素为特征。戏曲服饰的头饰部分的蝴蝶、叶片、流苏、花朵元素被重新组合为该系列的头饰，模特的妆容从中国戏曲妆容和日本艺伎妆容变化而来。约翰·加里加诺在该系列中不以女性身体轮廓作为廓形设计的重点，并且在款式的外观上摒弃了西方服装成型技术而呈现东方传统服饰的特点。来自东方传统服饰的包裹、缠绕、披挂等方式成了该系列的造型手段，并在缠裹、堆积的同时与西方传统服饰中膨大的裙子组合在一起，呈现了该品牌注重廓形塑造的传统，比如通过将堆积的红色手绢与同样有体积特征的裙子组

---

　　① 安德鲁·博尔顿：《镜花水月：西方时尚里的中国风》，胡杨译，湖南美术出版社，2017 年，第 233 页。

　　② John Galliano：Spring 2003 Couture，VOGUE RUNWAY，2003-01-20.

　　③ John Galliano：Spring 2003 Couture，VOGUE RUNWAY，2003-01-20.

合在一起（图4-38①），将有交领特征的上衣与膨大的裙撑组合在一起（图4-39②）。分解后的和服被重新组合成无袖长裙，并与堆积的面料组合成有鱼尾裙特征的款式。该系列中圆形的廓形、从肩部到后方的延展设计则与戏曲演员着"靠"之后形成的体感有较大的关联，这样的细节处理方式与披挂、缠裹的服装组合在一起，如图4-40③。

图4-36　克里斯汀·迪奥（2003年）1　　图4-37　克里斯汀·迪奥（2003年）2

图4-38　克里斯汀·迪奥（2003年）3　　图4-39　克里斯汀·迪奥（2003年）4

① John Galliano：Spring 2003 Couture，VOGUE RUNWAY，2003-01-20.
② John Galliano：Spring 2003 Couture，VOGUE RUNWAY，2003-01-20.
③ John Galliano：Spring 2003 Couture，VOGUE RUNWAY，2003-01-20.

图4-40　克里斯汀·迪奥（2003年）5

　　分解组合是约翰·加利亚诺在克里斯汀·迪奥任创意总监时期将东方元素进行创造性转化的重要方法，他多次在发布会中将东西方服饰元素并置后形成鲜明的对比特征。在时装品牌克里斯汀·迪奥2002年的高级定制系列中，西服风衣、右衽长袍、中国结图案、动物皮毛、民国时期军人的肩章并置组合在一起（图4-41[①]），鱼尾裙、无领对襟衣、水袖、拼接的图案、用皮毛替换而成的蒙古族女性高耸的帽子并置在一起，青花瓷图案、风衣外套、中国清代满族女性的旗头造型和克里斯汀·迪奥的裙型并置组合成新的造型特征（图4-42[②]）。

---

① 　John Galliano：Spring 2003 Couture，VOGUE RUNWAY，2003-01-20.
② 　John Galliano：Spring 2003 Couture，VOGUE RUNWAY，2003-01-20.

图 4—41　克里斯汀·迪奥（2002 年）　　图 4—42　克里斯汀·迪奥（2003 年）

　　在将西方服装与各种非西方服饰元素并置在一起时，让–保罗·高缇耶似乎更注重将对比的差异放大。他的 2010 年秋冬高级成衣系列被称为"世界多种服饰传统的大杂烩"。来自中国、俄罗斯、希腊、摩洛哥等各个地方的元素与西装、风衣、夹克并置，不同民族的帽子混搭或拆解后与其他帽子的运用让这个系列显得更加混杂。在这些帽子中，能明确地被辨认出是中国的包括雷锋帽、汉族儿童的牌坊帽子、虎头帽、侗族的童帽以及多个地区彝族女性的包头（含鸡冠帽）。飞行员帽和汉族虎头帽连接在一起，搭配精心裁剪的风衣及钉满鸡眼扣的裙子，形成一种怪诞的滑稽感（图 4—43①）。对鸡冠帽的运用似乎完全脱离了原本鸡冠帽的功能，饰满花纹的鸡冠帽以闭合的形态捆绑在皮毛帽子的侧边，成了一种纯粹的装饰（图 4—44②）。这样的帽子搭配了螺纹口袖口的西装、有运动特征收口宽松的裤子，以及一条牡丹印花的丝巾。侗族童帽以类似的方式与一款系腰带的夹克套装搭配。汉族儿童牌坊帽同样用并置的方式与西装或风衣搭配。除了头饰外，让–保罗·高缇耶这个系列的款式设计也呈现出别具一格的并置。粉红色凤穿牡丹图案（彩图 83③）和鸡眼扣一同作为皮草条纹夹克的装饰，搭配头巾、运动裤及尖头皮鞋（图 4—45④）；江崖海水图案

①　Jean-Paul Gaultier：Fall 2010 Read-To-Wear，VOGUE RUNWAY，2021-10-05.
②　Jean-Paul Gaultier：Fall 2010 Read-To-Wear，VOGUE RUNWAY，2021-10-05.
③　Jean-Paul Gaultier：Fall 2010 Read-To-Wear，VOGUE RUNWAY，2021-10-05.
④　Jean-Paul Gaultier：Fall 2010 Read-To-Wear，VOGUE RUNWAY，2021-10-05.

的袜套穿在高跟凉鞋外面，和多层超短裙、短款黑色夹克以及有彝族特征的包头混合在一起。最惹人注目的是在有竹子图案的丝绸面料无袖立领旗袍上，让－保罗·高缇耶结合了他曾在 20 世纪 80 年代为麦当娜·路易丝·西科尼（Madonna Louise Ciccone）演唱会设计的锥形胸罩紧身衣胸部及腹部的细节。以上二者的并置形成了一种极度强烈的差异。以这样的方式设计而成的黑色短裙（图 4—46①）搭配了皮草及牡丹图案的流苏披肩（彩图 84②）。对 20 世纪 20 年代中国出口披肩样式的模仿让这一款式更具东方传统的辨识性。这个系列似乎并不像一个滑稽的玩笑，让－保罗·高缇耶呈现了一个不再有民族和文化差异的世界，一个时间静止后可以任由人们随意穿梭的世界，在这个世界中过去与现在、精英和平民、东方与西方都呈现在同一个维度中。

图 4—43　让－保罗·高缇耶（2010 年）1　　　图 4—44　让－保罗·高缇耶（2010 年）2

---

① Jean—Paul Gaultier：Ensemble，https：//www. metmuseum. org/art/collection/search/641725，2015.

② Jean—Paul Gaultier：Ensemble，https：//www. metmuseum. org/art/collection/search/641725，2015.

 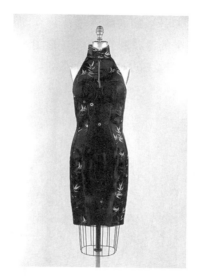

图4-45　让-保罗·高缇耶（2010年）3　　图4-46　让-保罗·高缇耶（2010年）4

　　让-保罗·高缇耶2001年秋冬的旗袍系列有明显的怪诞和戏剧性特征，并置的方式呈现了朋克风格的传统，同时颠覆了东西方的一切传统惯例。旗袍、剪纸图案、清代服饰、越南传统女性服饰奥黛是这个系列关联的东方元素。风衣、西方套装、燕尾服则来自西方传统服饰。有硬朗特征的披领、下半部分片以及马蹄袖却是从中国清代朝服中分解出来的。旗头、绢扇、纸扇、蒲扇、油纸伞、瓜皮帽不再是历史上本来的面貌。设计师以新材料对这些饰品进行制作：用金属勾勒绢扇的轮廓，只剩下骨骼的纸扇和蒲扇，油纸伞只保留骨骼并添加流苏，在头上横放一根硬朗的棍子加上流苏就是旗头（图4-47[①]、图4-48[②]）。以金属工艺模仿剪纸图案并设计成手镯及胸饰用于搭配（图4-49[③]）。清代中国男性和女性的特征也被混合在一起，过去男性的长辫子和瓜皮帽是这个系列的头饰组成部分。旗袍和西服套装（图4-50[④]）或燕尾服搭配在一起，风衣和旗袍立领、侧边开叉及朝服的马蹄袖组合在一起，搭配瓜皮帽、裤子以及朋克特质的防水台高跟鞋。用羽毛制作的披领搭配黑色的低胸紧身衣。图4-49中的旗袍融合了朝服前开衩的特征、奥黛搭配阔腿长裤的惯例，组合了由旗头变化而来的头饰、有剪纸特征的手镯及臂镯，以及最早来自

①　Jean-Paul Gaultier：Fall 2001 Couture，VOGUE RUNWAY，2020-02-24.

②　Jean-Paul Gaultier：Fall 2001 Couture，VOGUE RUNWAY，2020-02-24.

③　Jean-Paul Gaultier：Fall 2001 Couture，VOGUE RUNWAY，2020-02-24.

④　Jean-Paul Gaultier：Fall 2001 Couture，VOGUE RUNWAY，2020-02-24.

伊夫·圣洛朗的露背透视装，而让－保罗·高缇耶将后背的蕾丝替换为中国文人画中的渔樵耕读场景（彩图85①）。在这个系列中，让－保罗·高缇耶试图不延续过去的某种设计惯例，取而代之的是一种诙谐的幽默感。

图4－47　让－保罗·高缇耶（2001年）1　　图4－48　让－保罗·高缇耶（2001年）2

图4－49　让－保罗·高缇耶（2001年）3　　图4－50　让－保罗·高缇耶（2001年）4

---

① Jean－Paul Gaultier: Ensemble，https://www.metmuseum.org/art/collection/search/626118，2015.

　　在山本耀司以自由的方式破除和服束缚感的设计中，将东西方服饰元素并置的设计方法让他的设计获得了自在的穿着体验。在山本耀司 1994 年秋冬系列中，和服随意披散穿着的形态或与黑色平底皮鞋搭配，或与长款针织毛衣搭配，或以多件层叠穿着，或随意地左右交叠后扣起来，或搭配裤子、衬衣及针织衫。整个系列形成一种有纨绔特征的装扮。山本耀司甚至将这种如同披敞着的和服的长袍与礼帽、西方传统中的裙撑以及象征现代文化的摩托车并置在一起。

　　山本耀司独特的设计语言源自他对东西方服饰元素并置时将有侘寂之美的细节融入其中，将完成与未完成、东方与西方、精致与随意并置在一起。西装是山本耀司的另一个禁忌，他认为西装是女性完成式的美，如同盔甲一般，任何体型的人穿上后都能成为既定的样式，因此他对西装毫无兴趣①。山本耀司 1997 年春夏高级成衣发布会的作品将基于香奈儿和伊夫·圣洛朗等西方著名时装设计师曾经设计的经典款式开展设计，其中不少是西装。山本耀司祛除了过去的流行元素，将西装简化，同时将衬衣点缀得更加女性化，在一些款式中加入了手工印花，在一些款式中故意暴露线头和未经处理的边缘，将一些严整精致的款式局部设计得随意。继那以后，他更得心应手地将有侘寂美学特征的细节与西方服装并置在一起。比如将女性西装收紧的腰部设计为被撕坏的形态，将经典的西式风衣外面设计出一种破碎感（图 4－51②）。以不对称的方式制作西方历史中有裙撑的款式，但暴露出金属丝随意制作的裙撑（图 4－52③）。在同一套衣服上的左右两边并置制作精良的西装衬衣领和像是随意搓揉在一起的破布，并配以毛边的袖口、腰带以及垂坠性极好的宽大裤子（图 4－53④），这样的设计是以差异为特点的并置。和服男装用于内穿的垮裤被暴露在长裤外面，并搭配衬衣（图 4－54⑤）、西装或背心。男装外套做旧处理，搭配同样做旧的胶底帆布鞋。考究的西装贴上各色有毛边的补丁（图 4－55⑥）。山本耀司在设计中运用并置的手法所形成的风格与让－保罗·高缇耶并不相同，但二者都破坏了东方与西方过去的服装规范。

①　田口淑子：《关于山本耀司的一切》，许建明译，广西师范大学出版社，2016 年，第 58 页。
②　Yohji Yamamoto：Fall 2020 Manswear．VOGUE RUNWAY，2021－07－14．
③　Yohji Yamamoto：Fall 2020 Ready－To－Wear，VOGUE RUNWAY，2021－07－14．
④　Yohji Yamamoto：Fall 2022 Ready－To－Wear，VOGUE RUNWAY，2022－03－05．
⑤　Yohji Yamamoto：Spring 2012 Manswear，VOGUE RUNWAY，2020－02－28．
⑥　Yohji Yamamoto：Fall 2020 Manswear，VOGUE RUNWAY，2022－10－17．

图4-51 山本耀司（2020年）1

图4-52 山本耀司（2020年）2

图4-53 山本耀司（2022年）

图4-54 山本耀司（2012年）

图 4-55　山本耀司（2023 年）

在 2012 年秋冬系列高级成衣中，德赖斯·范·诺顿将来自中国传统服饰的平面照片进行分割后再组合，并且在使用中将印染的图案、人体所对应的位置和款式设计中对应的位置故意偏离，使该系列对东方与西方服饰的并置形成了解构风格。这些分解后的重组图案印染后与西装、外套、裙子、夹克、长裤等款式搭配，形成了有意识的错位处理（图 4-56①）。龙袍平铺的照片被作为一种图案横向运用于不同款式中，水纹被运用于袖子或裤脚的设计中，也被运用于上衣前片中组合成菱形图案。平铺的马面裙作为一种图案横向用在裙子上（图 4-57②），与斜向用在上衣中的部分连贯在一起。在一个款式中，衬衣印上了被分割后的马面裙，而裙子则印上了由不同部位拼接在一起的蓝色右衽上衣图案。在另一个款式的设计中，德赖斯·范·诺顿通过拼接同色的几何形状使得所印刷的图案消除了本该呈现的肩部轮廓。不仅如此，他还将这些来自中国传统服装平面照片的多个细小局部反复拼贴在一起。大卫·霍克尼（David Hockney）曾用这种方式来处理人物形象。他曾以多幅照片拼贴多幅《母亲》作品，让拼贴拥有了绘画般的特征，而德赖斯·范·诺顿则将这种重复和拼贴一同使用，以此获得一种更具现代特征及韵律感的视觉效果（图 4-58③）。在一定程度上，德赖斯·范·诺顿呈现了西方时装设计师运用东方元素的真实情形：颠倒、错位的东方元素被并置在西方服饰传统中后，形成前所未有的款式。在一款衬衣中他将如意云纹镶滚的局部放置在外侧衣摆方向和袖子上作对

①　Dries Van Noten：Fall 2012 Ready-To-Wear，VOGUE RUNWAY，2020-02-23.

②　Dries Van Noten：Fall 2012 Ready-To-Wear，VOGUE RUNWAY，2020-02-23.

③　Dries Van Noten：Fall 2012 Ready-To-Wear，VOGUE RUNWAY，2020-02-23.

称排列，这样的拼接方式和在前胸所形成的负空间和领子所形成的效果获得了
一种错视的效果——如西方燕尾服的正面（图4-59①）。在这样一场将东方元
素与西方服装款式并置的主题中，德赖斯·范·诺顿利用印染图案的错视效果
唤起了东西方传统的融通。

图4-56　德赖斯·范·诺顿（2012年）1

图4-57　德赖斯·范·诺顿（2012年）2

图4-58　德赖斯·范·诺顿（2012年）3

图4-59　德赖斯·范·诺顿（2012年）4

---

① Dries Van Noten：Fall 2012 Ready-To-Wear，VOGUE RUNWAY，2020-02-23.

　　川久保玲同样将来自东西方的元素并置在一起，但通常情况下川久保玲会将其纳入新的讨论中，以此获得比表面更深刻的意义。川久保玲的 2007 年春夏高级成衣系列将东西方元素并置的设计作品同样具有鲜明的解构特点。在这个系列中，来自日本的元素主要有和服、日本国旗以及和侘寂美学关联在一起的不规则、破碎感、不完美特征，来自西方传统的服饰则是西装上衣、T 恤、长裤、短裤、风衣、鱼尾裙、半身裙、连衣裙。和服被分解出以下要素：高腰、交领、腰带捆扎、弧形门襟以及涂白的面妆。日本国旗分解出圆形、白色及红色。川久保玲将这些分解出来的要素和西方传统服装款式并置在一起，同时对西方服装款式及红色圆形进行了碎片化或不完美处理。T 恤上印有英文字样，搭配有破烂特征的长裤（彩图 86[①]）或短裤。形同被剪烂的西装及短裤拼接肉色的薄纱后与高腰腰带搭配（彩图 87[②]）。以类似的方式处理的上衣搭配印有红色圆形的半身纱裙，上衣的红色圆形也有破碎的特征（彩图 88[③]）。西装上故意露出制作过程中的贴线，并呈现不规则的破碎感，大小不一的红色纱穿插在其中，象征了对红色圆形的破坏（彩图 89[④]）。短款西装搭配红色圆形图案的裙子，下摆对纱的使用形成了鱼尾裙特征的外观，西装的前片不但有剪烂的痕迹，还有未处理的边缘（彩图 90[⑤]）。在这个系列中，川久保玲对并置手法的运用给人带来一种极荒诞又严肃的破坏感，无论是东方的还是西方的，过去的还是现在的都被撕得粉碎。

　　通过搭配以及将东西方文化传统中有联系或根本不相干的设计要素并置，以呈现出鲜明的冲突感，这是时装品牌古驰运用东方元素时和其他品牌最明显的不同之处。比如将一件甜美的粉色衬衣与绣有中国传统图案的大红色裙子搭配（彩图 91[⑥]）；将常规的条纹对襟针织外套搭配绣有龙图案的夸张肩饰（图 4-60[⑦]），显示出和清代朝服及云肩的微弱关联；系腰带的条纹印花衬衣与一条由各种不同印花图案组合在一起的裙子搭配，再搭配蛇皮手袋、靴子以及油纸伞（图 4-61[⑧]）；用有透明特征的黑色蕾丝设计男装，搭配取自东方建筑屋

① Rei Kawakubo：Spring 2007 Ready-To-Wear，VOGUE RUNWAY，2006-10-02.
② Rei Kawakubo：Spring 2007 Ready-To-Wear，VOGUE RUNWAY，2006-10-02..
③ Rei Kawakubo：Spring 2007 Ready-To-Wear，VOGUE RUNWAY，2006-10-02.
④ Rei Kawakubo：Spring 2007 Ready-To-Wear，VOGUE RUNWAY，2006-10-02.
⑤ Rei Kawakubo：Spring 2007 Ready-To-Wear，VOGUE RUNWAY，2006-10-02.
⑥ Alessandro Michele：Spring 2016 Ready-To-Wear，VOGUE RUNWAY，2020-02-25.
⑦ Alessandro Michele：Resort 2016，VOGUE RUNWAY，2020-10-05.
⑧ Alessandro Michele：Fall 2017 Ready-To-Wear，VOGUE RUNWAY，2020-02-26.

顶轮廓的头饰（图4－62①）。在该品牌2018年秋冬高级成衣系列中，一款孔雀蓝的风衣里面搭配了拼满织绣花卉图案花边的上衣及裤子。当今中国西南地区少数民族以这种花边作为其传统服饰的重要装饰材料。这种花边又被称为"绦子"或"阑干"，中国传统服饰运用绦子的历史长达2000年，对领口、袖口、襟边的镶滚是这种花边在中国传统服饰中的主要用途，花边作为清代女装的重要装饰特点主要见于妇女和儿童衣服的装饰中②。明清时期的中国服饰装饰形式十分近似，即将绦子沿着边缘一条条地覆盖在面料表面形成缘饰。中国西南地区少数民族对花边的运用在20世纪80年代以后愈演愈烈，一些地区的少数民族甚至将整套衣服全部用花边装饰。古驰的发布会将这种绦子及装饰方式与风衣及繁复的头饰搭配，形成繁复华丽的视觉特征，同时亦有强烈的冲突感（图4－63③）。装饰被时装品牌古驰作为唤起过去的设计手法，但设计师似乎并不在设计中寻求并置的深沉内涵。

图4－60　古驰（2018年）1

图4－61　古驰（2017年）

①　Alessandro Michele：Fall 2018 Ready－To－Wear，VOGUE RUNWAY，2020－02－27.

②　王金华：《中国传统服饰：清代服装》，中国纺织出版社，2015年，第317页。

③　Alessandro Michele：Fall 2018 Ready－To－Wear，VOGUE RUNWAY，2020－02－27.

图 4-62　古驰（2018 年）2

图 4-63　古驰（2018 年）3

第三节　衍义

　　以衍义法将东方元素转化到时装设计中是一种基于东方元素进行推演设计的方法。设计师通过对运用东方元素的设计作品迭代或将其纳入新的语境中，带给人全新的身心感受和体验。一些时装设计师受东方元素的启发而设计的作品与其灵感来源有联系，但这种联系并不显露在外，而是一种内在联系。分解组合和衍义两种设计方法是时装设计师将东方元素转化到设计中时为了取得和东方元素不同且有新意的效果所运用的方法。设计要素类别中艺层面的服装成型技术、形层面中的东方服装款式是衍义法得以运用的主要方面。以东方服装成型技术为基础的衍义因设计师的关注点不同而呈现不同的特征。

　　后现代主义时尚依靠的是一种视觉悖论——内衣外穿，新的被旧的取代，得体的被完全不尊重的地位和价值体系的服装所取代[①]。一些和东方具体的服

---

　　①　邦尼·英格利希：《日本时装设计师：三宅一生、山本耀司和川久保玲的作品及影响》，李思达译，重庆大学出版社，2022 年，第 70 页。

装款式或特征鲜明的细节关联的设计作品则依然能够让人看到其灵感的源头，但在后现代主义的语境中设计师让这些款式或细节获得了和过去不同的形式及意义。

一、以服装结构为基础的衍义

日本和服的结构给予了三宅一生、玛德琳·维奥内及克里斯托瓦尔·巴伦夏加十分重要的启示。三宅一生和玛德琳·维奥内基于日本和服的结构衍义出新的制衣方式。其中三宅一生注重将日本和服结构以及包含在结构中的观念进行衍义，玛德琳·维奥内则主要基于和服的局部结构所形成的着装效果进行衍义。日本和服结构对克里斯托瓦尔·巴伦夏加的启示一方面来自和服结构的内部空间，另一方面则是基于和服结构的外部形态。以上两方面启发克里斯托瓦尔·巴伦夏加设计出了不同于西方传统的款式。

（一）关于制衣方式的衍义

1. 三宅一生基于和服的衍义

三宅一生以和服结构为基础的衍义主要包括两个方面：一方面，三宅一生基于和服结构的平面性及所包含的物尽其用观念，结合新技术的开发对平面结构进行了衍义。这方面的实践主要通过"一块布"项目开展，这一项目使其时装设计获得零浪费的特点及可持续发展的环保意义。另一方面，三宅一生结合不断改进的褶皱面料所进行的设计拓展了和服结构的平面性特征。

三宅一生长年潜心探索人体与服装之间的关系，通过不断实验、开发和研究，在设计实践中持续探索前所未有的制作工艺，这些都是他在设计中探索新的制衣方式的前提。1997 年三宅一生和纺织工程师藤原大一同提出的"一块布"理念及穿衣系统在世界范围内受到了广泛认同。在将和服披挂、包裹、缠绕等特征与设计融合的过程中，三宅一生自 1976 年开始探索关于"一块布"的设计理念。他的 1976 年高级成衣系列的主题围绕"一块布"开展，平面性结构、以布料包裹身体是该系列的重要特征（图 4-64[①]），其中一款连帽黄色格子外套的着装效果与和服近似，并有和和服一样的平面结构（图 4-65[②]）。其中一件灰色条纹的针织服装已具备后来被称为"一块布"的理念及穿衣系统

---

① Issey Miyake：Coat，https://www.metmuseum.org/art/collection/search/79286，1996.

② Issey Miyake：Coat，https://www.metmuseum.org/art/collection/search/105577，1977.

的基本特征：一块布特征，运用针织面料，平铺后是平面的。同时这款外观是一片方形布的灰色服装与和服以整幅布料包裹身体以及通肩、宽大的特征一致。在后来的探索中，这款服装局部由管状结构特征变成了服装及其零部件都包含在一个管状的针织面料中。

图4−64　三宅一生（1976年）1　　　　图4−65　三宅一生（1976年）2

　　三宅一生的"一块布"项目的相关实践是一种基于东方传统服饰结构理念的创新性探索，在材料技术及制作工艺方面不断改进，但始终与和服平面结构及制作过程几乎没有什么浪费的特点十分近似。起初的针织面料后来被改进为拉歇尔经编织物的管子状面料，运用链式缝制法将纱线连接成网状，底层有弹性面料，裁剪后弹性面料会收缩并拉紧链式网格，因此不会有缝头脱散的问题[1]。至1999年，"一块布"项目已经发展至通过电脑编程的方式织造出一片布特征的完整服装。将服装版型和织造程序进行编录，然后使用一条线织出管状的布料，无论多少件衣服，织出来都在这块一块布中（图4−66[2]）。"一块布"项目发展达到了完全不依赖任何裁剪、缝合手段的水平。布匹生产时已经将服装所有的部件包含在其中，消费者只要将布料上的样式沿着轮廓剪下来即可（图4−67[3]）。

①　玛尼·弗格：《时尚通史》，陈磊译，中国画报出版社，2020年，第504页。
②　Issey Miyake：Kit，https://www.metmuseum.org/art/collection/search/690950，2015/.
③　Issey Miyake：Ensemble，https://www.metmuseum.org/art/collection/search/185792，2014.

图 4-66　三宅一生
（1999 年"一块布"项目）1

图 4-67　三宅一生
（1999 年"一块布"项目）2

　　三宅一生在 20 世纪 80 年代开始进行褶皱技术的开发，让东方传统服装的平面结构拓展出更多的可能性。通过对褶皱面料的探索，三宅一生设计了在结构上有平面特征的服装。其中一些款式在着装效果上具有鲜明的三维立体形态，如第二章第四节提及的 T 恤（图 2-19）以及名为"飞碟"的连衣裙（图 2-21）。图 4-68①所示名为贝壳的服装有贝壳一般的肌理及形态特征，由一块布制成，却有着雕塑般的造型特征。三宅一生甚至将褶皱面料以平面结构为基础设计了有西装外套特征的款式（图 4-69②），袖子和衣身连接处没有缝合线，褶皱面料的弹性、弧形的肩线以及宽大的袖窿让该款式在肩袖连接处有足够的空间，穿着时不会有任何不舒适的感受。

　　①　Issey Miyake：Seashell. https：//www. metmuseum. org/art/collection/search/87969，2003.
　　②　Issey Miyake：Ensemble，https：//www. metmuseum. org/art/collection/search/124784，2005.

图 4-68　三宅一生（1985 年）　　　图 4-69　三宅一生（1989 年）

2. 玛德琳·维奥内基于和服结构的衍义

在 20 世纪初期诸多受到日本传统文化影响的时装设计师中，基于日本和服的启发，玛德琳·维奥内开启了在东西方服装史上都不曾独立运用的斜裁技术的探索。玛德琳·维奥内受卡洛姐妹影响关注东方文化。2022 年纽约大都会博物馆《和服风格》的展览展出了玛德琳·维奥内时装设计作品，揭示了日本和服是如何启发她衍义出西方服装史上引以为傲的斜裁技术的。展览中玛德琳·维奥内的一条黑色连衣裙从外观上可以看出明显的和服特征：高腰、矩形的下摆、宽大并有层叠特征的袖子。玛德琳·维奥内设计的服装在服装结构中经常使用简单的长方形或三角形，而这正是和服结构的特征。图 4-70[1] 中的连衣裙肩部有自然的垂褶，能随着身体的运动而伸展。而和服在此处所运用的长方形面料在着装时亦正好转为斜料，并形成垂坠的褶皱。这款黑色连衣裙呈现了玛德琳·维奥内的斜裁技术与和服的密切关系，但她没有止步于简单模仿和服的外观，而是基于和服衣体关系开展更深入的创新探索。她发明的斜裁技术让面料随身体的起伏而运动，这一特征是与日本和服真正的共同之处。彩图 92[2] 所示的黑色礼服因运用斜裁技术，裙子的褶皱形成了优美的韵律感，腰以上的部分轻柔地包裹住女性曼妙的身体，呈现出女性身体自然的起伏形态。隐

---

① Madeleine Vionnet：Evening Dress，https://www. metmuseum. org/art/collection/search/84461，1952.

② Madeleine Vionnet：Evening Dress，https://www. metmuseum. org/art/collection/search/84461，1952.

東方元素
在时装设计中的创造性转化

退多年后的玛德琳·维奥内亲自将这件晚礼服捐赠给纽约大都会博物馆，并将其命名为"日本"。这款显示了玛德琳·维奥内生前绝佳的设计及顶级裁剪技术的作品同样在《和服风格》展览中展出。

图 4-70　玛德琳·维奥内（1923—1924 年）

（二）关于服装款式的衍义

日本和服和西方传统不同的成型方式给予了西方设计师诸多启示，其中时装设计师克里斯托瓦尔·巴伦夏加的设计显示了他比其他设计师更关注和服与身体的距离。在 20 世纪 40 年代，克里斯托瓦尔·巴伦夏加推出了茧形和桶形的设计。这些不凸显腰部的设计在当时流行凸显女性身体轮廓的年代是一种十分前卫的探索。桶形的廓形一方面来自西方 20 世纪 20 年代低腰的管状特征的设计传统，另一方面则来自日本和服的影响。在图 4-71[①] 中，服装的领型特征、垂坠的褶皱，以及隆起的背部显示了克里斯托瓦尔·巴伦夏加的桶形廓形和日本和服有着密切的关联。日本和服结构启发了克里斯托瓦尔·巴伦夏加基于和服进行款式设计时不必在意身体的特征，内部空间达到一定的体量时服装和身体的协调性问题自然就解决了，在此基础上通过处理外部形态可塑造出不一样的服装造型特征。被称为睡袋的茧形款式让着装者的身体拥有更多自由度

---

① Cristobal Balenciaga：Dress，https://www.metmuseum.org/art/collection/search/81464，1964.

和舒适感（图4－72①），而这与日本文化传统的"间"的概念有关。和服结构是和服的内部空间存在的根源，日本传统文化基于此让肩部作为服装的支撑点，通过二次成型过程将和服的着装形态塑造为背部隆起的造型。肩部支撑、服装隆起而形成体积感正是克里斯托瓦尔·巴伦夏加茧形廓形款式的重要特征。透过克里斯托瓦尔·巴伦夏加设计的一些茧形款式（图4－73②、图4－74③），我们可以看到他呈现了和服背部隆起的体积感，而这正是浮世绘作品中从背后表现女性穿和服的形态。克里斯托瓦尔·巴伦夏加的探索启发了后来的许多设计师，不少设计师对他所设计的茧形款式进行再探索。比如，伊夫·圣洛朗基于图4－73中克里斯托瓦尔·巴伦夏加设计的粉红色茧形外套设计了1983年秋冬设计的外套（图4－75④）。

图4－71　克里斯托瓦尔·巴伦夏加　　图4－72　克里斯托瓦尔·巴伦夏加
（1955—1956年）　　　　　　　　　（1958年）

① Cristobal Balenciaga：Cocktail Dress，https：//www. metmuseum. org/art/collection/search/85315，1973.

② Cristobal Balenciaga：Evening Wrap，https：//www. metmuseum. org/art/collection/search/120803，1981.

③ Cristobal Balenciaga：Evening Wrap，https：//www. metmuseum. org/art/collection/search/82424，1973.

④ Yves Saint Laurent：Evening Ensemble，https：//www. metmuseum. org/art/collection/search/130481，2006.

图4-73　克里斯托瓦尔·巴伦夏加
（1951年）1

图4-73　克里斯托瓦尔·巴伦夏加
（1951年）2

图4-75　伊夫·圣洛朗（1983年）

二、以时装品牌档案中运用东方元素的服装款式为基础的衍义

以新的方式对服装史上及各品牌档案中已有的款式进行再设计的现象在时装设计中十分常见。服装款式衍义法在造型设计逻辑上合理推演会给时装品牌设计新款式带来这样一种可能性：通过借助过去形成的影响力促进消费者更广

泛地接受新款式。从时装品牌的角度而言，这样的设计方法对于巩固品牌文化是十分有利的。

　　任何一个品牌将东方元素运用在其设计中都有一个从无到有的过程。设计师最初的尝试可能来自模仿，也可能来自分解组合。在这里要讨论的是时装设计师如何以本品牌历史档案中运用东方元素的服装款式为起点开展再设计，即对衍义法的运用。以这样的方式设计的新款式都是下一次再设计的起点，最终的时装设计作品与最初的灵感来源差异非常大。设计师首次将某个设计要素类别的东方元素运用在其设计中，灵感来源和所设计出的作品之间是从起点"A"发展到款式"B"的关系。而以衍义法对品牌时装档案中运用东方元素款式为基础进行设计的作品和灵感来源之间是从"N"到"B"的关系，这里的"N"关联了推演的次数。

　　在时装设计史上，以品牌自身过去运用东方元素的经典款式为基础进行衍义的案例十分丰富。比如，诸多时装设计品牌以青花瓷图案或廓形为灵感来源开展设计后，多数品牌都在不同程度上结合新元素进行了再设计。在品牌档案中以东方元素的款式为基础运用衍义法进行再设计的案例中，这些涉及具体款式、具体细节的案例融合的要素纷繁复杂，不同设计师所运用的方法都十分具体。本书选取了一些较有代表性的案例进行详细分析。

（一）时装品牌克里斯汀·迪奥基于旗袍的衍义

　　时装设计师克里斯汀·迪奥深受中国元素影响，在他对旗袍进行再设计之后，该品牌后来的设计师基于品牌文化内涵探索了旗袍更多的呈现形式。1955年，克里斯汀·迪奥以旗袍为原型所设计的款式十分简洁。克里斯汀·迪奥以融合东西方传统的思路对旗袍的再设计在奇安弗兰科·费雷的设计中再次呈现，并且二者所涉及的款式都有简洁的特点。约翰·加利亚诺将时装品牌克里斯汀·迪奥 1997 年秋冬高级成衣系列中的旗袍设计得或成熟或俏皮，而在1997 年秋冬高级定制系列中，他所设计的旗袍则是华丽而性感的。月份牌是约翰·加利亚诺为时装品牌克里斯汀·迪奥设计的 1997 年秋冬高级成衣系列的灵感来源。西装外套是这个系列重要的参考，一些非常短的旗袍和收腰的西装外套组合搭配，一些超短的旗袍结合蕾丝后与紧身西装搭配，有的款式将立领与蓬起的短裙组合，清代朝服的披领与西装外套结合在一起，与图 4—76[①]

---

　　① 　John Galliano：Evening Dress，https://www. metmuseum. org/art/collection/search/689749，2015.

中的黑色旗袍搭配。不少款式的旗袍延续了通肩的特点。超短的旗袍甚至将下半身设计成裤子，变成连体衣的款式。约翰·加利亚诺将黄柳霜及 20 世纪 20 年代中国出口西方的披肩作为时装品牌克里斯汀·迪奥 1997 年春夏高级定制系列中旗袍款式的灵感来源。其中粉红色的旗袍以编织为特色，这些编织的线头从腋下和肩头汇聚在背部后拧结成结。黄绿色的旗袍款式背部同样运用了镂空的编织，并有植物、人物、亭台等图案，绣花的葫芦被作为后片肩部的设计。妮可·基德曼穿着这个款式出席了 1997 年奥斯卡颁奖晚会，开创了奥斯卡史上女演员穿着大牌晚礼服出席的先例[①]。经过衍义，克里斯汀·迪奥这一品牌设计的旗袍在外观上由简洁风格变为华丽的装饰繁复的风格。

图 4—76　克里斯汀·迪奥（1997 年）

（二）时装品牌罗伯特·卡沃利基于青花瓷款式的衍义

与其说时装品牌罗伯特·卡沃利基于所设计过的青花瓷款式进行了多次衍义，不如说该品牌基于青花瓷色彩、图案、廓形所取得的成功开辟出了多个在色彩上与青花瓷色彩关联的系列或款式。2005 年秋冬，罗伯特·卡沃利首次将青花瓷的色彩图案及造型运用于高级成衣发布会中。这包括一款抹胸鱼尾裙（彩图 22）和一款短款抹胸小礼服（图 4—9）。这两个款式印有青花瓷装饰图

---

① 安德鲁·博尔顿：《镜花水月：西方时尚里的中国风》，胡杨译，湖南美术出版社，2017 年，第 229 页。

案，服装的廓形特点源于青花瓷瓶的轮廓。青花瓷瓶瓶口外张、瓶颈收小、两肩突出、瓶底收小的造型特征与女性身体起伏协调一致。小礼服款式上的图案将瓶身的轮廓加以勾勒。鱼尾裙款式则将人体轮廓和青花瓷瓶轮廓完美融合，这一款式在秀场上犹如一个飘逸、灵动行走的青花瓷瓶。该品牌 2013 年早春系列以青花瓷为主题，突破了此前对青花瓷的外形特征、花瓶的装饰图案的简单模仿。对青花瓷装饰图案的色彩运用成了该系列最大的特征，这个系列的图案多以青花瓷图案为基础进行二次设计与编排。设计师在青花瓷图案的基础上提取白色和蓝色设计了条纹，这些条纹大小间隔的变化形成一种韵律感（彩图93[①]）。其中一些款式的图案有着更明显的西方特征，甚至一些运用了紫红色表现。这种紫红色关联了中国瓷器釉里红的色彩。时装品牌罗伯特·卡沃利2014 年早春系列对 2013 年早春系列的青花瓷元素进行回顾，上一季中的青花瓷色彩被提取出来运用在该品牌经典的豹纹图案中，印度元素、波希米亚元素被混合在这个系列中。青花瓷的图案在这个系列中出现了进一步几何化的特征，条纹也变得更为紧密，并以此形成新的视觉效果（彩图94[②]），亦融入了该品牌常用的动物皮毛图案元素。罗伯特·卡沃利再次在 2017 年春夏高级成衣系列设计中运用了青花瓷元素。秀场上一款有缠枝花纹的上衣底部运用了蓝色流苏，柔软的面料和图案的色彩布局显示出瓷瓶的造型特征（彩图95[③]），搭配的白底波点裙子有明显的混搭特点。该系列中的青花瓷图案紧身裤搭配了牡丹花图案的牛仔外套，以及蛇皮纹文胸。除此之外，该系列还延续了 2013年早春系列中条纹与蓝色花卉一同运用的手法，设计了马甲、西装等款式。相对于 2013 年及 2014 年早春系列，罗伯特·卡沃利 2017 年春夏高级成衣系列有向青花瓷图案回归的特点。

在之后的设计中，时装品牌罗伯特·卡沃利进一步将青花瓷所关联的文化语境剥离。罗伯特·卡沃利 2018 年早春系列及 2018 年早秋系列部分款式的色彩有着青花瓷色彩特征。在这两季的设计中，青花瓷的元素仅剩下蓝色，图案不再与青花瓷有关联。2018 年早春系列运用了青花瓷蓝色的图案是海洋植物（彩图96[④]）；而在 2018 年早秋系列中，具有写实特质的植物图案被赋予了青花瓷的蓝色（彩图97[⑤]）。罗伯特·卡沃利在 2005 年运用青花瓷元素的两款服

①　Roberto Cavalli：Resort 2013，VOGUE RUNWAY，2020－02－22.
②　Roberto Cavalli：Resort 2014，VOGUE RUNWAY，2020－02－23.
③　Roberto Cavalli：Spring 2017 Ready－To－Wear，VOGUE RUNWAY，2020－02－27.
④　Roberto Cavalli：Resort 2018，VOGUE RUNWAY，2020－02－28.
⑤　Roberto Cavalli：Pre－Fall 2018，VOGUE RUNWAY，2020－02－25.

装是将青花瓷元素运用在时装设计中的经典款式之一，在当时可谓轰动一时。其中鱼尾裙这一款式在 2015 年纽约大都会博物馆举办的展览《镜花水月：时尚里的中国风》中展出。罗伯特·卡沃利对青花瓷造型、图案、色彩的运用历程从最初对青花瓷的形态、图案、色彩的并用，到对青花瓷色彩的独立使用，前后一共跨越了 6 个系列。在该品牌将青花瓷的轮廓形态、图案逐渐剥离，并汇入新的元素的过程中，色彩这一设计中最灵活的要素被作为青花瓷的象征，在设计中被延续和保留，并融入印度元素、海洋元素、写实植物元素，演化出不同的特征。在款式设计方面，每个系列之间并无直接关联，在对青花瓷图案的运用中，色彩从第一次衍义时起就被剥离出来，这让之后的主题可以以灵活的方式去尝试新的可能。

（三）时装品牌华伦天奴基于邦典款式的衍义

在华伦天奴的时装品牌档案中，品牌创始人华伦天奴·克利门地·鲁德维科·加拉瓦尼在 1966 年设计了一款有色彩渐变特征的条纹无领高腰长外套。这件外套在色彩上有明度和色相的渐变，逐渐由一个色彩过渡到另一个色彩，所涉及的色相为红色、橙色、黄色及绿色。上半身为红色到黄色的渐变，至袖口就渐变成了绿色；下半身前面的红、橙、黄的色彩渐变为暖色系，后面则主要为黄、绿二色。从服装的前面看，袖子的绿色相对衣身的红橙色调形成了基于色彩面积差异的冷暖调和（彩图 98[①]）；从服装的后面看，袖子的绿色和下半身大面积的绿色形成呼应（彩图 99[②]），同时后面整个冷暖色彩在面积上十分接近，因而形成对比的关系。在服装的结构上，该款式在肩部并未采用西式服装结构，而是借鉴了东方服装传统平面结构，有通袖的特点，但将袖子和领围的结构线从东方传统服装的水平特征调整为顺应肩线倾斜，并在过肩端点后顺应手臂的自然状态进一步倾斜。该款式的结构在袖子倾斜、胸围松量以及腋窝的位置等细节方面充分考虑了人体活动的需要。因对袖子结构的调整，该款式袖子部分就有了倾斜的条纹，前后片缝合后，袖子的外侧就形成了 V 字形的图案。这款服装上的色彩排列特征、款式设计特征在后来被多次衍义。

上述款式的色彩特征与中国藏族传统服装邦典的色彩特征十分近似，对东方平面结构的运用更加有力地证实了这一点。在藏族传统妇女服装中，腰部系着的一块由羊毛横向排列的彩色条纹围裙，藏语称"邦典"。邦典由三块横条

---

① Valentino：Evening Coat，https://www.metmuseum.org/art/collection/search/97058，1984.

② Valentino：Evening Coat，https://www.metmuseum.org/art/collection/search/97058，1984.

纹的长方形羊毛手工织物组合而成，这种织物是氆氇的一个分类，长度在膝盖至藏靴之间，宽度约 55 厘米。藏族邦典有毛织、丝织和布织三类。早在三千多年前藏族就已经掌握了色条毛织物的织造技艺。藏族女性自成人礼之后系邦典。邦典在色彩方面"分为彩虹色的察青（老年妇女佩戴）和降甲则（中年妇女佩戴）、白色为主调的噶察、绿色为主调的降查、蓝色为主调的欧穷、黄色为主调的色夏、三种颜色组成的那松"[①]。彩图 98 中这一款式的色彩排列及造型特征在该品牌 2015 年早春系列中形成了多达 12 套的不同款式。其中一套长袖衬衣搭配长裙及针织背心的款式与彩图 98 中的款式特征及色彩运用规律十分接近，黄色为主色的针织背心是该款式变化较大的细节（彩图 100[②]）。另外一套短袖搭配裤子的套装（彩图 101[③]）以及一套翻领长袖外套搭配连衣裙的款式在色彩上与彩图 98 中的外套基本一致，横向条纹的排列与邦典相同。在彩图 98 中，外套袖子处条纹形成 V 字形的特征被提取出来在多个款式中运用，其中最典型的是运用在一款七分袖收腰连衣裙上（彩图 102[④]）。该款式祛除了低明度的色彩，袖子保持了和彩图 98 中相同的特征，但色彩排列方向相反。彩图 98 中的袖子 V 字形的拼接特征被运用在上半身胸口处，裙子斜向的条纹和袖子一致。和彩图 98 款式特征近似的短款连衣裙搭配了厚重的条纹款外套，袖子条纹的方向则与彩图 98 外套相同，V 字形的拼接被用在外套的前衣片上，左右两边对称形成了 M 形的特点。当 V 字形的拼接连续多次使用时就形成了折线的特征，这样的变化被用在裙子和外套中。在一款外套的设计中，翻折的领部和衣片的图案形成了近似于五角星的图形（彩图 103[⑤]），这一图形契合了彩图 98 中外套袖子上 V 字形图形的形成。在彩图 98 中，外套的条纹除了斜向的之外，有横向和纵向两类。设计师将两个方向的条纹交叉在图形上得到了格子纹。这种格子纹被运用在 2015 年早春系列的六个款式中，有短裙和短袖外套的搭配款式，有长袖连衣裙的款式（彩图 104[⑥]），有外套搭配短裤、短裙的款式，有外套搭配长裤的款式，还有背心搭配长裙的款式。在这些款式中，有些穿插了斜向条纹，有些穿插了折线条纹。这个系列中的折线并未完全由面料拼接而来，而是以印花的形式作为面料图案呈现。

---

①　黄敏婕：《藏族邦典色彩构成研究及现代应用》，浙江理工大学，2020 年，第 9 页。

②　Maria Grazia Chiuri，Pierpaolo Piccioli：Reaort 2015，VOGUE RUNWAY，2020−02−22.

③　Maria Grazia Chiuri，Pierpaolo Piccioli：Reaort 2015，VOGUE RUNWAY，2020−02−22.

④　Maria Grazia Chiuri，Pierpaolo Piccioli：Reaort 2015，VOGUE RUNWAY，2020−02−22.

⑤　Maria Grazia Chiuri，Pierpaolo Piccioli：Reaort 2015，VOGUE RUNWAY，2020−02−22.

⑥　Maria Grazia Chiuri，Pierpaolo Piccioli：Reaort 2015，VOGUE RUNWAY，2020−02−22.

时装品牌华伦天奴 2015 年早春系列对彩图 98 中的款式在色彩上进行了调整，新的色彩变化使得华伦天奴 2015 年度假系列与邦典相关的款式获得了色彩搭配上的丰富性。即便是色彩十分接近的款式也调整了整体的色彩倾向。设计师对彩图 98 款式中的色彩区分出中高明度和中低明度两个类别，除了对这两个类别的色彩分别使用之外，还加入了彩图 98 外套中不曾出现的蓝色。在服装结构特点上，2015 年度假系列与邦典相关的款式并未延续彩图 98 外套中对平面结构的运用，而是全部采用西式结构，一些款式不收腰形成 H 形廓形，强调来自东方的服装传统；而另一些长袖外套则吸收了彩图 98 所示外套中高腰及长袖的细节。一些新的细节，如丝带系的蝴蝶结、袖克夫等被用于款式设计中。在时装品牌华伦天奴 2015 年度假系列对彩图 98 外套的衍义中，具有格子特征的款式形成了一种马赛克的效果。经过色彩、图形、结构上的演绎，以蓝色为主调的格子款式与彩图 98 中的外套相比，差异性大于相似性。但从整个系列的衍义过程而言，这样的差异又具有造型设计逻辑上的合理性。

时装品牌华伦天奴 2019 年春夏高级成衣系列再次运用了邦典色彩。其中一款为连体裤和风衣的搭配（彩图 105①），另一款为收腰连衣裙（彩图 106②）。如邦典一样的横向条纹是这两个款式的共同特征，色彩与 2015 年早春系列中的部分款式较为接近（彩图 101）。在 2022 年早春系列中，设计师再次运用衍义法对华伦天奴 2015 年早春系列运用邦典元素的款式进行再设计。一方面设计师运用了 M 形条纹面料，所设计的款式是宽松的及地衬衣（彩图 107③）。另一方面，设计师在图形上运用横向条纹对 2015 年早春系列中 M 形条纹进行分割，并运用不同色彩填充。所得到的图形被运用在宽松的短裤和上衣上，形成了色彩斑斓的视觉效果（彩图 108④）。

（四）时装品牌华伦天奴基于铜钱纹的款式衍义

时装品牌华伦天奴基于铜钱纹的款式衍义堪称运用衍义法实现东方元素创造性转化的典型案例。在时装品牌华伦天奴 2002 年秋冬高级成衣系列中，设计师将一款黑色喇叭袖短款翻毛领外套搭配了一条腰部装饰金色铜钱形状腰带的黑色裤子（图 4-77⑤）。这个犹如中国古代圆形方孔铜钱的巨大腰饰让这一

① Pierpaolo Piccioli：Spring 2019 Ready-To-Wear，VOGUE RUNWAY，2020-02-27.
② Pierpaolo Piccioli：Spring 2019 Ready-To-Wear，VOGUE RUNWAY，2020-02-27.
③ Jacopo Venturini：Resort 2022，VOGUE RUNWAY，2021-9-27.
④ Jacopo Venturini：Resort 2022，VOGUE RUNWAY，2021-9-27.
⑤ Valentino Garavani，Fall 2002 Ready-To-Wear，VOGUE RUNWAY，2021-07-14.

款式在视觉上获得了十分显著的效果。在后来的设计中，华伦天奴的设计师将这个铜钱元素提取出来结合了不同的主题进行衍义。

图4-77　华伦天奴（2002年）

在中国，圆形方孔的铜钱一直沿用至清代。因人们对财富的追求和崇拜，铜钱形的图案被运用在服饰、建筑、瓷器及金属工艺品中。铜钱各个部分有独立的名称，在约定俗成的叫法中，圆形至方孔之间的部分被称为"肉"，方孔部分称为"穿"，圆形的外部边缘称为"外郭"，方孔的边缘则被叫作"内郭"①。铜钱纹的名称很多，如连钱纹、钱形纹、钱字纹、古钱纹等。铜钱纹作为一种装饰可独立使用，也可以连续编排使用，并在后来演变出一种四方连续的编排方式。这种四方连续的铜钱纹将四个圆形重叠后将差叠的部分作为"穿"，"内郭"呈现出弧线的形态。重叠的四方连续铜钱纹有两种编排方式：一种是将"肉"作为图，"穿"作为底；另一种则是将"穿"作为图，"肉"作为底。唐代的鎏金镂空飞鸿毬路纹银笼上可见到铜钱重叠交错形成的图案，并有镂空处理的方孔。宋代李诫的建筑学巨著《营造法式》中以图画记录了将重叠的四方连续铜钱纹作为门窗的装饰②，这样的窗格装饰方式至今仍然可以在中国传统建筑中见到。天津博物馆藏有宋代锦地连钱纹镜，其在背面以重叠的四方连续铜钱纹装饰。中国古代服饰将铜钱纹运用在服饰中作为装饰亦十分频繁，辽耶律羽墓出土的文物中有毬路奔鹿飞鹰宝花绫纹样的丝绸织物。"毬路

① 朱活：《古钱小辞典》，北京文物出版社，1995年，第230页。
② 梁思成：《〈营造法式〉注释》，生活·读书·新知三联书店，2013年，第554页。

纹只有四圆相交而中为方眼者，不以毬路纹称，应称为连钱纹。"① 连钱纹即铜钱纹。国家博物馆收藏的元代毬路纹丝绸饰片为河北省隆化县鸽子洞窖藏出土文物，有将"肉"作为图、"穿"作为底的重叠的四方连续铜钱纹。中国古代对重叠的四方连续铜钱纹的运用对周边地区产生了明显的影响。重叠的四方连续铜钱纹在日本被称为"七宝纹"，是日本和服上重要的装饰纹样。七宝纹在日本室町时代通过绢织物由中国传到日本②。拼布技艺是朝鲜族服饰上的重要装饰形式，韩国把用拼布制作的四方连续铜钱纹称为"如意纹"，婚嫁时用来包裹妆奁聘礼的包袱常用拼布的四方连续铜钱纹装饰③。

在欧美地区被称为"教堂之窗"的拼布同样包含圆形方孔重叠的四方连续特征，这是与铜钱纹的相同之处。不同之处是"教堂之窗"图案在圆形和方孔之间被多次分割，这种分割弱化了圆形重叠后形成圆形方孔的连续性，但强化了再次分割后的十字形骨骼及四个圆形交汇处所形成的图案。若将方孔的颜色视为底，则"教堂之窗"的拼布呈现十字形和八芒星重叠的图案。东方传统拼布技艺制作的四方连续铜钱纹则不然。

中国传统服饰装饰中经常将重叠的四方连续铜钱纹以拼布技艺进行运用，因布料存在脱散问题，因此在拼布技艺中需要对重叠的四方连续铜钱纹边缘进行处理。常见的处理方法包括绲边④、翻折⑤、覆盖⑥、缝线⑦、锁针绣⑧等。在云南、贵州、广西等地区的少数民族服饰中，重叠的四方连续铜钱纹拼布技艺常被白族、哈尼族、彝族、苗族、壮族等用在背被的装饰中，并且至今仍在使用。这种背被多为红色或彩色布料以"穿"为图、"肉"为底进行拼接，用白色布料对面料做镶滚处理作为"内郭"和"外郭"。在实际的制作过程中，这种铜钱纹拼布技艺是以白色正方形的布料折叠包裹其他色彩的布料为单位拼接制作而成。四个角的处理是这种重叠的四方连续铜钱纹拼布技艺的难点，制作时容易留下瑕疵，因此常用银泡、纽扣、按扣或圆形的布等材料对四个"穿"的交汇处进行遮盖。从视觉效果来看，中国西南地区少数民族的背被呈

---

① 田自秉、吴淑生、田青：《中国纹样史》，高等教育出版社，2003年，第280页。

② 沈泽静江：《和服之美》，杜贺裕译，鹭江出版社，2018年，第104页。

③ 陈灵姗：《中国传统铜钱纹拼布研究》，北京服装学院，2020年，第19页。

④ 运用布料对作为图的部分进行包裹，行针时有平针和藏针两种方式。行针会在包裹的布料表面留下线迹；而藏针则将线迹藏在布料的中间，表面看不到线迹。

⑤ 将布料向下翻折，而后用针线固定，同样有平针和藏针两种行针方式。

⑥ 运用线或金箔等其他材料对布料边缘进行覆盖固定，以防止脱散。

⑦ 缝线不对布料进行翻折，在边缘用极细的针脚将布料与底布缝合固定。

⑧ 处理铜钱纹边缘时对布料边缘运用锁针绣的方式进行处理，针法较为多样。

现出以白色为底、彩色为"穿"的视觉特征。图4-78为云南石林地区彝族（撒尼）用于制作背被的铜钱纹拼布。

图4-78　云南石林地区彝族（撒尼）铜钱纹拼布

时装品牌华伦天奴2002年秋冬高级成衣系列中的铜钱纹腰饰在后来的衍义中与东方的拼布技艺联系在一起。在2019年秋冬高级定制系列中，一款粉红色的无袖露背及地连衣裙显示出将无数个圆形方孔图形重叠后的特征（彩图109[①]）。这些图形在服装上排列，随身体起伏呈现渐变特征。该服装由无数个边缘内凹的菱形组成，每一个菱形的边缘都运用藏针法进行绲边。两个圆形重叠的部分有镂空，四个圆形的交汇处装饰了同样用藏针法制作的蝴蝶结。该连衣裙搭配了和裙子色彩面料及制作相同的帽子，并在两侧装饰了有蝴蝶结的长带子。这款帽子和该系列的其他服装的帽子有着类似的廓形。帽子是该款式与整个系列联系在一起的重要部件，与该系列中其他款式的帽子在轮廓特征上十

----

① Maria Grazia Chiuri，Pierpaolo Piccioli：Spring 2019 Couture，VOGUE RUNWAY，2020-02-22.

分近似，是由中国云南哈尼族①僾尼支系的头饰②简化后组合而成的。

在时装品牌华伦天奴 2019 年秋冬的高级定制系列中，设计师以思茅地区哈尼族僾尼支系妇女尖头型头饰的外形和基本特征为基础，提取了毛线绒球以及泡状、圆片形、马蹄形、圆角长方形的银饰形态，以及孟连县哈尼族僾尼支系妇女头饰连接两耳之间的金属装饰③，运用新的材料进行替换形成了既有思茅地区哈尼族僾尼支系妇女头饰特点又不再与任何一种头饰相同的新造型（彩图 110④）。华伦天奴 2019 年春夏高级定制系列中的粉红色连衣裙款式的帽子在造型方面运用连续铜钱纹拼布代替了该系列基于哈尼族僾尼支系妇女头饰元素而设计的帽身，舍弃了顶部的马蹄形立板，保留了左右两边的带状装饰，但用粉红色带子取代了两侧的金属链条，原本链条尾部的毛线绒球或马蹄状金属镶嵌物则被粉红色蝴蝶结代替（彩图 111⑤）。

华伦天奴 2019 年秋冬高级定制系列的粉红色连衣裙在服装款式造型方面采用了简单的无袖收腰连衣裙廓形，有露背设计的细节，这些特征均来自西方时装设计的惯例。在服饰制作技艺上，该款式运用了中国西南地区少数民族铜钱纹拼布背被以白色为底、"穿"为图的视觉特征，以藏针法对"穿"进行绲边。这种边缘处理方式与上文提及的河北省隆化县鸽子洞窖藏出土文物元代毬路纹丝绸饰片的处理方式相同。

在华伦天奴 2021 年春夏高级定制系列中，一件白色的斗篷再次运用了重

---

① 哈尼族是一个跨境民族，在泰国和缅甸等国家都有分布，各地区的哈尼族僾尼支系在服饰上亦有差异。

② 云南孟连县哈尼族僾尼支系妇女的头饰为尖头形，以土布为底，正前面装饰有横向排列的银泡，左右两边用羽毛、兽骨装饰，并有用小珠子和毛线制作的绒球从左右两边垂至两肩，正上方可见向上突出半圆形的木板。但头饰上基本保持了大银泡装饰、左右两边缀珠，并在帽子的顶部有直立的片状凸起物。西双版纳勐海县的哈尼族僾尼支系头饰为平头型，弧形的帽檐钉满小银泡，遮住整个头顶。左右两边有两块片状的方形装饰物，其表面钉满横条纹的珠子后在中间钉上几排圆形的银片，平顶的左右两侧挂上彩色珠串经由方形装饰物的后方下垂，长度至腰部附近。在左右两边的内侧挂有许多银链子，底部缀有三角形银片。此外，头饰的内侧还有连接左右两边珠串及成串的芝麻铃，戴上头饰时，这些珠串和芝麻铃则环绕在两耳之间，长长的珠串垂于胸前，是对颈部及前胸的装饰。一些地区的哈尼族僾尼支系头饰不用羽毛、兽骨及毛线绒球，顶部的立板为圆角的方形银片，增加了银制的圆形或球形作为点缀，并在左右两边的下垂珠串尾部装饰马蹄形银片。

③ 设计师将以上元素拼贴在一起形成了该系列帽子的基本型：由圆片、银泡横向排列装饰的半圆形帽身；用粗细不同毛线绒球装饰的帽顶以及左右两边用金属链条下垂形成装饰，末端用毛线绒球或马蹄形的金属镶嵌物装饰。

④ Maria Grazia Chiuri，Pierpaolo Piccioli：Spring 2019 Couture，VOGUE RUNWAY，2020－02－22.

⑤ Maria Grazia Chiuri，Pierpaolo Piccioli：Spring 2019 Couture，VOGUE RUNWAY，2020－02－22.

叠的四方连续铜钱纹（彩图 112①）。这一款式与 2019 年秋冬高级定制系列中粉红色无袖露背及地连衣裙一样以"穿"为图，对"肉"做了镂空处理，同时还有渐变的特征。内搭的高领粉红色连衣裙参考了彩图 109 中的红色连衣裙。华伦天奴 2021 年春夏高级定制系列款式没有头饰的设计，及腰的黑色直发指向了该款式真正的源头，并和彩图 109 中帽子外轮廓联系在一起。彩图 109 中掩盖四个圆形的交汇处的蝴蝶结，在 2021 年春夏高级定制系列中的铜钱纹白色斗篷中被替换成了球状的扭结——再次指向了该款式的源头。这款白色铜钱纹斗篷的制作时间累计超过了 3000 小时。该系列中还有一款黄色过膝直筒裙也运用了类似的四方连续铜钱纹特征。

时装品牌华伦天奴对铜钱纹的衍义并未到此结束。在该品牌 2019 年秋冬高级定制系列中，一款大红色低胸连体裤搭配圆形镂空斗篷，对镂空的圆形同样以藏针法进行绲边处理（彩图 113②）。款式中的圆形元素来自铜钱纹，低胸的位置和形状也显示出和彩图 109 连衣裙款式同源的特征，而帽子则保持了该系列运用中国哈尼族僾尼支系妇女头饰组合而形成的特征。在该品牌 2021 年春夏高级定制系列中，一款白色镂空长袖外套的表面有凸起物，并有彩图 109 中颜色渐变的特征（彩图 114③）。仔细观察就会发现这件外套也有圆形重叠排列的特征，这些圆形由一条上小下大的条状布料以收省的方式扩大布料两边的长度差距形成 S 形，在获得两条方向相反的 S 形条状物后交叉拼合在一起，就会形成一条有渐变特征且交叠在一起的条状物。最后将两条同样的由圆形渐变且交叠的条状物重叠在一起，重叠时让收省的省尖对在相同的位置，就得到了彩图 114 中服装表面的形态特征。这一制作过程显示出该款式的设计源自铜钱纹重叠连续的特征，但不再是平面上的交错重叠关系，而是在立体空间中的叠加交错。

时装品牌华伦天奴对铜钱纹的衍义在彩图 114 的款式中发生了质的飞跃，这种从平面到立体的衍义让这一款式呈现了更浓重的西方传统——这种传统在服装方面是对省道的利用、对服装表面立体特征的肌理的塑造，在设计传统上是源自包豪斯学院对立体空间中元素的构成和排列传统。该款式及腰的黄色长直发表明了这一点。该品牌基于铜钱纹的衍义并未到此结束。在 2021 年春夏高级定制系列中，一个男模特穿着一款皮革面料为底并有镂空特征的驼色翻领

---

① Jacopo Venturini：Spring 2021Couture，VOGUE RUNWAY，2021-08-17.

② Maria Grazia Chiuri，Pierpaolo Piccioli：Spring 2019 Couture，VOGUE RUNWAY，2020-02-22.

③ Jacopo Venturini，Spring 2021Couture，VOGUE RUNWAY，2021-08-17.

长袖外套（彩图 115①），这款外套在镂空的四个平行排列的圆形中心做了对面料的塑形，形成了突出于皮革的蝴蝶结。彩图 109 的连衣裙有外形近似的蝴蝶结，但二者依然有一定的差异。前者是将四个用条状面料向内卷曲所形成的基本型对称处理得到的，这种形态在中心处与同一个系列中的白色镂空长袖外套中将四个省尖对在一起所形成的形态关联更密切；后者是两个由条状面料折叠形成中间小两头大的蝴蝶结外形交错得到的，与前者关联密切的是蝴蝶结两端的翻折形态，以及有明显的厚度所形成的立体感。前者在成型时穿行面料的环绕特征是不同于其他款式的独特特征。在时装品牌华伦天奴对铜钱纹的衍义过程中，色彩似乎是一种不具有稳定性的元素而随意变化，除了和每次发布会的主题关联外，更多的是受惯例的影响，比如少女用粉色、男性用驼色、与东方文化关联密切同时作为华伦天奴象征色的红色、来自东方的黄色等。

第四节　东西方设计师对东方元素
转化方法运用的特征

　　20 世纪初期的时装设计师运用东方元素的实践表明，将东方元素转化到时装设计中的方法在那时已显现或已有端倪。模仿、分解组合、衍义这三种转化方法都涉及东西方设计师，但都显示出东西方设计师对每一种方法的运用在侧重点上有较大差异。

一、西方设计师对东方元素转化方法运用的特征

　　以模仿的方法将东方图案转化到时装设计中，这在时装设计史上有持续的生命力。在这方面，西方设计师展现出了对东方图案的非凡热情。在时装设计中，东方图案被以模仿的方法运用在设计中，可以形成朋克风格、解构风格及两种装饰风格。

　　一些西方设计师在模仿东方图案时，往往将这些图案作为象征东方文化的符号，但大多数情况下，他们都将这些图案所包含的文化意义剥离。这在保罗·波烈的设计中就已经体现。箭羽纹在日本又称为矢飞白，因箭射出后不复

---

　　①　Jacopo Venturini：Spring 2021Couture，VOGUE RUNWAY，2021-08-17.

返，被视为具有驱邪的吉祥意义，新娘结婚时会携带箭羽纹和服，寓意新娘如射出去的箭，不会因婚姻变故而返回娘家[①]。显然，本章第一节提及的保罗·波烈设计箭羽纹绿色连衣裙时并没考虑这样的文化内涵。

邦典在中国藏族服饰中的内涵在华伦天奴·克利门地·鲁德维科·加拉瓦尼对中国藏族邦典的运用中也被完全剥离了。邦典的三个部分象征了藏族人以男性为主导的家庭观念：中间部分是丈夫的象征，右边部分是妻子的象征，左边部分则是子女的象征。在藏族人的观念中，已婚妇女如若不佩戴邦典，她的丈夫就会遭遇灾难甚至死亡，这就意味着妇女穿戴邦典是一种对丈夫的庇护。邦典亦是传统节日必须佩戴之物，藏族高僧、活佛等佛教圣人圆寂时，妇女则将邦典取下来为这些圣人转世轮回而祈福。邦典在藏族人民的日常生活中是一种十分实用的部件，除了美化和护体之外，还有擦汗、背孩子、包裹物品、当坐垫等用途。华伦天奴·克利门地·鲁德维科·加拉瓦尼对邦典的运用注重的是邦典的视觉特征，其后该品牌的设计师对其的各种衍义仅仅是进一步扩大邦典色彩特征的视觉刺激效果。

在工艺技术方面，一些设计师在设计中以东方传统工艺模仿东方图案，但几乎仅存在于少数时装品牌的少数作品中。西方设计师对东方图案的模仿除了注重新技术的运用外，一些在高级定制中得以传承的西方传统服饰装饰工艺是在模仿东方传统图案时所用的主要工艺。爱德华·莫利纳以珠绣的方式装饰东方图案的方法在近一百年后依然在使用。华伦天奴这一品牌在1990年秋冬以珠绣工艺将法国18世纪时期人们幻想的东方图案以红色为主色调表现。时装品牌香奈儿1996年秋冬高级成衣系列对屏风图案的模仿所用的工艺同样出自西方的珠绣传统。但无论是图案布局还是整体气氛，时装品牌香奈儿的设计都显得富有诗意：黑色的晚礼服大衣上的图案细节丰富，主次分明，尤其以浅色亮片从腰部沿着服装的后中心线扩散的色彩特征，很容易唤起人们对画中意境及情感的浪漫想象。时装品牌伊夫·圣洛朗2004年高级成衣系列中的红色晚礼服有旗袍的开衩特征（彩图116[②]），以彩色亮片的珠绣工艺模仿了中国清代的八团彩云金龙吉服袍中的图案（彩图117[③]），但圆形的金龙图案被简化，仅留下轮廓。以上案例表明，西方设计师在对东方图案的模仿中，对西方传统高

---

① 日本文化学园服饰博物馆：《世界服饰纹样图鉴》，王平、常耀华译，机械工业出版社，2020年，第216页。
② Tom Ford：Dress，https://www.metmuseum.org/art/collection/search/112902，2005.
③ 浙江省创意设计协会：《时尚文化｜创意设计之——念东风：中国元素》，https://www.163.com/dy/article/FAQC7E3I0541BT1I.html，2020-04-22。

级定制工艺的运用是获得同中有异的模仿特征的重要途径，显示了东西方融合的特征。

相对于以不同方式对东方图案模仿的西方设计师，在时装设计中传达东方思想和观念的西方设计师要少得多。乔治·阿玛尼和德赖斯·范·诺顿在这方面的探索显得弥足珍贵。值得注意的是，西方时装设计师对以怎样的材质和图案在设计中传达东方传统工艺品的美学特征的研究十分深入。青花瓷是时装品牌华伦天奴 2013 年秋冬高级成衣系列重要的灵感来源。青花瓷坚硬的质地（彩图 118[①]）、繁复的装饰特征（彩图 119[②]）、曼妙而高洁的美感以及给人带来无尽遐想的特征（彩图 120[③]）被一同纳入该系列款式设计的考量中。

一些西方时装设计师以不同的方式探索剪纸图案在设计中的运用实践表明：以模仿的方法对同一种东方元素进行转化时具有多种可能性。一些时装品牌则运用蕾丝工艺模仿剪纸图案，这包括华伦天奴及马切萨。在时装品牌华伦天奴 2015 年早春系列中，一款套装以黑色和白色为底衬托了剪纸图案的富丽（彩图 121[④]）。马切萨在 2011 年秋冬高级成衣系列中以红色的蕾丝与透明的底色呈现了剪纸图案的通透而繁复的特征，如彩图 122[⑤]。同样是运用蕾丝形成繁复风格的还有时装品牌罗伯特·卡沃利。在该品牌 2015 年秋冬高级成衣系列中，设计师在运用剪纸图案的同时也一同参考屏风图案（图 4—79[⑥]）。拉夫·劳伦 2011 年基于伊夫·圣洛朗的透视装对龙图案的运用除了关联蕾丝以外，还参考了剪纸中龙图案的形态特征（图 4—26）。在马切萨 2010 年春夏高级成衣系列中，设计师更关注如何将剪纸过程作为设计的灵感来源（图 4—80[⑦]），展现了对剪纸运用的新视角。

① Maria Grazia Chiuri，Pierpaolo Piccioli：Fall 2013 Ready－To－Wea，VOGUE RUNWAY，2020－02－25.

② Maria Grazia Chiuri，Pierpaolo Piccioli：Fall 2013 Ready－To－Wear，VOGUE RUNWAY，2020－02－25.

③ Maria Grazia Chiuri，Pierpaolo Piccioli：Fall 2013 Ready－To－Wear，VOGUE RUNWAY，2020－02－25.

④ Maria Grazia Chiuri，Pierpaolo Picciol：Resort 2015，VOGUE RUNWAY，2021－08－18.

⑤ Georgina Chapman，Keren Craig：Fall 2011 Ready－To－Wear，VOGUE RUNWAY，2021－09－05，

⑥ Roberto Cavalli：Fall 2015 Ready－To－Wear，VOGUE RUNWAY，2020－02－23.

⑦ Georgina Chapman，Keren Craig：Spring 2010 Ready－To－Wear，VOGUE RUNWAY，2020－02－25.

图 4—79 罗伯特·卡沃利（2015 年）　　　图 4—80 马切萨（2010 年）

同一个西方时装品牌将东方元素转化到设计中所运用的方法也是丰富多样的，以并置的方法对同一个元素的转化同样具有多种可能性。前文关于时装品牌华伦天奴的诸多例子说明该品牌将东方元素转化到时装设计中所运用的方法十分丰富。时装设计历史上众多西方品牌在将东方元素转化到其设计中时，由于其对东方文化了解不够深入，因此开拓了新的形式运用东方元素。不同设计师对同一元素的运用无疑促进了这种趋势的发展。

古驰曾在设计中多次以新形式运用云肩，但每次的运用几乎不以上一次的结果为基础。这些实践让人们可以看到中国传统文化中的云肩如何被纳入当下时代流行文化中。云肩在如今被认为是汉族女性传统服饰的重要组成部分。如意纹云肩是中国古代汉族云肩常见的形式，有将三个不同底色、不同造型如意纹由大到小重叠在一起组合成的三层四合如意云肩，还有从领围往外以回转对称方式排列的叶形云肩，亦有环绕领围呈直线发散形态的脱带式云肩。云肩的制作工艺有绣、绘、镶、缀、嵌、贴、补、钉等，几乎涵盖了中国传统服饰的全部类别。时装品牌古驰 2018 年春夏及之后五个季的发布会都涉及对云肩的运用，但几乎脱离了云肩的工艺特征。

在古驰的 2018 年春夏高级成衣系列中，有一款有东方传统服饰长袍特征的 H 形米色长裙在肩部搭配了闪亮水钻及珍珠的肩饰，这一肩饰有立领形态以及云肩的发散特征（图 4—81[①]）。在该品牌 2018 年秋冬高级成衣系列中，

———————————

① Alessandro Michele：Spring 2018 Ready-To-Wear，VOGUE RUNWAY，2020-02-28.

有一件绿色上衣搭配黑色裙子，其领子和肩部与中国传统的脱带式云肩十分近似（图4-82①）。在2019年古驰春夏高级成衣系列中，一款白色西装上运用蓝色花卉与流苏设计了领子，呈现了该领子与中国传统汉族服饰云肩的关联（图4-83②）。在2019年秋冬高级成衣系列中，时装品牌古驰的设计师用金属制作云肩，作为一种独立的部件用作装饰（图4-84③）。而在2020年春夏高级成衣系列中，云肩的形态在时装品牌古驰的发布会上以流苏的形式呈现（彩图123④）。在一款改良的旗袍款式中，金色的上衣运用了主体为粉红色、末端为紫色的粉红色流苏，这些流苏排列成云肩的轮廓形态垂于胸前。

图4-81　古驰（2018年）1

图4-82　古驰（2018年）2

① Alessandro Michele：Fall 2018 Ready-To-Wear，VOGUE RUNWAY，2020-02-27.

② Alessandro Michele：Spring 2019 Ready-To-Wear，VOGUE RUNWAY，2021-09-15.

③ Alessandro Michele：Fall 2019 Ready-To-Wear，VOGUE RUNWAY，2020-2-26.

④ Alessandro Michele：Spring 2019 Ready-To-Wear，VOGUE RUNWAY，2020-10-02.

图4-83　古驰（2019年）1　　　　　　图4-84　古驰（2019年）2

　　并置是上述款式中对云肩进行转化的主要方法。这些将云肩转化到时装设计中的实践显示了脱离传统技艺后将东方元素转化到时装设计中，在具体的用法上依然具有丰富的可能性。在第一款米白色长裙上，细腻的褶皱、悬垂的特征以及收紧的袖口让看似简单的款式既具有东方特征，又能与西方服饰联系在一起。图4-82所示的款式将中国传统服饰云肩的外形和具有体积感的西式毛衣及裙子并置。在图4-83所示的款式中，有花卉图案及云肩特征的领子设计回顾了20世纪20年代西方时装史上运用中式花卉流苏披肩的风尚。该款式搭配了20世纪80年代的运动裤，以及至今依然被大众喜爱的米老鼠图案。在图4-84所示的款式中，金属云肩搭配了具有未来感的面具、西装，裤子则从过去西方传统穿着于裙撑下面的衬裤发展而来，同时也关联了伊夫·圣洛朗1977年中国系列中类似的款式。尽管同样都属于分解组合的方法，彩图123所示的款式更注重将东方元素重新组合，从格子裙左侧的开衩、盘扣以及高领的设计中可以看出旗袍是该款式重要的参照对象，但无论是款式材质还是配饰的运用都显示出差异化才是设计师追求的目标。后现代的语境赋予了设计师开展以上设计的可能性。

　　基于品牌档案中运用东方元素的款式进行衍义的设计方法表明，在不断迭代的过程中，多数情况下设计作品与东方元素原本的特征越来越远。在这样一个异化过程中，西方设计师难以排除西方时装设计的一般思路及审美取向。在时装设计中，设计师对时装设计史上著名设计师所设计的经典款式进行再设计的行为，通常被认为是以回顾历史的方式对后者成就的肯定。这样的行为亦是

前者为自己当前设计在逻辑上的合理性做出的铺垫。让娜·浪凡曾在 20 世纪
30 年代设计了一款肩部夸张的晚礼服套装。该套装上衣为金色丝绸，有波浪
形装饰线，领子和袖口以黑色皮草装饰，搭配了黑色缎面裙子（图 4-85①）。
中国清代帝王的吉服袍是该款式的重要参考对象，其中裙子来自西方传统服
饰，但也关联了慈禧在清代末年对朝政把控的历史。这个被誉为 20 世纪 30 年
代最具戏剧化特征的时装之一的款式影响了后来的诸多设计师。在伊夫·圣洛
朗 1977 年秋冬高级定制系列中，一款金色有暗纹图案的立领西装有宽大的肩
部，同样以黑色皮草装饰袖口，下半身为黑色裤子及靴子。该款式在发展让
娜·浪凡的款式时融入了 20 世纪 70 年代末期女性主义的观念，因此有倒三角
及套装的鲜明特征。在时装品牌克里斯汀·迪奥 1997 年秋冬高级成衣系列中，
宽大的肩部设计细节运用在西装的设计中，显示出与上述让娜·浪凡及伊夫·
圣洛朗所设计的款式的联系。这些西装款式用于搭配该系列由旗袍改良而来的
各种连衣裙。时装品牌路易·威登 2011 年春夏的高级成衣系列中的一款浅金
色外套搭配短裤的套装融合了上述二者的特征（图 4-86②），但细节的设计变
为一种表面的装饰性。在时装品牌古驰 2015 年春夏高级成衣系列中，倒三角
的外在特征已经完全祛除，向外延展的肩部结合了柔软的肩线、收紧的腰部
（图 4-87③），不再具有历代设计师对这一细节的任何有深度的探索。上述整
个过程显示了这样一个特点：西方设计师在东方元素的运用过程中，基于历代
时装设计师运用东方元素的作品进行的再设计既存在对原设计师所赋予款式的
内涵的剥离，又存在对时代精神和品牌文化的注入。但不能忽视的是，在这样
的过程中，一种对东方服饰文化的程式化的刻板印象被以具有严密设计逻辑的
方式形成了。

① Jeanne Lanvin：Evening Jacket，https://www. metmuseum. org/art/collection/search/84065，1962.
② Marc Jacobs：Spring 2011 Read-To-Wear，VOGUE RUNWAY，2020-02-28.
③ Alessandro Michele：Spring 2015 Ready-To-Wear，VOGUE RUNWAY，2020-02-25.

图4-85　让娜·浪凡（1936—1937年）

图4-86　路易·威登（2011年）

图4-87　古驰（2015年）

　　值得注意的是，东方设计师的作品也成了其他设计师开展设计的参考对象。德赖斯·范·诺顿2013年春夏高级成衣系列基于川久保玲1992年春夏高级成衣系列开展设计。开司米毛衣、格子、植物图案印花是川久保玲1992年春夏高级成衣系列中蓝色格子及印花款式的主要元素。德赖斯·范·诺顿对这一部分的款式进行了再设计。在川久保玲1992年春夏高级成衣系列中，蓝色格子及印花款式以哑光的格子和植物印花面料为主，因此服装的肩部造型十分柔和。植物印花、日本传统和服中常见的格纹面料及色彩让川久保玲1992年春夏高级成衣系列中的蓝色格子及印花款式具有日本传统特征。德赖斯·范·

诺顿 2013 春夏高级成衣系列同样有大码宽松款式的毛衣、花卉图案以及各种格纹，其中也包括 1992 年春夏高级成衣系列中用过的蓝色或赭红调的格子。德赖斯·范·诺顿选择了更加细腻、精致的面料、更贴身的版型以及有立体特征的花朵开展设计。一些款式也与川久保玲 1992 春夏高级成衣系列十分近似，比如无袖的长款西装与七分裤搭配（川久保玲，彩图 124①；德赖斯·范·诺顿，彩图 125②）、有口袋的长款落肩格子驳领外衣搭配九分裤等（川久保玲，彩图 126③；德赖斯·范·诺顿，彩图 127④）、格子上衣与碎花裙搭配（川久保玲，彩图 128⑤；德赖斯·范·诺顿，彩图 129⑥）。

在西方设计师以不同方法将东方元素进行转化的过程中，品牌风格始终是他们以各种方法将东方元素转化到设计中的重要参考，东方元素被作为诠释其品牌文化的媒介而被纳入设计中。对于大多数西方时装品牌而言，东方元素是设计师发展新设计的切入点，尽管一些品牌以东方元素为主题的发布会并不多，但却十分具有典型性，比如拉夫·劳伦 2011 年秋冬高级成衣系列。一些时装品牌因长期探索东方元素的运用，将东方元素纳入其品牌文化中，如华伦天奴、德赖斯·范·诺顿。玛德琳·维奥内从对日本和服的局部结构及穿着的形态特征中挖掘出斜裁技术的奥义，这让我们看到不同的文化视角对东方元素转化的影响。而乔治·阿玛尼在设计中传达东方美学的设计实践让人们感觉到，在时装设计中东西方服饰文化传统似乎并不是那么难以调和。

二、东方设计师对东方元素转化方法运用的特征

调和东西方服饰传统的差异是东西方设计师以各种不同方法运用东方元素的共同方面。将祖国令人骄傲的文化传统转化到时装设计中的做法让东方设计师与西方设计师区别开来。从时装设计师的责任角度来说，通过设计打破西方对东方的刻板印象是东方时装设计师至今为止无法回避的责任。因此，东方设计师还面对着如何更好地让自己祖国令人骄傲的文化传统与时装设计融合的问题。与西方时装设计师相比，东方设计师以任何一种方法将东方元素转化到时

① Rei Kawakubo：Spring 1992 Ready－To－Wear，VOGUE RUNWAY，1991－10－18.
② Dries Van Noten：Spring 2013 Ready－To－Wear，VOGUE RUNWAY，2021－10－05.
③ Rei Kawakubo：Spring 1992 Ready－To－Wear，VOGUE RUNWAY，1991－10－18.
④ Dries Van Noten：Spring 2013 Ready－To－Wear，VOGUE RUNWAY，2021－10－05.
⑤ Rei Kawakubo：Spring 1992 Ready－To－Wear，VOGUE RUNWAY，1991－10－18.
⑥ Dries Van Noten：Spring 2013 Ready－To－Wear，VOGUE RUNWAY，2021－10－05.

装设计中都在不同程度上融入了东方文化中的传统观念及思想。东方设计师亦在设计中运用了更多的东方传统服装款式。

三宅一生注重以新材料新技术为基础对和服结构以及其中所包含的观念进行衍义，这在较大程度上是以未来的目光对当下及过去的传统进行审视的结果，这样的审视促进了东西方服饰文化差异的调和，同时也使得三宅一生的作品别具一格。三宅一生对"一块布"的探索基于东方服饰的平面结构而进行，相关的拓展不依赖于西方传统结构技术。相对于西方设计师不断精进结构技术的思维而言，三宅一生关于服装平面性结构的相关探索是以逆向思维进行衍义的，这种衍义方法依赖于新技术新面料的开发。三宅一生是 20 世纪 80 年代以来时装设计史上极其重视开发新材料的设计师。在 1999 年巴黎举办的名为《做东西》的展览中，三宅一生展示的新实验的缝纫技术包括热磁裁剪、超声波裁剪等①。注重对新材料的开发成了三宅一生这一时装品牌的重要文化。以新开发的材料呈现新的褶皱效果至今仍然是该品牌时装秀最大的看点。2000年三宅一生隐退后，该品牌持续以新技术探索褶皱面料。褶皱面料在时装品牌三宅一生 2015 年春夏高级成衣系列中呈现出更加柔和的包裹效果（图 4－88②）。2016 年早秋系列则呈现了具有机械化的外观以及线条发射的韵律效果（图 4－89③）。在 2016 年秋冬高级成衣系列中，新的褶皱材料让服装获得了更具雕塑感和立体感的效果（图 4－90④、图 4－91⑤）。在 2018 春夏系列中，设计师在褶皱面料上印了地球的图案，以显而易见的方式呈现了该品牌在环保方面的内涵（图 4－92⑥）。

---

① 川村由仁夜：《巴黎时尚界的日本浪潮》，施霁涵译，重庆大学出版社，2018 年，第 221 页。
② Dai Fujiwara：Spring 2015 Ready－To－Wear，VOGUE RUNWAY，2020－02－25.
③ Dai Fujiwara：Pre－Fall 2016 Ready－To－Wear，VOGUE RUNWAY，2020－02－26.
④ Dai Fujiwara：Fall 2016 Ready－To－Wear，VOGUE RUNWAY，2020－02－26.
⑤ Dai Fujiwara：Fall 2016 Ready－To－Wear，VOGUE RUNWAY，2020－02－26.
⑥ Dai Fujiwara：Spring 2018 Ready－To－Wear，VOGUE RUNWAY，2020－02－25.

图 4-88　三宅一生（2015 年）

图 4-89　三宅一生（2016 年）1

图 4-90　三宅一生（2016 年）2

图 4-91　三宅一生（2016 年）3

图 4-92　三宅一生（2018 年）

体验感和未来性在三宅一生的设计中始终是与最少的浪费同等重要的。2010 年三宅一生率领其团队发布的新品牌线"132 5"是对"一块布"项目的再开拓。"132 5"中的"1"指的是一块完整的布，"3"是三维立体造型，"2"是折叠后形成的二维形状，" "指代无限的延伸，"5"则表示多元的体验与未来性。

借助不同的方式呈现东方传统中抽象的思想观念是三宅一生开发新系列的重要方面，除了探索新技术外，三宅一生曾运用一种借代的方式呈现和服中服装与身体的空间关系。在 1989 年发布的"蝉褶"系列中，三宅一生所采用的透明纺织品如同日本传统文化中上过亚麻油的油纸一般，所设计的服装从内部散发出柔和的金色光芒。发布会的主题启示人们通过蝉翼、昆虫脱壳的方式去理解这个系列的内涵。该系列中最具表现力的特征是身体可以在布料所形成的内部空间移动，结合主题亦会让人联想到蜕变之时的蝉。这启发人们从蜕变的角度思考这个系列的内在意蕴。蝉与蝉蜕本为一体，蜕变之时二者之间的空间让蝉得以蜕变。作为一种服装形式呈现，这个系列的内涵在于服装与身体的关系——服装与身体之间有"间"，因此身体获得自由；服装亦是身体的一部分，亦如蝉蜕之于蝉。

对中国传统服饰刺绣工艺的改进、发展及灵活运用是郭培转化东方元素的最大特征，亦是对郭培运用传统工艺的最大突破。郭培耗费大量时间在传统潮绣上，将多种材料结合发展形成了一种独创的金绣技艺。这种技艺以金线穿行布料对图案进行刺绣。在登上巴黎时装周之前，郭培运用了一种新型材料用于代替潮绣中传统的起山材料①，这种新材料有明显的硬度且能被塑造成卷曲的弧线，可以让以丝线绣制的图案具有更加硬朗的立体效果。郭培将可穿行布料的金线运用旋针、转针等针法与潮绣中的盘金绣②、垫绣等技法结合，并结合了各种金色的金属链条、花瓣或叶片，不同色彩、大小及质地的珠子，各色水晶，珍珠，亮片，可粘贴的水钻以及宝石。2015年当蕾哈娜穿上郭培的巨大金黄色丝绸斗篷"爱的永恒"出席纽约大都会艺术博物馆慈善舞会时，这件皇后服让她惊艳四座。"爱的永恒"大斗篷除了彰显了郭培灵活地运用副缎③外，还显示了她对潮绣的筑丁叶针法④的改进。传统的筑丁叶针法叶片叶脉及叶子边缘凸显，但叶肉扁平。在郭培的"爱的永恒"大斗篷图案的叶片上叶肉加垫棉后形成了凸起的效果，并用金线或金属链条代替绒丁在叶肉之间的凹陷处和叶子的边缘进行钩边。

　　郭培2016年"庭院"高级定制系列的一款金色收腰大摆礼服显示了她将盘金绣固定材料的方法和新材料自身的性能结合在一起的技术，获得了视觉上近似于花卉蕾丝的效果。这款礼服主体部分由一朵朵花连接而成，裙子正前面是金属丝缠绕金属形成的花朵及金色水钻堆砌的造型。裙子主体部分的花朵在制作时是将扁平的金色皮革折叠后用细线固定成形的，整条裙子的形态由图案背后的铜丝支撑。郭培以各种方式对中国传统刺绣技法改进的尝试最终使她获得了灵活将各种技法变通融合的能力，关于死亡和梦见的"异世界"系列显示了郭培能得心应手地通过对传统刺绣针法及材料的变化得到所需要的形象和效果。

　　除了上述两位设计师外，其他东方设计师对东方元素转化方法的运用各有特征。森英惠注重在扩展东方图案类别的同时以不同的方式将和服和西方服饰细节组合在一起，形成有协调特征的重组。她设计了诸多轻便并具有高级定制品质的和服。一些运用西式结构裁剪的系腰带的连衣裙款式也有着和服一样

---

　　① 起山材料即潮绣中的垫高材料。传统潮绣用于起山的材料为棉絮、棉线。

　　② 从针法原理上而言，潮绣的直针类和盘针的一些针法如扎针、各类旋针、各种花边针、编织类针甚至一些盘针类针法如塞金葡萄针、仿古龙鳞针都是将金银线以捆扎固定的方式成形的盘金绣类别。

　　③ 潮绣中为表现作品的浮雕效果，将在他处绣好的局部造型剪下来拼贴在整体图案中，在他处绣好的局部即副缎。

　　④ 这是潮绣叶片的一种绣法，首先用纸丁垫在叶片轮廓和叶脉形状上，而后用双股金线跨越纸丁进行钉绣，最后用直扎或斜扎的方式对多股线进行固定，或绒丁勾勒轮廓。

的廓形及袖子。川久保玲和山本耀司不再试图协调东西方服饰传统的差异。他们大胆地将分解后的东西方服饰元素并置在一起，这让他们的作品呈现出强烈的对比。尽管如此，他们二者依然有差异。川久保玲在设计中尝试一种与其他设计师完全不同的工作方式，她把自己的创作过程比作"禅宗公案"。为了能做全新的、他人未曾尝试过的服装，川久保玲不断地探索，她把生活中所获得的启迪表述给设计团队，因不善言表，故经常只有只言片语。版师们则通过领悟这些不完整的表述来打版，设计师亦通过自己对这些言语的理解对模特进行装扮。比如有一次她向版师描述她想做的衣服形态如同枕芯正要从枕头套里掏出来的样子。相对于山本耀司，川久保玲更注重将并置的东西方服饰元素纳入关于后现代艺术批评的主要话题以及东西方服饰文化的惯例中进行讨论。山本耀司在设计中也涉及一些类似的讨论，但相对而言他更关注服装设计与制作本身，更注重将布料在人体或模特上进行各种可能的尝试。

　　在去巴黎之前，山本耀司在东京举办首届女装发布会时，他因对自己所做的服装样品不满意而把这些衣服丢进洗衣机，晒干之后没有熨烫就直接上了秀场，结果意外地凸显了服装的质地，衣服褶皱被当时日本的时尚媒体称为"褶裥美学"①。换句话说，日本赞美不完美事物的文化传统对山本耀司当时看似不符合时装设计规范的作品给予了肯定。但巴黎的时尚传统及文化背景与日本是迥然不同的。1981 年山本耀司和川久保玲在巴黎的首秀惹得一些西方保守派时装批评家极度不满。美国著名的时装报纸 *WWD* 在他们二者的服装照片上画上巨大的叉，并将"Goodbye"作为文章标题；法国的时装报纸《费加罗报》则认为他们二者的服装颓废得似乎让人看到了世界末日②。而今，他们二者却是当今时装界大名鼎鼎的时装设计师，川久保玲甚至被誉为设计师中的设计师。个中缘由不仅仅是他们将东方元素转化到时装设计中。在后现代语境中，川久保玲和山本耀司以不同于西方时装传统的态度在设计中开展的讨论对于他们二者而言比转化方法更加重要。

---

① 山本耀司、宫智泉：《做衣服：破坏时尚》，吴迪译，湖南人民出版社，2014 年，第 38 页。
② 山本耀司、宫智泉：《做衣服：破坏时尚》，吴迪译，湖南人民出版社，2014 年，第 42 页。

第五章

时装设计中运用东方元素的策略差异

时尚是一种社会需要的产物①。19世纪末期开始，时尚的制造成了一种塑造潮流与设计师声誉并举的设计活动。时尚早已超越穿着外观的衣服，品味、信念乃至道德都以不同程度、不同方式在时尚中呈现。时尚作为美学和现代社会艺术的分支，是一种大众消遣、集体娱乐和通俗文化的形式，同时也与美术及流行艺术关联，故而时尚也是一种表现艺术②。时装设计关联着时尚符号，但在这种宏观的研究开展之前，设计作品是一个微观而具体的物质对象。

时尚在颠覆现在的同时开展一种关于死亡与再生的循环，创新成了这一逻辑的核心。时尚被注入了一种改变规则、改变观念甚至颠覆时代的创新意识。身体、身份、品位等天然就和时尚密不可分，并且是时装设计师进行有意识的创新活动的一部分。时装设计作品设计出来后经过传播转化为时尚，而后包含在这一物品中的时尚才会进入消费阶段③。当前的时装设计发布会并非完全围绕可穿性和功能性开展，不少在秀场上展示的服装并不会被批量生产用于售卖，秀场上发布或浮夸或怪诞的服装的目的在于吸引媒体和公众的注意，以所形成的宣传效应促进品牌旗下利润丰厚产品的销售。时尚发展到如今，由于与传播关联，设计师在发布会上所呈现的观念、意图比服装的物质性占有更重要的策略性地位。

---

① 齐奥尔格·西美尔：《时尚的哲学》，费勇、吴晋译，文化艺术出版社，2001年，第73页。
② 伊丽莎白·威尔逊：《梦想的装扮：时尚与现代性》，孟雅、刘锐、唐浩然译，重庆大学出版社，2021年，第78页。
③ 川村由仁夜：《巴黎时尚界的日本浪潮》，施霁涵译，重庆大学出版社，2018年，第116页。

第一节 形塑身体的策略

身体的私密性经验及公开表达都在衣着中体现①。作为自然的身体同别的秩序一直进行着交换重组，这种别的秩序我们在很多时候称为"文化"②。文化呈现了人们改变身体的企图。在任何文化中，关于最美身体的形象几乎无一例外地以一种想象的方式创造，并且不同文化之间这一形象的特征相差巨大。

高级时装用品牌或标志性风格特色标记着身体③。时装设计师在将物料转化为服装的过程中，也对自然的身体赋予了文化对身体的规范。这样的规范是时装设计师在运用东方元素时无法抹去的部分。时装设计运用东方元素的每个历史阶段都和构建不同的身体形象关联在一起。后现代时装设计师运用东方元素设计的作品似乎经常呈现一种不好好穿的状态。在关于身体和服装的关系讨论中，他们在作品中表现一种逃离衣服之外的特征：服装并没有包裹身体，身体在服装之外的地方。或者，设计师会将服装正反面倒置：包裹身体的一面暴露在外，原本在外部的一面却在内部。又或者，设计师将作品呈现为突破传统身体视觉特征的造型，颠覆西方传统中服装与身体的关系等。以上情形呈现了一种不愿意以公认的身体标准来设计制作服装的观念，这种观念认为身体应该优于服装及身体的标准而存在。时装设计中对东方元素的转化在形塑身体方面的策略表现为对东西方文化中的身体形象以及衣体关系的差异的借鉴、融合与讨论。从结果而言，这个双方相互吸纳的过程围绕着这样一个问题的讨论而展开：在设计中是否应该将西方时装设计中公认的身体标准作为模板。

一、从西方理想身体出发的设计实践

西方有着不同的审美，服饰总是暗示着秘密的、隐藏的身体④。在时尚体系中，女性的身体形象是由时尚编辑、时装设计师、职业化妆师、发型师长期

---

① 乔安妮·恩特维斯特尔：《时髦的身体》，郜元宝译，广西师范大学出版社，2005年，第2页。
② 鹫田清一：《时尚的迷宫》，吴俊伸译，重庆大学出版社，2019年。
③ 卡洛琳·埃文斯：《前沿时尚》，孙诗淇译，重庆大学出版社，2021年，第136页。
④ 伊丽莎白·威尔逊：《梦想的装扮：时尚与现代性》，孟雅、刘锐、唐浩然译，重庆大学出版社，2021年，第121页。

以来共同合作精心塑造的幻象。这一幻象先于身体本身而存在，时装设计师依据这一幻象开展设计。

西方的理想身体是一个成熟、有鲜明的性别生理特征并且抹去了一切不完美的身体，这一身体拒绝自然成长与衰老。这样的身体在巴赫金的理论中被描述为古典身体。这种身体是西方自文艺复兴以来建立起来的框架，"反映了主导西方思想和再现传统的恐女症"①。西方服装史上各种紧身胸衣、裙撑以及高跟鞋的使用都是塑造理想身体的道具。

20世纪前后，西方服装史上废除紧身胸衣的那段历史也是西方设计师重塑身体形象的历史。尽管20世纪初期流行的管子状服装不以展示女性身体轮廓为特征，并且否定了西方过去的身体形象，但时代的潮流很快就偏离了20世纪初期时装设计师塑造身体的路径。马里亚诺·佛图尼最早在1907年就推出了"迪佛斯"，最初设计时是将其作为一种非正式场合穿着的茶袍。在20世纪初期"迪佛斯"作为一种解放身体的款式穿着，后来，一些女演员、舞蹈表演者将这种线条流畅、暴露身体的款式（彩图130②）在公共场合穿着。在20世纪20年代盛行宽松廓形时，"迪佛斯"被设计为晚礼服款式。这预示着20世纪初期时装设计师对东方元素的运用走向了展示身体的方向。

20世纪40年代末期的时装设计显示了和紧身胸衣关联在一起的理想身体再次回到了女装设计中。时装设计中源自西方传统的理想身体有苗条、年轻、高挑的特征，表现丰满的胸部及臀部、细细的腰部。时装设计对完美身体的塑造让女性远离自我。

克里斯汀·迪奥说："时尚界只有两种时代——少女时代和女人时代。"③他的设计都是为了把人塑造为一个完美的女性形象。他认为裁缝的工作就是为了让他的客户看上去完美④。"腰身长的人很幸运——从肩到腰的长度非常优雅。她应该尽可能地让自己的腰身显得纤细。肩部的船形领口加宽一点——勾勒出领口线条，这些都会显得腰更细。"⑤1951年，时装设计师克里斯汀·迪奥设计的印有张旭《肚痛帖》的短袖鸡尾酒服有鲜明的收腰特征，黑色皮革腰带的设计展现了典型的欧洲传统礼服所强调的女性气质。对于克里斯汀·迪奥

① 弗朗西斯科·格拉纳塔：《塑造怪诞身体》，《时尚的启迪：关键理论家导读》，陈涛、李逸译，重庆大学出版社，2021年，第142页。

② Mariano Fortuny：Delphos，https://www.metmuseum.org/art/collection/search/767078，2018.

③ 克里斯汀·迪奥：《迪奥的时尚笔记》，潘娥译，重庆大学出版社，2015年，第4页。

④ 克里斯汀·迪奥：《迪奥的时尚笔记》，潘娥译，重庆大学出版社，2015年，第15页。

⑤ 克里斯汀·迪奥：《迪奥的时尚笔记》，潘娥译，重庆大学出版社，2015年，第11页。

来说，战争时期欧洲的女性形象让他感到厌恶，在他的设计中重现了欧洲历史上女性气质的典型特征：丰胸、蜂腰及削肩。20 世纪 90 年代法国和美国主流时尚始终强调典型女性性别特征的身体形象。克里斯汀·迪奥时装品牌的设计师约翰·加利亚诺在 20 世纪末期及 21 世纪初期的设计继承了该品牌雕塑女性身体的传统。约翰·加利亚诺对东方元素的运用被纳入对华丽优雅的复古设计中。他在时装品牌克里斯汀·迪奥的时装设计作品中注重对 19 世纪巴黎高级定制时装商业起源的回顾与审视①，为巴黎冠以奢华之名，并掩饰了资本主义现代性的阴暗。在时装品牌克里斯汀·迪奥 1997 年秋冬高级成衣系列中，一个个宛如黄柳霜的模特穿着旗袍，搭配展现蜂腰的西装，奢华的中式场景为这样一场华丽复古服装发布会提供了参考与想象的气氛。该品牌 2002 年、2003 年及 2007 年春夏高级定制系列的款式基于西方服装款式及造型对东方元素进行改造，同样依托的是凸显女性气质的西方理想身体。

尽管在创造性转化方法上玛德琳·维奥内对东方元素的运用不同于任何一个西方时装品牌，并且她极力主张身体解放，但玛德琳·维奥内并未在身体形象方面反对西方传统，她对东方元素创造性转化的成果在她本人的实践中已经成为一种形塑西方理想身体的绝妙手段。玛德琳·维奥内发明的斜裁技术巧妙地运用了布料的悬垂性，使得面料随身体的运动起伏而流动，构筑了一个身体和服装连接密切的整体。玛德琳·维奥内曾说："当女性笑的时候，她的服装应该和她一起笑。"② 从服装和身体的关系角度来说，斜裁技术呈现了服装与身体的高度融合，与和服"间"的概念有相通的部分。服装被玛德琳·维奥内视为有生命的形态。她认为服装就是"肉体"，反对时装设计以紧身衣、填充等方式呈现女性身体轮廓。玛德琳·维奥内对斜裁的运用不仅让面料贴合身体，而且让服装随身体的运动而伸展，使人穿着舒适。露背式晚礼服、修道士领及斜角花瓣式裙都是她基于斜裁法而设计的著名款式。这些款式极富韵律感的波浪褶衬托了女性自然的身体曲线。在衣体关系中，玛德琳·维奥内将服装视为与身体一体的生命形态，但在身体形象方面，她所认同的依然是体现女性身体曲线及轮廓的特征。斜裁技法在后来被诸多时装设计师运用在贴身礼服的裁剪中，因为斜裁技法较好地利用了面料在 45°对角方向上的伸缩性和柔韧性，更容易获得自然垂坠、轻盈服帖的着装形态，勾勒女性曼妙的体态。

在时装设计中将东方元素用于呈现西方的审美标准是一种被西方时装设计

① 卡洛琳·埃文斯：《前沿时尚》，孙诗淇译，重庆大学出版社，2021 年，第 31 页。
② 王受之：《世界时装史》，中国青年出版社，2003 年，第 47 页。

217

师广为接受的方式，因而东方元素成了西方设计师用于凸显理想身体的媒介。除了克里斯汀·迪奥以外的诸多时装品牌如华伦天奴、罗伯特·卡沃利、古驰等无一例外地这样处理。

在时装品牌华伦天奴2013年上海系列中，一些款式通过略宽的肩部与底部散开的裙摆设计，增强了肩宽与腰部的对比，高腰贴身长裙的款式拉长了下半身的比例，长裙贴紧躯干……从身体形象特征的角度来说，这是一系列关于如何显示女性的蜂腰、细腿、高挑的设计，所有的款式及细节的设计都显示了设计师用东方元素来呈现西方理想身体的特征。无论是将东方元素用于对西方传统服装款式进行改造的做法，还是对东方图案的模仿，以及对铜钱纹、藏族邦典的运用，都显示了设计师如何将这些元素改造为西方传统。换句话说，华伦天奴在时装设计中运用了多种方法将东方元素用于呈现西方理想身体。

罗伯特·卡沃利2003年春夏高级成衣系列呈现了设计师对蜂腰之美的重视。旗袍和紧身胸衣在这个主题中用于展现女性收紧的腰部。紧身胸衣的局部与其他款式的混合是这个系列款式设计的主要方法，旗袍也与紧身的腰部混合。在罗伯特·卡沃利2005年秋冬高级成衣系列中，青花瓷图案被运用于展示女性身体曲线。该品牌后来对青花瓷图案的衍义涉及诸多款式，但设计师不曾涉及任何与西方理想身体不符的尝试，而所有的图案无一例外地被作为服装款式的表面装饰。

消费领域内的视觉呈现日益色情化的趋势，不仅包括商品的视觉呈现，还有其中的人①。一些时装品牌将视觉产生的欲望作为大众消费社会中推动品牌经济的动力。古驰作为一个商业奢侈品品牌，品牌文化始终沉浸在欲望经济中。当时装设计旨在塑造一个充满欲望的身体时，情感似乎被摒弃了，消费文化戏剧性地让人成了无机物。

森英惠和高田贤三在时装设计中对东方元素的转化并未违背时装设计塑造西方理想身体的传统。森英惠把东方传统与西方服装的融合作为自己的使命，她不曾在设计中体现非西方理想身体的形象。"森英惠并没有打破西方的服装体系和美学观念……她用日本的文化产物将日本的最高奢华和美带去西方，并将它们改造为适合西方的审美。"② "高田贤三是第一个将原先在日本并不被视作时髦的服饰元素带到西方，并且将其变得时髦的日本设计师。"③ 高田贤三

① 卡洛琳·埃文斯：《前沿时尚》，孙诗淇译，重庆大学出版社，2021年，第293页。
② 川村由仁夜：《巴黎时尚界的日本浪潮》，施霁涵译，重庆大学出版社，2018年，第256页。
③ 川村由仁夜：《巴黎时尚界的日本浪潮》，施霁涵译，重庆大学出版社，2018年，页190页。

在巴黎的头几年一直在观察什么是"巴黎式优雅"，最终他把这种优雅融入自己的设计中：贴身而凸显曲线的造型，精良的裁剪及做工，绝妙的色彩组合以及考究的面料搭配。尽管在他看来这几乎是一种僵化到令人窒息的限制。就身体形象方面而言，高田贤三推崇的是与西方传统一致的理想身体，并在设计中将此作为中心加以凸显。尽管高田贤三在设计中引入了直线和方形，但服装款式整体依然以体现女性的身体特征为特点。如图5-1①的款式，典型的日本传统图案印花面料用来设计收腰吊带裙，尽管没有用省道将胸部的形态完全显露出来，但腋下东方传统绳带系扎的细节增强了穿着者身体的诱惑力。

图 5-1　高田贤三（约 1990 年）

尽管不是像克里斯汀·迪奥那样生硬地将书法作为图案用于体现西方的理想身体形象，香奈儿1956年运用中国书法元素设计的款式也有基于自然的身体轮廓的收腰特征，这在外套上体现得十分明显。在这个款式中，20世纪20年代的管子状外形在连衣裙中被调整为更加贴身的自然状态，腰带的使用增强了对腰部的强调。这是一种具有西方理想身体的香奈儿形象。这一形象奠定了时装品牌香奈儿运用东方元素的基调，该品牌后来的设计师运用东方元素的实践亦沿袭了类似的做法，如2010年的早春系列。

---

① Kenzo：Skirt，https://www.metmuseum.org/art/collection/search/90574，2003.

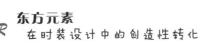

二、对非西方理想身体的设计实践

时尚作为西方资本主义文化特有的方面往往会泛滥，并最终主导其他文化[①]。欧洲将其文化中的女性理想身体的形象输出给全世界，基于西方时尚而塑造的理想身体几乎成了一种全球性的标准。过去在欧洲以外地区产生的各种身体形象逐渐丧失了话语权。

非理想身体在这里主要指西方理想身体以外的范畴，相对于西方理想身体是一种边缘化的、非中心的身体。这种身体汇聚了不同文化中的各种身体形象及着装体验，拥有丰富的内涵及可能性。东方服饰文化中关于身体形象、衣体关系的内涵是非西方理想身体的参考之一。比如日本的身体美学努力塑造这样一种观念：身体作为人的外在形态不是为了成为一个完美的、被定制好的样子，人本身的不完美是人的特权，这种特权可以让人们体验无限的可能。东方传统服饰文化中的身体如果从服装成型技术方面而言，身体被抽象为一个没有起伏的平面，但在这种平面性的服装结构的形成过程中纳入了对服装与身体的交互关系的考虑。相对于西方服装史上强调身体的生理特征的服装而言，东方宽大的传统服饰并不以凸显身体的生理特征为特色。

参考东方服饰传统以及西方理想身体，非西方理想身体至少具备以下特征：在身体形象方面，将身体视为具有完整生命过程的真实形象，而不是这一过程中某个片段的定格，包括尚未发育成熟的儿童的身体在内，怀孕、衰老、肥胖的身体都被视为一种合理的存在，而非与美相违背的禁忌；在服装与身体关系方面，或将身体的体感经验作为设计的终极目标，或否定传统理想身体先于服装而存在的观念，或对服装与身体关系开展具身性探索等。持以上观点的设计师在设计中并不呈现西方理想身体形象，但并非所有外观不凸显身体轮廓的时装设计都体现了非西方理想身体的形象。

西方时装设计师对东方元素的探索促进了他们思考西方理想身体以外的其他情形，在时装设计中尝试呈现非西方理想身体的形象，保罗·波烈无疑是第一人。保罗·波烈以"把女性从紧身胸衣的独裁垄断中解放出来"为号角，用东方元素作为他的"武器"。保罗·波烈在 20 世纪早期对东方元素的运用显示了这些元素在他的解放身体的实践中所具有的诸多可能性。用宽大的服装包裹

---

① 伊丽莎白·威尔逊：《梦想的装扮：时尚与现代性》，孟雅、刘锐、唐浩然译，重庆大学出版社，2021 年，第 147 页。

身体，服装偏离身体不凸显身体曲线，这些特征在保罗·波烈的手中变化出诸多款式。最早在服装中呈现具有东方传统中服饰与身体关系特征的时装设计师是马里亚诺·佛图尼。她基于褶皱面料设计的"迪佛斯"既让服装与身体之间有空间，又让服装与身体一同运动。而"迪佛斯"也成了对三宅一生最具有启示意义的款式。

非西方理想身体在时装设计史上几乎以一种艰难的方式被讨论。约翰·加利亚诺在其同名品牌2006年春夏秀场上呈现出非西方理想身体以外的形象时，遭到了媒体强烈的批评。这些形象包括肥胖者、老人、儿童。东方传统服饰基于身体之外的抽象身体而产生，但却强调服装和身体的和谐统一。消费资本主义构建起来的身体文化推崇健康、完美的身体。而东方设计师似乎不以为然，他们否定以暴露的身体刺激消费欲望，于是基于此以实验性的方式探索理想身体以外的其他情形。相关探索促进了西方设计师在20世纪90年代呈现具有悲惨意味的身体。

三宅一生对服饰与身体的探索超越了视觉图像，并重塑了西方的身体经验。三宅一生对东方元素转化在一系列二元对立的话题中进行，比如过去与未来、传统与前卫、东方与西方、工艺与技术。但以上讨论都可以被归纳到原始的出发点：服装与身体。三宅一生基于针织及褶皱面料开展的设计更强调身体的体感经验，身体的触感及身心自由的体验优先于服装的视觉外观。这样的做法突破了当下时尚以身体视觉为主导构建图像的经验。在对服饰和身体之间关系的探索中，三宅一生将日本和服中"间"与"寂"的内涵统一，赋予了身体最大的自由，让服饰具有了以流动的方式回应对身体的特征，创造了身体、心灵与外界统一的体验。这样的身体观念让服装呼唤身体的体验，基于这样的观念所设计的服装被人体穿上以后具备了让服装成为身体的先决条件。三宅一生源自东方文化传统的实践与莫里斯·梅洛－庞蒂（Maurice Merleau-Ponty）的具身性身体理论呈现出惊人的相似。无论是三宅一生扁平化的平面裁剪款式，还是这一品牌具有雕塑性的外观作品，都具有在身体的激发下形成身心与服装内在统一的特征。三宅一生的"设计形式并非静态的视觉再现，而是动态的三维雕塑，能够随身体变化而不断经历重塑"[1]。现代文化以进步的名义让商品的生产者沦为无机化机械，时尚进一步让身体异化为摒弃真实自我的躯壳，三宅一生试图在这样的情境中唤起人们对生命的真实体验，这样的实践可

---

[1]　卢埃琳·内格林：《时尚的身体经验》，《时尚的启迪：关键理论家导读》，陈涛、李逸译，重庆大学出版社，2021年，第166页。

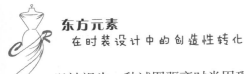

以被视为一种试图驱离时尚因现代性而给人们带来的魔征。

　　基于"理想身体"对自己的身体进行调整是外部给身体留下的烙印，另一种不同的情况是从内部往外散发的信息与身体融为一个整体。2006年纽约时尚科技学院举办了展览《爱与战争：被武器化的女人》，三宅一生1980年秋冬系列的压轴款式"红塑紧身胸衣"（图5-2①）在该展览中展出。该款式灵感来源于日本武士甲胄。"红塑紧身胸衣"有着欧洲传统紧身衣一般的外部轮廓，由三宅一生和株式会社七彩人体模型制造商合作运用压模技术制作而成，款式上半部分呈现了女性的躯干，从腰部开始逐渐过渡到褶皱短裙。在20世纪中后期内衣外穿的范式革命中，这件如同紧身胸衣外观的作品不仅呈现了紧身胸衣和身体之间的塑造与被塑造关系，也包含着衣服即身体、衣服与身体互换的命题，还包含了紧身胸衣被作为解放身体的武器的时代精神。这件有着雕塑特征的压模服装从身体与服装被作为一个整体的东方传统观念出发，从关联西方紧身胸衣传统的角度引发人们思考身体和衣服的关系，具有开放性的多重内涵，具备了犹如装置艺术般的特质。在三宅一生1999年春夏高级成衣发布会中，模特们穿着同一块布走向伸展台，表现的即是时尚设计中标准化的流水线身体。对于塑造个性的时尚而言，三宅一生戏剧性地嘲笑时尚抹去身体差异的做法，他自己也身在其中。

图5-2　三宅一生（1980年）

---

　　① Issey Miyake：Bodice，https：//www.metmuseum.org/art/collection/search/675703，2015.

　　填充这种方式曾在西方近世纪服装史上被运用在服装与身体之间塑造理想身体，这种方式在川久保玲的设计中被用于讨论服装与身体的关系。16 至 17 世纪，西班牙、法国等地区男性服装的肩部、胸部、腹部、大腿及手臂都以填充的方式形成膨大的体积，以表现男性的威严。同一时期的欧洲女性在裙子底下穿着裙撑。当时的法国人创造了一种名为"奥斯·克尤"的裙撑，这种裙撑加入了如轮胎形的填充物，获得了腰部向四周伸展的外观①。川久保玲在 1997 年春夏"身体邂逅服饰－服饰邂逅身体"高级成衣系列中运用了大量的填充物，部分填充物出现在不凸显性别特征的部位，一些款式对臀部的填充外观类似于过去的裙撑。一些款式因透明材料的运用让中间的填充物如同入侵身体的异物，紧贴身体的面料和填充物又让身体和服装融合成了一个整体。弹性面料的运用让整个系列的服装获得了极为舒适的穿着体验。准确来说，川久保玲的这个系列设计的是身体而非服饰。这个系列中的创意被用于摩斯·肯宁汉（Merce Cunninghan）的舞剧 Scenario。这些服装的造型让舞台上的演员获得了不断变化的形象。摩斯·肯宁汉说："如果你从正面看这个人，你期待一个确切熟悉的形象，但当这个人转过身，你看到一个完全不同的形象，这是从服装的形状无法预测的。这对我来说是如此愉悦。"② 视觉经验的体验并非川久保玲设计"身体邂逅服饰－服饰邂逅身体"高级成衣系列的初衷。这个系列强烈地"驳斥着定义时尚身体的传统语言：平坦的腰腹，纤细的大腿，小巧性感的臀部，饱满紧致的胸部"③。从不同角度思考会让这个系列更具有多义性，比如对无机物与身体界限的模糊，让身体具有被无限延伸的可能等。若从川久保玲专注于以禅宗圆相关于真理的绝对圆满的追求来思考，这个系列至少显示了一个大部分人都忽视了的事实：历史上自然的身体被文化改造而获得的合理性并非真理。

　　山本耀司在男装设计中同样将身体和服装的空间放在首位。山本耀司"不会做打不赢架的裤子……它必须要能够轻松地应对各种动作幅度"④。关于山本耀司为身体保留足够空间的做法前文已多次提及，不再赘述。不得不指出的是，山本耀司将布料和服装都视为和人一样的生命体。他认为布料的经纬交错

　　①　李当岐：《西洋服装史》，高等教育出版社，1995 年，第 184 页。

　　②　安德鲁·博尔顿、川久保玲：《川久保玲：边界之间的艺术》，王旖旎译，重庆大学出版社，2019 年，第 140 页。

　　③　安德鲁·博尔顿、川久保玲：《川久保玲：边界之间的艺术》，王旖旎译，重庆大学出版社，2019 年，第 9 页。

　　④　田口淑子：《关于山本耀司的一切》，许建明译，广西师范大学出版社，2016 年，第 22 页。

力量赋予了布料生命，设计款式时将面料放在身体上试一试，通过观察布料的流向和重量让这种布料形成衣服时依然保持鲜活的状态，如此做出来的衣服能和穿着者一起"活着"①。经由山本耀司之手，服装有了生命力，制作过程中面料的鲜活特征成了服装的重要组成部分，最终让服装成了穿着者生命的一部分。山本耀司与游牧民族对服饰的态度有着深切的共鸣。原因主要来自三个方面：一是层层叠叠穿在身上的服饰是他们的财产；二是由于和身体一同经历时间，服饰成了一种陪伴；三是对于游牧民族而言，衣服是保护生命抵御危险的重要屏障②。这是山本耀司的设计中衣体关系的另一维度。

东方设计师并不在设计中将身体锚定在西方时尚传统中的理想身体之内，因而他们在秀场上对模特的选择更侧重于对生命真实形态的呈现。山本耀司经常运用非职业模特，其早期的秀场亦有不同年龄段的模特，大龄模特在 20 世纪川久保玲和山本耀司的秀场上也已出现。郭培曾在 2009 年"一千零二夜"系列中邀请卡门·戴尔·奥利菲斯（Carmen Dell' Orefice）穿着压轴款浅蓝色皇后服。2017 年，第二次参加郭培发布会的卡门·戴尔·奥利菲斯演绎了郭培的"传说"系列压轴款红色皇后服。这位 70 岁高龄模特的两次出场都惊艳四座，服装款式风格、象征和表达、内涵与卡门·戴尔·奥利菲斯的气质及年龄完美融合。相对于西方设计师的普遍做法，郭培对于时装设计中关于身体意识的策略至少在年龄、面部容貌这两个方面更具开放性。不得不指出的是，相对于日本设计师，中国及印度的时装设计师在形塑身体的策略方面所采取的批判性做法要少得多。

东方设计师的作品中所呈现的与西方截然不同的身体形象，以及身体和服装的空间关系，无疑促进了西方设计师改变对以上两个方面的一贯做法。尽管体量感仍然是时装品牌克里斯汀·迪奥 2003 年春夏高级定制系列的重要特征，但部分具有东方传统服装缠裹、披挂特征的款式呈现了该品牌传统以外的更多可能的探索，尽管这样的尝试在约翰·加利亚诺离任后就再未有过了。乔治·阿玛尼 2009 年私人定制系列具有明显的女性身体轮廓，但在 2015 年春夏私人定制系列中，女性身体的轮廓及生理特征在大多数款式中都被弱化。材质取代了身体，成了他 2015 年春夏私人定制系列的重点。近年来，乔治·阿玛尼运用东方元素的服装不少都试图用其他特质取代西方理想身体的特点。在时装品牌古驰 2022 年春夏高级成衣秀场上，运用红色龙纹装饰的黑色连衣裙穿着于

---

① 田口淑子：《关于山本耀司的一切》，许建明译，广西师范大学出版社，2016 年，第 7 页。
② 田口淑子：《关于山本耀司的一切》，许建明译，广西师范大学出版社，2016 年，第 229 页。

一个非理想身材的模特身上。对比绝大多数情况下古驰这一品牌将东方元素用于修饰典型的西方理想身体形象的情形，上述款式指向了非西方理想身体以及背后的文化对古驰的影响。毋庸置疑，这是一种以西方视角为主导的表达，但披露了这样一个事实：非西方理想身体已经成了当下时尚的一部分。

第二节　构建身份的策略

时尚是一种我们传递自身身份及归属（和不归属）的方式[①]。身份是身体与社会交流的产物。衣着赋予了人们一种自然的身体之外的文化身份。西方19世纪工业化取得的巨大成就促进了人们以时尚展示自己的个性，时尚在当时反映了人们对自我的定义及展示，同时也成了人们构建身份的方式。时装的消费无疑是一个身份认同的过程。

性别、自我与他者是时装设计师运用东方元素时无法回避的身份问题。时装设计为人们提供了一种确定的身份，但又在设计中挑战身份的秩序。东方元素在时装设计中的转化为设计师寻找到一种为不同的时尚群体提供一种归属感的途径，也为这种归属感的流动创造了可能。

一、性别

时尚既关乎性别的边界，又关乎直接的性展示[②]。多数情况下，文化语境中的衣着为人们提供了辨别不同性别的身体的方式。时装设计为身体标明"女性"和"男性"，亦同时为人们提供了一种模糊二者的讨论。"女性气质"和"男子气概"——在东方传统中被称为"阳刚""阴柔"——以不同的方式注入设计中，用于形成性别身份群体的分类。本书对上述两个方面的讨论更接近于基于生理性别差异的外在形象，而非弗洛伊德所说的个体在性格上的气质差异。女性气质是一种被构建起来的性别文化。"在时装秀和杂志封面上，性别

---

① 亚当·盖齐：《一室私语》，《镜花水月：西方时尚里的中国风》，胡杨译，湖南美术出版社，2017年，第26页。

② 伊丽莎白·威尔逊：《梦想的装扮：时尚与现代性》，孟雅、刘锐、唐浩然译，重庆大学出版社，2021年，第145页。

作为一种文化构建,始终以形象和观念的形式被审视。"[①]

工业革命以来,时尚几乎变成了女性的专属,西美尔关于这个问题的观点似乎被大多数学者接受。他认为男性因投入事业而获得了重要、实在且与所在阶层一致的权利补偿,时尚所具有的同一化和个性化的特征满足了女性在其他领域无法获得的表现个性、追求自我的需求[②]。在西方的文化联想中,女性身体和性感总是密不可分的,这使女性服装比男性服装更充满了性的意味[③]。从欧洲古典身体演变而来的女性理想身体成了时装设计中塑造女性性别特征的主流。这背后深藏着一种"视线政治",即女性被男性的目光凝视。

尽管保罗·波烈在设计中为人们提供了一种在当时来说十分前卫的解放身体的观念,并将各种因素都融合在他的设计中,呈现女性身体的自然状态,但保罗·波烈并非女权主义者。在20世纪初期时装设计借助东方元素推动身体观念的变革中,管状服装被一些理论家认为是对青春女性的歌颂。但20世纪20年代的管状服装"一方面避免女性特征,另一方面又不断暴露身体部位(尤其是四肢)以凸显性感特质"[④]。不少服装史学家认为仅以身体及政治意义上的女性解放来看待西方时装设计史上裙子长度的缩短太过简单。香奈儿早期的服装呼应了20世纪初期身体解放的潮流,并在设计中明确地体现了男装带来的影响。但在战争结束后,时尚似乎不再是20世纪30年代的延续。香奈儿的设计对女性气质的呈现也胜过从前。前文提及的香奈儿运用文字图案的款式中,印有书法图案的白色斜纹软绸用于设计连衣裙及外套的衬里,连衣裙收紧的领口有用同色布带系成的蝴蝶结,左右两边折叠的风琴褶从前胸顺延到底摆,袖山处有细褶,微微膨起的袖子在袖口处用一截风琴褶和细布条收紧。这些细节让款式整体显示出精致的特征。在形式服从功能的前提下,对硬朗、厚重、粗犷的调和成了香奈儿设计中的重要特征。该品牌对东方元素的运用同样如此,虽不卖弄风情,但也不彻底混淆性别差异。

20世纪70年代中期以前,优雅几乎被认为是时尚的一切。时装设计师克里斯汀·迪奥给出关于优雅的定义是个性、自然、精心和简洁的正确组合,并且在这几个要素中,精心是最重要的,不仅要精心挑选服装,并且要精心打理

---

① 卡洛琳·埃文斯:《前沿时尚》,孙诗淇译,重庆大学出版社,2021年,第116~118页。

② 齐奥尔格·西美尔:《时尚的哲学》,费勇、吴䂀译,文化艺术出版社,2001年,第81~83页。

③ 乔安妮·恩特维斯特尔:《时髦的身体》,郜元宝译,广西师范大学出版社,2005年,第238~239页。

④ 李楠:《现代女装之源:1920年代中西方女装比较》,中国纺织出版社,2012年,第67页。

穿戴①。他认为修饰是优雅的秘诀②。克里斯汀·迪奥将高跟鞋定义为优雅的必需品。帽子一类饰品在克里斯汀·迪奥看来是体现个性和温柔的最佳方式，可以使女人千娇百媚。因此，不凸显女性气质的自然肩线被克里斯汀·迪奥排斥，而露肩、低胸一类容易让穿着者充满女人味的设计成了克里斯汀·迪奥塑造优雅的重要细节。所谓的优雅说到底是对女性气质的强调及凸显。而这也奠定了该品牌基调，决定了该品牌运用东方元素的方向。伊夫·圣洛朗自 20 世纪 60 年代开始尝试将流行的青年文化引入时尚美学中，大众文化开始影响时装设计。基于女性身体特征而呈现的女性性别倾向成了时装设计中的重点，成为一种寻求凝视的表演。大多数情况下，约翰·加利亚诺在任时期在时装品牌克里斯汀·迪奥的设计中对东方元素的运用并未偏离克里斯汀·迪奥凸显女性气质的基调。但约翰·加利亚诺对东方元素的运用进一步明确地将女性气质商品化，并将财富和地位作为其高级定制时装设计的重要主题，这样的做法推动了时装设计与名人之间的共生关系。20 世纪 90 年代末期的时装设计让女性具备的双重性质即服装和女性皆为奢侈品，在这种性别化消费中女性既是客体也是主体③。

高田贤三在西方传统的基础上略微地借鉴了和服的直线裁剪技术及宽松特征，但并未触及西方女装设计传统中体现女性性别特征的根本。郭培的设计大多呈现了女性曼妙的身姿，女王、王后一般的形象多次呈现。"欲戴王冠，必承其重。"郭培在时装秀场上所塑造的皇后与女王是才智双全的女性。她认为女性应当如水一样，看起来柔弱但实际上十分强大，但郭培并不是一个女权主义者。她所设计的一些高级定制款式被国内一些女明星用于拍摄极具性诱惑力的时尚摄影作品。这让郭培秀场上那种不食人间烟火的高贵未能成为反对将欲望变成商品的利器。

一些时装设计师在呈现女性性别特征时以围绕性诱惑力对东方元素进行运用，甚至基于东方着装传统对遮蔽身体的文化特征以一种袒露的方式呈现西方传统中对性感身体的强调，一些款式甚至具有这样的特征：给予观者一种窥视的想象。不同时期的设计师给予了时装品牌古驰不同的方式诠释性感。在转向繁复的复古主义特征之前，在相当长的一段时间里，时装品牌古驰秀场上着装状态与东方服饰传统对身体的遮掩完全相反，模特将一些以东方元素为灵感的

---

① 克里斯汀·迪奥：《迪奥的时尚笔记》，潘娥译，重庆大学出版社，2015 年，第 34 页。
② 克里斯汀·迪奥：《迪奥的时尚笔记》，潘娥译，重庆大学出版社，2015 年，第 52 页。
③ 卡洛琳·埃文斯：《前沿时尚》，孙诗淇译，重庆大学出版社，2021 年，第 116~117 页。

袍服披挂于身上，甚至袒胸露乳。时装品牌古驰 2002 年春夏高级成衣系列最后出场的礼服具有东方服装的齐胸特征，该款式背部镂空，在里面拼接了西方紧身胸衣绑带的设计。

当西方时装设计师以展示性感身体为目的运用东方军服元素时，这种身体观念难以避免地会与爱德华·萨义德的东方观点联系在一起。

对女性气质的凸显是德赖斯·范·诺顿 2013 年春夏高级成衣系列与川久保玲 1992 年春夏高级成衣系列相比最大的差异。前者注重对服装轮廓线的雕琢，或通过在腰部系带、收省凸显服装轮廓的流线感，或利用面料的轻薄垂坠特征消减腰臀膨大款式的臃肿，同时强调柔软、松动的轮廓特点。德赖斯·范·诺顿选择了垂坠感极好的塔夫绸、透明硬纱、真丝薄绸、金银丝线等面料。这些面料在人体上表现出一种细软、透明的特征，一些款式沿着肩部往下形成柔和的曲线，一些款式内搭半透明的格子衬衫，一些款式在半透明的印花裙子下透出修长的腿形。尽管该系列以 H 形廓形为主，但并不缺乏凸显臀部和细腰的设计，比如凸显臀形的夹克、凸显蜂腰的马甲及上衣。以上设计呈现的中性特征，在刚硬的表象中渲染出了一种柔和、香软的女性气质。川久保玲 1992 年春夏高级成衣系列不依赖于女性身体曲线来呈现性别差异，服装和身体之间的空间隐藏了身体的起伏变化，观者的注意力被引向了服装的材质及色彩。促进观者将视觉转移到服装本身而非着装者的身体，是一种弱化女性性别特征的方式，乔治·阿玛尼 2015 年春夏高级定制系列亦是如此。

不可否认，以不同方式区别性别是服装的重要特点之一。尽管中性化一直是 20 世纪以来时装设计的重要主题，并在不同时代与不同的观念纠缠在一起呈现出多义的特征以及丰富的内涵。时装设计中运用东方元素时对性别的模糊支持了这样一种观点：否定性魅力作为女性展示吸引力的唯一路径。这样的态度让设计师在设计中寻求一种展现身体魅力以外的特质来否定性感及优雅的一般定义。

朋克风的兴起给予优雅最直接的冲击。矫揉造作和附庸风雅这样的词汇与让-保罗·高缇耶无关。他运用东方元素的作品显示了他塑造的女性绝对不是传统意义上中规中矩的女人。在让-保罗·高缇耶 2001 年秋冬高级定制系列中，由旗袍和其他东方元素及西方服装重组所形成的是一些搞怪、叛逆甚至有点挑衅的后现代女性。来自朋克这一流行文化的古怪、即兴及街头戏剧特征被让-保罗·高缇耶转化为在戏谑中用以消除旗袍的性感、传达比性感更性感的东西。

从时装设计发展史来看，无性别特征在让-保罗·高缇耶的 20 世纪 70 年代的设计中已展露苗头，但日本设计师将此作为最显著的特征并贯穿于所有款式设计中。三宅一生、川久保玲以及山本耀司的设计在融合日本侘寂美学特征及和服元素的基础上，让女性服装在色彩、面料及外观特征上进一步朝男性服装靠拢，这一点也契合了东方传统服饰在两性服装结构和廓形上并不严格区分的传统。从服装廓形和结构上而言，日本和服几乎是一种中性的款式，男女款式的和服结构仅有细微的差别。这种差别主要为女性的衣摆拖地，而男性的下摆刚好及地；女性的腰带较宽，而男性的较细；此外男女和服在肩部和袖子的结合处有细微差别。日本男女和服主要从色彩①、面料②、配件③、着装的二次成型的造型④上进行区别。不仅如此，日本时装设计师完全放弃塑造男性目光之下的女性身体形象，并且在设计中表现包裹身体的特征。服装的结构、性能以及精神成了取代展示身体的重要方面，因此他们所设计的服装在外观上拥有了更多的无性别特征。女性在其职业领域获得的权利补偿似乎的确关联着女性服饰走向中性化。三宅一生、川久保玲、山本耀司经常用设计质疑西方时装设计师对东方女性的刻板印象，他们设计的作品传达出来的是一些独立的女性形象，但他们似乎都不太喜欢女权主义这个词。川久保玲明确地表示过她不是一个女权主义者，同时她对女权主义者相关的运动没有兴趣⑤。尽管如此，依然不能否认他们的设计作品中隐含了"女性主义"的意识形态。早在1982年川久保玲就明确地表示过她不喜欢裸露身体的服装，她所喜欢的是具有包裹特征的服装⑥。川久保玲曾表示，在关于让女性展示自己身体的问题上，日本和西方有很多的不同，西方女性会因此获得乐趣，而在日本这会让女性感到为难，关于这一点她自己也感同身受；为此她会将后者的这种感受融入她作品设计的考量中⑦。山本耀司也认为过多展示身体曲线对其他人来说是不太礼貌的⑧。

---

①　男性和服色彩深沉，而女性和服则色彩鲜艳。

②　高档的女性和服主料往往运用繁复的手工印染工艺。

③　男性的腰带朴素、不花哨，系法较简单；女性的腰带宽，有带扬、带枕等诸多小部件，并且有多种系法。

④　男性的领子贴紧脖子，男性的腰带可系可以不系；女性的领子则远离脖子，并且腰带基本都是系上的。

⑤　安德鲁·博尔顿、川久保玲：《川久保玲：边界之间的艺术》，王旖旎译，重庆大学出版社，2019年，第184页。

⑥　安德鲁·博尔顿、川久保玲：《川久保玲：边界之间的艺术》，王旖旎译，重庆大学出版社，2019年，第22页。

⑦　川村由仁夜：《巴黎时尚界的日本浪潮》，施霁涵译，重庆大学出版社，2018年，第223～224页。

⑧　Duka，John：Yohji Yamatoto Defines His Fashion Philosophy，New York Times. 1983（10）：63.

他认为将衣服紧紧地裹在女性身体上看起来并不优雅，这样做是为了取悦男人①。"在我看来，只有工作着的女性才有魅力。"②山本耀司1986年秋冬的高级成衣系列将服装设计成铅笔盒的造型，设计的重点是服装本身，并添加了绘画元素。用山本耀司的话来说，这个系列展示的是一个"完美身体的悖论"，亦是他对在乎自己体型的女性提出的疑问③。

山本耀司早在1983年就坦言自己刚开始做设计的时候就想为女性设计男装④。川久保玲也认为男性的时尚是服装的基础⑤。在关于性别塑造方面，山本耀司将男装没有多余装饰的纯粹特征融入了他的女装设计中。在他运用一块布进行设计时，并不是简单地让布包裹身体，而是将面料以肩膀为基点自然下垂，并在颈部营造出流动感。山本耀司试图把日本和服和侘寂美学特征融合在一起，在一种被包裹的、有"间"的设计中塑造新的东方女性形象。其高超的裁剪技术创造出了既非西方也非东方的结构，黑色的特征则强化了他的设计中不同材质的差异。相对于山本耀司，三宅一生和川久保玲的实践让时装设计获得了贴紧身体以外的雕塑特征。

20世纪80年代初期，宽大的、不区分性别的服装是川久保玲时装发布会作品的重要特征之一。设计前所未有的服装是川久保玲在去巴黎之前为自己定下的目标，在设计中对传统性别特征的放弃促进了川久保玲在达成这一目标时获得了脱离时装谱系的作品。从2014年开始，川久保玲以新的方式开展设计，进一步在设计中放弃了服装这一概念。纵观川久保玲20世纪80年代初期到当前的设计作品，不难发现早期宽大而垂坠的特征逐渐被淘汰，过去发布会中有体量局部特征在后来的发布会中被进一步放大，最后完全超越了普通服装成为具有雕塑特征的外在形态。

三宅一生具有实验性特征的时装设计不仅注重对新材料的开发，而且注重对材料类别的拓展。除了将白棉、针织棉、亚麻等材料用于创造各种褶皱肌理外，藤条、日本纸、竹子等材料也被三宅一生运用于时装设计中。他1983年的高级成衣系列因选用鸡毛编织的面料而轰动了时尚界。三宅一生基于服装材

① Duka, John: Yohji Yamatoto Defines His Fashion Philosophy, New York Times, 1983 (10): 63.
② 山本耀司、宫智泉:《做衣服:破坏时尚》，吴迪译，湖南人民出版社，2014年，第106页。
③ 山本耀司、宫智泉:《做衣服:破坏时尚》，吴迪译，湖南人民出版社，2014年，第70~73页。
④ 川村由仁夜:《巴黎时尚界的日本浪潮》，施霁涵译，重庆大学出版社，2018年，第215页。
⑤ 安德鲁·博尔顿、川久保玲:《川久保玲:边界之间的艺术》，王旖旎译，重庆大学出版社，2019年，第111页。

料的开发与拓展从东方传统理念、思想与生活的关联性出发，从而开展时装设计实践。在服装材料质地的触发下，武士铠甲、折纸艺术、和服等日本传统文化在他的时装设计作品中转化为不仅在形态上具有绝妙的肌理美感及雕塑形态，而且内在精神与服装造型、着装体验高度统一。三宅一生开启了时装设计的一种新的美学境地：以服装的内在精神取缔外部视觉刺激，时装设计可以从表面的视觉体验飞升至身心自由的精神境地。

马可在设计中同样不强调性别特征，性别差异不是"奢侈的清贫"和"无用"系列的设计重点。在"无用"系列中，她用和时尚不相容的泥土否定西方时尚传统中对性别特征乃至美的标准的塑造，有关性别的身体轮廓、面容、皮肤甚至服装的表面全部被泥土抹去了。马可在设计中明确地追求生命的价值和意义，身体彻底地让位于精神。

二、自我与他者

外来的时尚似乎特别强烈地有利于所采用的群体获得独特性[1]。在西方漫长的历史上，与东方元素关联在一起的服饰成为充满诱惑力的商品。异国情调为欧洲人提供了占据神秘空间的机会，也为穿着者提供了一种塑造不同的自我形象和暂时逃避或摆脱社会限制的可能。时尚为人们提供了一种修正或重塑历史的机会，自我和他者的形象都在这个过程中被不断地打破和重建。东方时装设计师对东方元素的运用更像一种自觉的反思，以此弥合传统与现代的巨大鸿沟。

对于大多数西方时装设计师而言，以有变化的方式使用文化特定的标志，至少在哲学上不会破坏西方身份和权利的理想核心[2]。以任何方式寻求对自己的定位往往都依赖于以怎样的方式看待自己。直到今天，东方被理解为一套已成形且易于识别的标志及价值观，并且仍然在持续这种错觉[3]。不可否认的是，西方时装设计师在时装设计中所展示的异域风情在塑造他者的同时也塑造了自我，无论是有意还是无意。

20 世纪初期，保罗·波烈给予了后来的时装设计师这样一种在设计中构

---

① 齐奥尔格·西美尔：《时尚的哲学》，费勇、吴䜣译，文化艺术出版社，2001 年，第 75 页。

② Adam Geczy：Fashion and Orientalism：Dress，Textiles and Culture from the 17th and the 21st Century，Bloomsbury Academic，2013：9.

③ Adam Geczy：Fashion and Orientalism：Dress，Textiles and Culture from the 17th and the 21st Century，Bloomsbury Academic，2013：10.

建身份的策略：时装设计师可以以想象的方式塑造一个超越东方元素本身及所属文化特征的他者身份。"一千零二夜"晚会上保罗·波烈和参加晚会的人一同完成了一场塑造自我和他者的"假面舞会"。保罗·波烈和20世纪初期的时装设计师将来自东方的元素改造后以一种异域风情的方式展现，在当时这样的做法成了一种合理的存在，推进着欧洲20世纪初期女性的身体解放运动。基于想象来塑造他者的方式在后来西方的时装设计实践中被极度地放大了。这种方式在伊夫·圣洛朗运用东方元素的设计中形成了一个更加奢华的梦境。他在1977年秋冬高级定制系列中塑造了一个有威猛的女武士和威严女皇的神秘东方。"它变成了一种遐想，时而朦胧，时而耀眼。"[1] "这一场时装秀是一场充满真实、虚幻和想象的狂热之梦。"[2] 借助于想象，伊夫·圣洛朗让参与者获得了让人无法分辨现实与幻象的真实体验。当时的《女装时报》将伊夫·圣洛朗的这个系列称为"来自远方的白日梦"[3]。约翰·加利亚诺在时装品牌克里斯汀·迪奥任职期间则将这样有幻想特征的梦境推向了更戏剧化的方向。东方元素被约翰·加利亚诺纳入奢华而宏大的叙事中。克里斯汀·迪奥这一品牌在20世纪末期至21世纪初期的发展战略对这一结果有直接的促进作用，同时也促成了这样一个事实：最大限度地激发了设计师将创造力用来展示想象中的他者。

时装品牌华伦天奴、古驰、罗伯特·卡沃利以不同方式、不同主题运用东方元素呈现了想象中的异域风情，即形成一种"被发明的东方传统"。这些品牌的设计师在整合可用的元素时不愿意受制于任何一种元素，寻求一种既有别于西方传统又有别于所用元素原来面貌的新特征，促进了设计师呈现一种符合期待的异国情调。华伦天奴·克利门地·鲁德维科·加拉瓦尼在1970年秋冬系列中运用中国元素设计的套装塑造的就是这样一种典型的异域风情，我们可以从中看到设计师塑造想象中的他者的相关考量。这款套装由无领直身长款外套（彩图131[4]）和长袖连衣裙（彩图132[5]）组成。该套装由绦子边、锁子甲、花朵、树叶、扇子的形状、团花的圆形以及具有精细刺绣的菱形图案拼贴

① Aurelie Samuel，Jeromine Savignon，Lola Fournier，Alice Coulon－Saillard，Domitille Eble，Laurence Neveu，Leslie Veyrat：Yves Saint Laurent Catwalk：The Complete Haute Couture Collections，1962—2002，Francisca Garvie，Jill Phythian，Jenny Wilson，Thames & Hudson Ltd，2019：240.

② 哈罗德·科达：《在时尚中塑造中国》，《镜花水月：西方时尚里的中国风》，胡杨译，湖南美术出版社，2017年，第39页。

③ Valerie Steele，John S. Major：China Chic：East Meet West，Yale University Press，1999：79.

④ Valentino：Ensemble，https://www.metmuseum.org/art/collection/search/78985，1996.

⑤ Valentino：Ensemble，https://www.metmuseum.org/art/collection/search/78985，1996.

在一起，这些图案以线描、剪纸、写实、抽象的方式形成了繁复的印花。粉红、粉橙、粉绿、白色为底并有花卉的花边被作为面料的图案，运用在腰部、领围和底摆。连衣裙在领围处参考了中国清代女性服饰中的脱带式云肩。外套及连衣裙的底摆处则显示出此处的印花关联了中国清代马面裙上纵向的褶皱以及细条绣花的布局。华伦天奴·克利门地·鲁德维科·加拉瓦尼运用和服装相同的面料设计了一条长围巾，并系在脖子的左侧。这一细节设计显示了设计师将中国清代满族女性用龙华①的历史和传统撇得干干净净。拉链外衣、连衣裙更受客户群体的青睐，受制于右衽的龙华系法也就没有依附之处，最终以常规围巾形式呈现。显然，设计师赋予了触手可及的异域风情一种神秘特征。所获得的作品传达了这样一个事实：在设计过程中被设计师忽视的文化内涵以及丢失的历史"光晕"被以一种想象的方式创造。

德赖斯·范·诺顿在时装设计中始终让自己与所借鉴的文化之间处于"他者"的身份中，他在设计中对东方元素的运用表达了对他者文化的想象。德赖斯·范·诺顿本人并不热衷于四处旅行去切身体味，他更倾向于以幻想的方式去体现不同地区的文化特征，在他看来这是一种使设计具有浪漫特征的方式，而实地旅行则会给对构思中的浪漫世界带来破坏②。2012 年春夏德赖斯·范·诺顿高级成衣系列充满了自然风景的情调。近似于黑白照片的山水风景、热带森林、花卉、海水在面料图案印刷以及服装排料时显示出设计师试图呈现出一种超现实主义的特征。不同视角、不同地区、不同季节的风景照片被混合在一起，一幅完整的山水照片在某个局部生硬地拼上另一视角的图片，写实风景图案与黑白的牡丹花卉图案并置，或者将牡丹花卉图案和山水风景随意拼接，具有鳞片或鱼鳍特征的图片与黑白风景照片拼接。若不是德赖斯·范·诺顿在 2017 年秋冬系列中的一款服装对这一季的主题进行回顾——用黑白山水画拼接出有水田衣的拼布特征——非西方人几乎很难仅仅从他 2012 年春夏高级成衣秀场照片中准确认定这个系列的主题和中国相关。对想象的他者的塑造从过去易于识别的符号拓展至更广的范围，并以更强烈的陌生化的方式与时代关联。这样的方式对东方元素的运用为"被发明的东方传统"提供了成长的环境。当时装设计师对过去运用东方元素的款式进行衍义，或对其他设计师运用东方元素的作品进行再设计时，一些西方时装设计师则已置身于发明东方传统

---

①　龙华是满族妇女独有的配饰，一般为白色绸缎。清代宫廷嫔妃所带的龙华上绣有图案，这些图案用于区别嫔妃的等级地位。

②　诺埃尔·帕洛莫·乐文斯基：《世界上最具影响力的服装设计师》，周梦、郑姗姗译，中国纺织出版社，2014 年，第 114 页。

的境地。第四章第四节提及的自让娜·浪凡到时装品牌古驰对中国清代朝服披领元素的运用即如此。

从另一个方面来说，将东方元素以一种适合西方思维的方式去构建异国情调也是一个去神秘化的方式。高田贤三选择了一种符合欧洲人期待的日本风格定位，该品牌的主要消费者来自欧美而非日本。高田贤三将日本和服元素、传统图案融入西式服装中，如日本和服一样的宽大袖子，没有褶皱的直线裁剪，将裤裤与西式裁剪融合，将条纹与印花面料搭配多层混搭等。高田贤三的设计让东西方的界限变得模糊。

德赖斯·范·诺顿2012年秋冬系列以多重并置的方式对东西方元素的运用似乎更接近于事实的真相：错乱的、巧合的、碎片化的过去，含混的、有意为之的自我与他者。堕落与颓废往往与更宽松的社会规范联系在一起。后殖民主义的理论家批评这样一种做法：对自我和他者的区分中，将他者的形象作为一种可被征服的女性形象。面对借用历史上曾受到西方剥削的文化符号这一问题时，以一种具有族裔中心主义的方式凸显西方优越感是一种肤浅做法，尤其当设计师将具有符号特征的东方元素运用于塑造以性感为特征的性别外观时。时装品牌拉夫·劳伦具有典型的美国时尚风格，主要针对美国市场，围绕种族和阶级等主题开展的设计有古典复兴特征。在拉夫·劳伦2011年秋冬高级成衣发布会中，秀场上毛翻领的栗褐色粗花呢大衣凸显了上海20世纪早期居民的形象。该系列的露背旗袍（图4-26）关联了1970年伊夫·圣洛朗推出的蕾丝大露背镂空透视装——伊夫·圣洛朗这样的设计与当时上流社会的服装正统观念是相背离的——剪纸的龙图案源自黄柳霜的金色龙纹戏服，拉夫·劳伦再现了20世纪40年代好莱坞所塑造的东方女性的刻板印象，这样的设计并非以尊重为前提，无法被称为创造性转化。

若将让-保罗·高缇耶2001年秋冬的高级定制系列与时装品牌克里斯汀·迪奥1999年春夏成衣系列进行比较，不难发现后现代时装设计师的作品所具有的意义之一是让戏谑这种方式在有倒置特征的幽默中获得对表现性感的表面美学的超越。

在当下或未来时代，时装设计中以后殖民主义为特征运用东方元素的设计师该如何面对真实的自我和他者呢？让-保罗·高缇耶2008年春夏高级定制系列除了有龙形图案外，还有水母、锚、水兵、贝壳、网、水手条纹等元素，牡丹花刺绣连衣裙、龙鳞鱼尾裙点明了主题与大航海时代及东方相关。在这个系列中，让-保罗·高缇耶用时装设计的方式回顾了西方大航海时代对东方的向往，东方的形象在欧洲后来的历史上不断变化，那个满身花朵如少女般的形象随后变为龙女的形象，末尾金色的紧身连衣裙款式似乎意味着一个富有的西方。通过对历史的回顾，让－保罗·高缇耶试图讨论这样一个问题：时装设计师该如何运用东方元素塑造自我和他者的形象。

长期以来，少有东方设计师在设计中呈现东方民族抵抗殖民与侵略的案例，这让关于时装设计中设计师呈现东方被殖民时期的自我和他者的问题讨论起来缺乏对比性，直至吴季刚发布 2012 年秋冬高级成衣后才改变这种现象。吴季刚 2012 年秋冬高级成衣发布会的作品以自我的视角呈现了东方民族顽强抵抗侵略者、追求民族独立的精神。该系列将民国时期的军装、清代末年的服饰、旗袍、西装、裙子分解组合塑造了一个个利索、干练、绝不矫揉造作的独立女性的形象，驳斥着 20 世纪 30 至 40 年代电影里黄柳霜塑造的蛇蝎美人形象，强烈地批评了以刻板印象运用东方元素的做法。

每个东方设计师都离不开他成长所在的国家的影响。挑战西方对东方塑造的负面形象几乎是每一个东方设计师都不得不面对的问题。高田贤三、森英惠、三宅一生、川久保玲、山本耀司的设计被时尚专业人士称为"日本时尚"，在西方时尚人士眼中，他们的设计中呈现了日本特征，反映了设计师的日本身份[1]。森英惠曾在美国观看歌剧《蝴蝶夫人》，她对剧中所塑造的日本及日本女性形象感到难过不已[2]。到巴黎以后，森英惠设计了更适合现代穿着的轻便简约的和服，将书法、绘画结合轻薄的面料塑造出诗意的特征，将西方服装款式拓展为具有日本传统的特征。森英惠在设计中改造了她祖国的遗产，塑造了一个个现代的日本女性形象。三宅一生、川久保玲和山本耀司则将日本传统与西方时尚结合，塑造当下时代的日本女性及男性形象。在郭培 2016 年秋冬高级定制系列中，龙纹图案、黄色、朝服与高贵、力量联系在一起，如同昔日历史的荣光。在 2019 年春夏高级定制系中，郭培以想象的方式重塑了中国历史及传统宫廷文化，亦是当前中国时装设计师对当下和未来的困惑表达。

东方设计师将祖国辉煌的传统文化与当下时代审美结合，呈现一个个想象中的自我在过去或现在的合理形象，这与这些设计师在运用东方元素时注重这些元素的历史渊源、文化脉络密切关联。旗袍在 20 世纪世界服装史中备受重视，与旗袍所包含的男女平权思想及东方与世界接轨的内涵密不可分。流行于中国 20 世纪 20 年代的旗袍是由知识阶层女性引领的风尚，旗袍款式接近于当时男性的长衫，穿着者往往与人格独立、精神反叛、思想上进关联在一起。旗

---

① 　川村由仁夜：《巴黎时尚界的日本浪潮》，施霁涵译，重庆大学出版社，2018 年，第 146 页。
② 　川村由仁夜：《巴黎时尚界的日本浪潮》，施霁涵译，重庆大学出版社，2018 年，第 256 页。

袍流行之初，思想保守者是断然不敢尝试的。旗袍在改良之时吸收了西方服饰贴身合体、凸显性别的特点，在保持东方传统和适应时代变革方面具有双重意味。旗袍一方面凸显了东方传统文化的巨大包容力、变革力，另一方面也显示了世界舞台上东西方较量之时中国在吸纳西方文化改变自身之时所处的被动局面。大多数西方设计师关于旗袍的设计选择弱化旗袍变革和反叛的内涵。一些设计师即便在设计中将旗袍与反叛的朋克风格联系在一起，也难以摆脱将欲望作为商品的特点。在 2019 年春夏的高级定制系列中，郭培通过盘扣细节及面料让旗袍呈现出硬朗叛逆但不卖弄的朋克特征，显示出郭培对旗袍中所包含的反叛精神的强调，也呈现出郭培对女性思想独立的肯定塑造。

时装设计师在设计中呈现新的自我形象并不意味着和想象画等号。川久保玲从来不用幻想或白日梦的方式开展设计。她说："'幻想'的概念在我们公司并不存在。我在白日梦或稀奇古怪的想象上确实没有什么天赋……"① 三宅一生在"一块布"项目的实践中，带领团队将设计融入折纸元素。川久保玲曾说："我对展示带有民族情感的典型要素并不热衷。我觉得把它们混合起来创造新的东西倒是很有趣。"②

川久保玲并不曾将自己局限于任何文化传统。在川久保玲 2015 年春夏高级成衣"血与玫瑰"系列中，红色在这里不是日本传统文化中的太阳、生命、吉祥的含义，玫瑰亦不是爱情、美好、浪漫的含义，二者在这个系列中与血腥、战争、冲突关联在一起，川久保玲用它们来"表达人性和每个人内在的悲伤与恐惧"③。这个系列是川久保玲为自己的品牌打造象征性符号而创作的。在这种从人性出发开展的设计实践中，川久保玲突破了自我和他者的界限，亦突破了东方与西方的界限。

一些西方时装设计师也试图在运用东方元素时消除自我和他者的界限。在德赖斯·范·诺顿 2012 年秋冬高级成衣中，图案分解以后重新并置在一起，所形成的图案又与将东西方服饰细节并置的款式再次并置，于是这个系列具有了双重并置的特征。这是一个关于是不是衣服、是不是传统、是不是现代的讨论，也是一个关于消除自我和他者差异的讨论。

① 安德鲁·博尔顿、川久保玲：《川久保玲：边界之间的艺术》，王旖旎译，重庆大学出版社，2019 年，第 183 页。

② 安德鲁·博尔顿、川久保玲：《川久保玲：边界之间的艺术》，王旖旎译，重庆大学出版社，2019 年，第 94 页。

③ 安德鲁·博尔顿、川久保玲：《川久保玲：边界之间的艺术》，王旖旎译，重庆大学出版社，2019 年，第 167 页。

伊夫·圣洛朗 1977 年秋冬高级定制系列中的蝴蝶图案礼服呈现了森英惠的影响。诸多时装设计师在作品中对折纸的再挖掘都显示了时装设计历史上三宅一生、山本耀司将折纸与时装设计结合所产生的重要影响。德赖斯·范·诺顿对川久保玲过去的发布会服装的再设计只是川久保玲设计诸多启发他人的案例之一。日本时装设计师通过挖掘日本传统文化设计出的经典作品已经成了新的日本元素。时装设计运用东方元素的历程表明，东西方时装设计师共同参与了一场在时装设计中发明"东方传统"的活动。这种被发明的传统重塑了过去，并用这种重塑的过去代替了当下真实的自我。由于重塑的自我具有代替真实的过去的可能，时尚以"梦"为装，但也并不完全是梦。

第三节　形塑审美趣味的策略

衣服在一个层面上构成了个人的社会属性[1]。时代的变革促使服装上呈现的阶级差异变得模糊。"贯穿整个 20 世纪的中产阶级消费主义浪潮模糊了阶级之间的区别，这种 19 世纪的社会阶级精英主义观念逐渐失去了动力。"[2] 但社会体制的变革并未改变人们追求差异性、个性化以及同一化的需求。作为区别人群的重要方式，时尚一方面团结特定的社会人群，一方面拒斥这个圈子之外的人群。时尚在区别自我和他人、重塑迷失的自我方面发挥着至关重要的作用。

时代的演变让品位的生成不再由某个权力阶层独创。当时装设计师拥有了更多的主动权后，这个群体也成了品位创建的重要参与者。当下时代的时尚体系展现了这样一种品味生成路径：时装设计师和相关的从业人员以及时尚媒体将设计炮制成流行推广给大众。如今的时尚体系已然成了一个合法的品位输出机制。尽管精英阶层的扮演者和以往有所区别，但西美尔的"涓滴"理论所构建的品位从精英阶层向大众流动模式依然具有解释力。"时尚既表现了同一化与个性化的冲动，又表现了模仿与独创的诱惑。"[3] "成衣时装店的出现，模糊

---

[1]　鹫田清一：《古怪的身体》，吴俊伸译，重庆大学出版社，2015 年，第 62 页。

[2]　邦尼·英格利希：《日本时装设计师：三宅一生、山本耀司和川久保玲的作品及影响》，李思达译，重庆大学出版社，2022 年，第 69 页。

[3]　齐奥尔格·西美尔：《时尚的哲学》，费勇、吴蓓译，文化艺术出版社，2001 年，第 81 页。

了社会上在时装方面的巨大鸿沟。所有的设计都追求绝对的自由。"① 一些时装设计师试图让当下的时尚机制在品位生成方面拥有更多的可能性，而不局限于特定的审美品位。

时尚一方面意味着相同阶层的联合，意味着一个以它为特征的社会圈子的共同性；但另一方面，在这样的行为中，不同阶层、群体之间的界限不断地被突破②。基于时装发布会而形成的流行现象在本质上是一种对品位的趋附，在这种趋附中，高级定制站在了制高点。大众文化、亚文化以及非西方传统的文化对当下时尚体系的运作具有不可替代的批判作用。时装设计的历程似乎反映了这样一个事实：不同时装设计师都在不同程度上在设计中注入了所在时代时尚传统以外的新元素，当这些新元素被纳入传统后，对更新的元素的呼唤就开始了。从对待审美趣味的策略差异来看，时装设计中对东方元素的转化分为对传统的维系与反叛两个方面。

一、对传统趣味的维系

"在我们今天的社会中仍然存在对高雅文化和大众文化刻意区分的意图，而时尚则是维持那种区别的方法之一，尤其是在法国。"③ 高级定制设计对审美趣味的塑造显然采取的是一种区隔的策略。

高级定制特别的体制属性决定了这个群体的设计师所设计的作品属于"精英服装"，而高级定制的手工特征则决定了这些服装的奢侈属性。这些属性让高级定制设计成为一种具有区隔品位的社会符号。

20世纪初期是高级定制蓬勃发展的年代。保罗·波烈提取了中国传统服饰的奢华特征并将其汇聚在一起。在审美趣味上，他推崇西方服饰传统中奢华瑰丽的装饰。"与后来的香奈儿相比，保罗·波烈对女性身体的解放更多的是面向过去，而非未来。"④ 20世纪20年代的装饰艺术运动促进了时装设计师以一种精巧的装饰工艺运用东方传统图案。装饰主义在时装设计中的重要影响是现代风格与装饰风格的结合与并存。卡洛姐妹、让娜·浪凡、爱德华·莫利纳以及香奈儿都在简洁的管状轮廓服装上以奢华的刺绣模仿东方图案或色彩。战争过后，尽管香奈儿和克里斯汀·迪奥对优雅的看法有所区别，但他们无一例

① 王受之：《世界时装史》，中国青年出版社，2003年，第123页。
② 齐奥尔格·西美尔：《时尚的哲学》，费勇、吴曹译，文化艺术出版社，2001年，第73页。
③ 川村由仁夜：《巴黎时尚界的日本浪潮》，施霈涵译，重庆大学出版社，2018年，第253页。
④ 李楠：《现代女装之源：1920年代中西方女装比较》，中国纺织出版社，2012年，第136页。

外地将优雅视为一种高级品位。

20 世纪 70 年代许多时装设计师在作品中引入了阶层等级。伊夫·圣洛朗礼赞巴黎的精致和优雅，他在高级定制设计中创造一种气势恢宏、态度骄矜的庄严的时尚感。伊夫·圣洛朗 1977 年秋冬的中国系列无论是材料的选择还是工艺的运用都十分奢侈，大量的锦缎、皮毛、亮片、天鹅绒、花朵及羽毛被用于制作晚礼服。约翰·加利亚诺在时装品牌克里斯汀·迪奥任职期间运用东方元素设计的时装作品不再是来自资产阶级的低调优雅，而是充满着奢华、张扬和想象中的浪漫。这种在纯粹戏剧化刺激的秀场中制造的繁复华丽、矫揉造作的特征吸引了大量年轻而活跃的客户，她们从来不看服装的价格。"Dior、Valentino 这样的品牌总会占据时尚的一席之地，它们为享有特权的人提供了他们认为独属于自己的优雅和魅力的外壳。"[1] 在当下的时装设计中，克里斯汀·迪奥和华伦天奴似乎扮演了一个坚决的传统趣味维护者的形象。

成为高级定制设计师的森英惠完全遵照已有的审美传统，运用顶级缝制工艺及技巧制作服装。她的设计运用了十分典型的日本元素，那些最早只有渔民或农民才会穿着的面料则不曾被她带到高级定制秀场，她将日本传统文化中顶级的奢华改造成符合西方传统审美的时尚。"她完全遵从了既有的服装体系，并且提供了只有顶级缝纫女工才能完成的完美无缺的制衣工艺和缝纫技巧。"[2] 与其说对西方高级定制裁剪及缝制烂熟于心的森英惠在设计中总会在不经意间体现日本传统文化的精神，不如说森英惠的时装设计在挑战西方对日本妇女的负面形象时将日本传统融入西方审美传统，并改造形成了一种被欧洲时尚体系认可的品位。

"在中国服饰美学发展史中，以错彩镂金、繁缛复赡之美作为审美判断标准的审美价值，是与服饰文化所体现的宗法制社会等级观念和等级制度之间成正比关系的。"[3] 中国宫廷服饰文化中通过繁复的技艺、奢侈的材料将王公贵族与文武百官、普通百姓区别开。郭培设计的大多数时装款式都十分注重对高档材料的选择、对工艺的精雕细琢。那些运用大量贵重材料以繁复的工艺制作出来的服装往往比普通服装重许多倍。比如"一千零二夜"系列中的压轴款式重量达 40 多千克。郭培经常会花好几年时间去做一件衣服。比如大金的制作

① 亚当·盖奇，维基·卡米拉：《时尚的艺术与批评》，孙诗淇译，重庆大学出版社，2019 年，第 11 页。

② 亚当·盖奇、维基·卡米娜：《时尚的艺术与批评》，孙诗淇译，重庆大学出版社，2019 年，第 246 页。

③ 蔡子谔：《中国服饰美学史》，河北美术出版社，2001 年，第 25 页。

时长累计超过了 5 万个小时，蕾哈娜穿过的那件黄色皇后服历时两年才制作完成。对高档品质服饰原材料的追求及对劳动力成本的大量消耗同样见于过去宫廷服饰传统之中。高级定制时装延续了这种对品位的区隔方式。郭培将这种中国传统宫廷服饰及传统技艺在继承与创新的基础上运用于高级定制设计中，中国传统错彩镂金的审美在郭培手中以新的方式输出，成了美妙绝伦的艺术品。从设计制作方面而言，郭培的设计显然选择的是一种对品位的区隔策略。

一些时装品牌如路易斯·威登、古驰等，尽管已经关闭了高级定制服务，但它们依然是传统品位的维系者。罗伯特·卡沃利这一品牌在设计中主要呈现非西方传统元素以及珍奇动物的皮草所带来的奇特外观。东方元素在该品牌的设计中以西方审美趣味为标准被设计师改造后用于满足着装爱好者的猎奇需求。

20 世纪 70 年代是一个时尚走向平民化的时代，高田贤三运用鲜亮的色彩所设计的服装符合法国传统审美，他采取的是一种让时尚平易近人的策略，但是没有严苛的体现层级制度。尽管不是全然的反叛，但也意味着对品位差异的模糊。20 世纪 70 年代时装设计走向平民化的时代背景为高田贤三这种温和的品位模糊策略提供了成长的土壤。但后来的东方时装设计师却要以更加鲜明的立场才能获得更多媒体的关注。

二、对传统趣味的反叛

统合和分化的双重作用让时尚显示出不断地对群体进行区隔又打破这种区隔的特征。"极端地追求时尚所获得的那种结合，其实反过来通过反时尚也可以获得。"[①] 故意不时尚的人以一种和潮流相反的消极方式与潮流分化，获得的与潮流背离所形成的差异成了个性化的独创。反时尚最初的定义是指那些相对而言在非常长的时间内变化非常少的服装。欧洲历史上的纨绔子弟的时尚演变方向给予了反时尚不一样的内涵。纨绔子弟的着装指向一种朝着相反的方向发展的时尚，以永不引人注意的优雅、轻描淡写的简约风格来摆脱时尚的基本元素，但却因此获得惊人的出挑特点[②]。以一种叛逆的态度对待墨守成规的多

---

① 齐奥尔格·西美尔：《时尚的哲学》，费勇、吴曹译，文化艺术出版社，2001 年，第 80 页。
② 伊丽莎白·威尔逊：《梦想的装扮：时尚与现代性》，孟雅、刘锐、唐浩然译，重庆大学出版社，2021 年，第 235 页。

数派时尚表达不同意见也是纨绔主义的特点之一①。一些理论家对时装设计师在时装设计中采取不同于主流时尚的做法称为反时尚，这样的描述目的是凸显这些设计师对主流时尚的反叛。在时装设计中，不少前卫设计师将自己与时尚流行隔离开。有一种观点认为，一些前卫设计师以激进的方式试图消灭时尚。但这些作为主流时尚以外的边缘化的时尚同样具有时尚的趋附、更迭特征。更重要的是，时装设计师对主流时尚反叛的设计行为依赖于时尚体系现有的传播方式，以及与主流时尚的对比关系。反时尚的设计并未脱离时尚的范式，而是更坚定地固定在时尚的范式之中，经由与对立面的时尚的对比再造了巴黎时尚之都的声望，即时装设计师以一种叛逆的态度拒绝传统趣味、拒绝时尚流行也是时尚的一种。

大众文化、欧洲以外的文化传统在时装设计中成为具有批判性的力量，与旧有的时尚精英群体批判性及变革力量不足不无关联。社会制度的变革以及和平的环境让大众文化在20世纪60年代获得了释放性力量。1959年，皮尔·卡丹"设计了法国第一个批量生产的成衣时装系列……他的设计打破了小批量的高级时装市场，使时装观念能够进入千家万户，对于人们的生活方式来说不啻于一场革命，对于时装行业，更是一场革命"②。1968年巴黎发生的"五月革命"昭示着时代价值观发生了明显的变化。反对闭塞的观念已经影响了上流社会。时代的变革力量叩响了时装设计民主化的大门。高级定制设计独特、技术精湛、裁剪精致、手工缝制，其代表的精英主义在历经20世纪中期最后的繁荣后，将主导地位拱手让给了象征大众时尚的高级成衣。在20世纪70年代，"反时装是这个时期时装设计的一个观念，无论是廉价的成衣还是高级时装，长短随意，穿着自然，根本不受时装规范的约束"③。朋克是一种以叛逆为特征的时尚，让-保罗·高缇耶深受朋克文化影响。朋克这种源自大众的时尚成了一种对时尚传统批判的力量。朋克对时尚、风格以及传统意义上的品位都持一种质疑的态度。20世纪80年代初期日本设计师的做法也不是对时尚传统品位及标准的肯定。在反对时尚传统趣味方面，日本时装设计师与朋克是一致的。那些在20世纪60年代被认为与时尚背道而驰的做法从20世纪80年代初期以后成了最有效的方式。三宅一生、川久保玲、山本耀司的设计作品无关性别、无关行为规范，宽松、注重服装与人体之间的空间关系，不裁剪或尽量

---

① 伊丽莎白·威尔逊：《梦想的装扮：时尚与现代性》，孟雅、刘锐、唐浩然译，重庆大学出版社，2021年，第235页。

② 王受之：《世界时装史》，中国青年出版社，2003年，第129页。

③ 王受之：《世界时装史》，中国青年出版社，2003年，第142页。

减少裁剪，这些特征否定了象征精英品位的高级定制服饰传统。川久保玲、让-保罗·高缇耶、维维安·韦斯特伍德以及山本耀司在 20 世纪 80 年代初期对传统趣味的反叛预示了时尚新的未来："20 世纪 90 年代被称为反时尚十年，街头时尚最终战胜高级时装的十年。"①

一些时装设计师对东方元素的创造性转化以一种令人发笑的幽默方式开展，由此产生的混乱破坏了有序、封闭、权威，这种破坏在巴赫金的理论中被称为狂欢化。让-保罗·高缇耶和山本耀司的一些实践表明他们将东方元素的运用引入狂欢化的实践中时，设计作品在一个轻松而有幽默感的欢乐的气氛中给予人们西方时尚传统以外的思考，让"笑"成了具有解放功能的力量。

让-保罗·高缇耶在 1984 年面对 *THE FACE* 杂志时表达了一种和西方传统理想身体所塑造的优雅之美不同的观点，他认为不好好穿的人总是最有趣的②。他明确地声明他之所以要进入高级定制是要对陈旧的设计以及过于戏剧化的设计进行反击③。让-保罗·高缇耶批判香奈儿和伊夫·圣洛朗建立起来的高级定制优雅品位是一种陈旧的、有待改变的传统，同时批判克里斯汀·迪奥这一时装品牌在 20 世纪末及 21 世纪初期将高级定制戏剧化的行为。让-保罗·高缇耶曾向《解放报》坦言，川久保玲和山本耀司刚到巴黎时他就发现了他们二者与自己具有相同的理念④：都反对 20 世纪 50 年代以来的刻板概念。但让-保罗·高缇耶采用的不是一种严谨有序的方式，渗透在他设计中的小人物形象成为一种对高雅品位的挑衅，有一种开玩笑似的戏弄、嘲讽甚至恶搞的特征，这些形象包括酒保、花商、小商贩、快递员等。让-保罗·高缇耶对东方元素创造性的转化以一种混合品位的方式进行。他的 2001 年秋冬高级定制系列将旗袍以非性感的怪诞幽默形式呈现，使得旗袍的旧面貌得以换新，嘲讽了时装设计中一切将旗袍与性感绑定在一起的纸醉金迷幻想。这个系列的怪诞和超现实特征质疑这样一个现象：将旗袍塑造为性感代名词。让-保罗·高缇耶 2010 年秋冬高级成衣系列杂糅了包括东方元素在内的诸多地区的元素，款式设计结合内衣外穿进行。这个系列对东方元素的运用被纳入一个试图抹去等级秩序、种族区别的语境中。

---

① Anne McEvoy：Fashion of a Decade：The 1990s，Chelsea House，2007：8.
② 伊丽莎白·威尔逊：《梦想的装扮：时尚与现代性》，孟雅、刘锐、唐浩然译，重庆大学出版社，2021 年，第 168 页。
③ 伊丽莎白·高丝兰：《让-保罗·高缇耶：一个朋克的多愁善感》，潘娥、廖雨辰译，重庆大学出版社，2015 年，第 225 页。
④ 伊丽莎白·高丝兰：《让-保罗·高缇耶：一个朋克的多愁善感》，潘娥、廖雨辰译，重庆大学出版社，2015 年，第 73 页。

山本耀司 1997 年春夏系列对高级定制的解构惹得在场观众爆笑不已，而山本耀司说他这么做的意图是想取笑高级定制制作精良的价值观①。当他的这个系列的时装秀落下帷幕时，现场响起了极其热烈的掌声。就连山本耀司工作 15 年来对他一向极其严厉的保守派记者也站起来为他鼓掌，其中包含当时意大利版 *VOGUE* 的主编，那一次是她第一次看完秀之后站起来鼓掌②。这场秀最终实现了"倒置"的效果，以幽默的方式对高级定制对品位的区隔给予了否定。

　　刚进入巴黎的山本耀司和川久保玲是反叛西方传统审美趣味的激进斗士。"从第一次参加巴黎发布会以来，我的设计一直与西方传统着装背道而驰。"③"西方的服装强调贴身合体。他们的着装理念认为，只有体现人体曲线的合体裁剪才是完美的设计。"④ 山本耀司设计的服装经常在异乎寻常的位置上挖洞，或者将裙子的下摆减掉，就连模特的选择以及台上的表现都和西方惯例相距甚远。这些做法让台下的摄影师及评论家一片嘘嘘。"我没有设计过目前为止流行的东西，反而总是与潮流和热门背道而驰。"⑤ 山本耀司基于"间"而开展时装设计，这种衣料和身体之间的空间不仅是人体运动所必需的空间，同时也为不同体型的人提供了所需的空间。从这个层面上而言，"间"的存在让山本耀司的设计具有更强大的包容性，不同种族、不同阶级、不同体型的人都可以被吸纳成为他的消费对象。山本耀司明确地说："通过服装想表达出来的东西……究其根本，还是对西方美学概念的反抗。"⑥ 山本耀司的大胆挑战最终将自己塑造成了反叛的权威，即便是传统观念中性感、贴身的款式也被山本耀司以自己的方式来改造，用他自己的话来说他在做"反耀司"的设计。

　　从根本上重新思考西方传统时尚审美意识，为大众提供一种新的可供参考的方向是日本设计师运用东方元素时关于审美趣味的策略。一直以来川久保玲都被视为一个前卫风格的设计师，甚至被描述为"仍在坚定的，甚至可以说是顽固地坚持着前卫的时尚风格"⑦。川久保玲 2005 年春夏的"机车芭蕾"系列把象征朋克的皮革以及暴露的粗糙缝线和芭蕾舞裙搭配在一起，秀场上模特头

　　① 田口淑子：《关于山本耀司的一切》，许建明译，广西师范大学出版社，2016 年，第 127 页。
　　② 田口淑子：《关于山本耀司的一切》，许建明译，广西师范大学出版社，2016 年，第 128 页。
　　③ 山本耀司、宫智泉：《做衣服：破坏时尚》，吴迪译，湖南人民出版社，2014 年，第 2 页。
　　④ 山本耀司、宫智泉：《做衣服：破坏时尚》，吴迪译，湖南人民出版社，2014 年，第 107 页。
　　⑤ 田口淑子：《关于山本耀司的一切》，许建明译，广西师范大学出版社，2016 年，第 232 页。
　　⑥ 山本耀司、宫智泉：《做衣服：破坏时尚》，吴迪译，湖南人民出版社，2014 年，第 153 页。
　　⑦ Menkes, Suzy: Ode to the Abstrct: When Desginer Met Dance, International Gerald Tribune, 1998 (1): 11.

戴 18 世纪法国流行的白色假发，模特脸上是川久保玲秀场上经常运用的白色妆容，但这次她把这种来自日本艺伎的妆容仅仅涂在了模特的眼部，形成犹如假面舞会面具的特点。这一场秀"颠覆了西方对高品位的注解，暴露了精英主义的偏见和小资做派"①。这个系列的作品将精英文化和大众文化的要素相混合，尝试弥合大众和精英之间的鸿沟。

川久保玲以一种激进的方式运用东方传统，向人们推荐和西方传统不同的美学和价值观，对于她而言，东方传统是她用于反叛西方传统审美及价值观的思想武器。川久保玲对通过时装进行品位区隔的做法表示不屑，过去或现在的时尚观念或者社群文化几乎很难影响川久保玲。川久保玲直言不讳地说："做出一个在传统眼光看来女人穿着好看的款式对我来说一点意思也没有。"② "我在巴黎发现了一些有趣的东西。然而那是些他们在那儿所不想承认的东西。对于那些希望坚持自己价值观的传统主义者来说，这是很麻烦的。不久之后，那些曾被深恶痛绝的东西被认可成美丽的东西。"③ 据时装品牌川久保玲的首席执行官艾德里安·乔夫表述，"身体邂逅服饰－服饰邂逅身体"系列的灵感源自川久保玲路过一家快时尚品牌盖璞（GAP）一个门店时橱窗里挂满的黑色衣服④。除了衣服本身的平庸之外，时装品牌通过市场营销手段使大众欣然接受这样的设计则让川久保玲的怒火更加猛烈⑤。这些愤怒让川久保玲决定设计身体而非服装。川久保玲设计的"身体邂逅服饰－服饰邂逅身体"系列呈现出具有怪诞身体的特质。这个系列被川久保玲认为是自己最满意的作品。经由"理想身体"标准的比对，"身体邂逅服饰－服饰邂逅身体"系列必然唤起人们思考理想身体背后的目光以及对这一目光的反抗。借由怀孕的身体腹部的隆起，这个系列中的隆起或可以指代外界对某个主体所造成的影响，如此身体即成了批判的武器。

法国高级时装联合会在 20 世纪 60 年代的改革让高级成衣获得了丰富的设

---

① 安德鲁·博尔顿、川久保玲：《川久保玲：边界之间的艺术》，王旖旎译，重庆大学出版社，2019 年，第 8 页。

② 安德鲁·博尔顿、川久保玲：《川久保玲：边界之间的艺术》，王旖旎译，重庆大学出版社，2019 年，第 130 页。

③ 安德鲁·博尔顿、川久保玲：《川久保玲：边界之间的艺术》，王旖旎译，重庆大学出版社，2019 年，第 37 页。

④ 安德鲁·博尔顿、川久保玲：《川久保玲：边界之间的艺术》，王旖旎译，重庆大学出版社，2019 年，第 126 页。

⑤ 安德鲁·博尔顿、川久保玲：《川久保玲：边界之间的艺术》，王旖旎译，重庆大学出版社，2019 年，第 128 页。

计自由，但在消费文化的裹挟下，时尚产业发生了较多的变化。川久保玲直言不讳地说："时尚产业有拿走或扭曲创造自由的趋势。"① 她的 2021 年春夏系列结合 PVC 面料进行设计，和草间弥生的波点及大眼睛一同出现在该系列中的还有唐老鸭、米老鼠等元素。全场的服装在红色灯光下偏离了原本的色彩。无论是艺术家草间弥生还是米老鼠形象，都无法脱离当今时代消费文化的魔爪。红色在这场秀中偏离了东方传统文化的内涵，代表一种强烈的控制力量。这个系列让人联想到当今社会无论是艺术家还是童年记忆都被消费文化无情地绑架。在川久保玲 2021 年春夏高级成衣系列中，东方元素成为她表达反抗当下时代消费文化的最有力符号。

法国的文化政策吸引着时尚界一切新的事物，其完整的时尚体系足以让任何一个才华横溢但不知名的设计师声名鹊起。巴黎在吸引有才华的设计师的同时也引发了这些设计师对巴黎权威的挑战，而这非但没有撼动巴黎的权威，反而让这种相反的力量成了巴黎最大的张力。川久保玲 2004 年秋冬的"暗黑罗曼史"高级成衣系列的设计从女巫开始。在川久保玲的理解中，女巫的原义是一个颇有权势的女人，是仁慈的，但由于她们的想法及行为与周围的人不一样，让人们感到恐惧，因而受到了欺凌，最终给人们留下了女巫是邪恶的印象②。女巫的形象在她 2016 年的"蓝色女巫"中再次呈现。川久保玲以其作品再次申明设计世界需要女巫，女巫代表了一个强大的女人。"没有新闻，一切都是死的……信息能使作品深刻。"③ 这是川久保玲在时尚场域内的"在场证明"。

当下被商业利润绑架的时装设计让时尚走在一条超高速的快车道上，过度的设计造成了极大的资源浪费。于个人而言，在当下消费欲望横流的时代，手工之物的丰富内涵是在于所包含的情感还是在于其稀缺？

三宅一生的时装设计作品不是为了创造一种时髦的审美，从根本上来说，他更接近于创造一种基于生活的个人风格。在时装设计面料运用方面，三宅一生一反时装设计选用奢华材质的传统，其不仅采用日本和纸、白棉布、针织棉布、亚麻等有机材质以创造出各种肌理效果，还在不断探索新材料以强调舒适

---

① 安德鲁·博尔顿、川久保玲：《川久保玲：边界之间的艺术》，王旖旎译，重庆大学出版社，2019 年，第 218 页。

② 安德鲁·博尔顿、川久保玲：《川久保玲：边界之间的艺术》，王旖旎译，重庆大学出版社，2019 年，第 185~186 页。

③ 安德鲁·博尔顿、川久保玲：《川久保玲：边界之间的艺术》，王旖旎译，重庆大学出版社，2019 年，第 182 页。

自然。显然，三宅一生对诸如"高级定制""时尚"一类隐含着对新鲜事物追求的词汇是持反对态度的。尽管如此，三宅一生始终恪守时装发布会的惯例，按时推出新的系列。

马可的品牌"无用"并不是一个商业性品牌，马可对时尚传统的反叛绝非简单地以和流行趋势背离的方式创导新的时尚。马可认为，长期使用的服装要比西方后现代主义时装消费理念所倡导的一次性的、廉价的、用后即弃的、批量生产的服装更有美感，也更好地利用了自然纤维的生命①。"奢侈的清贫"包括以下四层含义：最低限度地对物质的占有；最为充实和自由的精神生活；不执着于一切世俗的欲望，如权力、利益、名誉等；以上诸项均源于自身的主动选择，而非出于被动或无力改变现状。当今的世界，奢侈已不再奢侈，唯有清贫最为奢侈。总的说来就是：物质上的清贫，精神上的奢侈②。在"无用之土地"和"奢侈的清贫"两个系列中，马可所展示的这些服装运用了中国过去为大众提供穿着的服饰技艺。这些在当今社会环境中被列入非物质文化遗产保护名录的服饰技艺更可能因时代的变化而不复存在。马可的"奢侈的清贫"给予人们思考的不仅仅是在过度消耗地球资源的时尚领域中保持俭朴的生活态度、对更高层次的精神生活的思考、对永恒价值的追求。这个系列对时尚体制存在的工业生产基础而言是一种具有质疑的反问，同时也对过去普遍存在现在却被奉为奢侈的手工服饰生产方式发出了最深刻的疑问：为什么掌握手工技艺的人越来越少？是什么让那些掌握古老手工技艺的人不得不放弃祖辈流传下来的织造技艺？"自 19 世纪以来，高级时装一直试图通过昂贵的手工艺技术将自己与大规模生产和消费区分开来。这赋予了它独特的文化资本，从而使被崇拜的生产通过艺术的消费话语获得了象征价值。"③ 马可的两场发布会成为一种和当前时尚对抗的声音：时尚的现代性不可否认地和资本主义的本质联系在一起，在不断推陈出新的过程中，传统社会中人们所依存且为人们所赞美的服饰技艺变成了对生活无用的东西；时尚摧毁了传统社会中基于手工服饰生产技术构建起来的人与物的关系，却又把自己摧毁的东西捧上时尚的金字塔顶，那么时尚到底是什么？

马可在时装设计中对资本主义的生产和消费周期的批判是前所未有的，她将东方传统思想呈现在其设计中，反抗的不仅仅是审美趣味，还有整个时尚体

① 徐少飞、王德庆：《浅析后现代背景下的中英服装设计思路——以维维安·韦斯特伍德和马可为例》，《设计》，2015 年，第 23 期，第 85 页。
② 于青：《服装设计师马可：奢侈的清贫》，https://www.neweekly.com.cn/article/shp0034217214。
③ 卡洛琳·埃文斯：《前沿时尚》，孙诗淇译，重庆大学出版社，2021 年，第 262 页。

系。与其他设计师在批判讽刺的同时又加入其中的方式不同，马可的拒绝十分彻底，他将时尚的现代性最黑暗的一面不留情面地暴露。"时尚是资本主义经济的一部分，也是资本主义梦想世界的一部分。"① 时尚具有两面性，其中一面是永远无法否定的：时尚这个资本主义之子一直被作为一种剥削的工具。马可把过去时装设计师一直回避的问题摆在了时尚体系金字塔的顶峰。在时装设计中对生命价值的思考促进了她对时尚现代性本质的思考。马可说："无用不属于时尚或时装。第一次去巴黎做发布前我就知道，本来也没有打算一直去，在哪里、用什么形式说话都不重要，关键是说什么内容。"② 对生命的意义和精神价值的追求让马可成了一个卓尔不凡的设计师，而她本人则更愿意在一种主动选择的创造中以最俭朴的生活方式追求最奢侈富足的精神世界。

郭培的时装设计注重图案的装饰及刺绣技艺，繁复的设计让她与"少即是多"的设计没有任何关联。高级定制设计制作的费用巨大，传统的高级定制客户群体数量有限，将高品质手工服装作为艺术品收藏的时代尚未到来。郭培不得不面对诸多现实问题。VOGUE 杂志特约时尚作者及编辑林恩·耶格（Lynn Yaeger）在谈及郭培的时装设计作品时认为："这种艺术作品的存在可以将我们从日常生活中拉出来，即使只是片刻，也可以将我们带到崇高的境界。"③

"后现代主义的服装表现了对一切美学传统的蔑视。"④ "'解构主义'并非只是'消解'（de），它同时也在'建构'，即'construction'。"⑤ 前卫设计师对东方元素的创造性转化提供了一种不必遵循传统审美趣味的设计路径。一些时装设计师基于东方元素的创造性转化对传统趣味发起了猛烈攻击，时至今日先锋时装设计师依然在尝试拓展服饰审美的内涵。时尚给予了时装设计师表达激进的观点的权利和条件，即便是对时尚短暂的批判，也让我们看到了更多的可能。这些短暂的批判与连续批判一同促进着时尚场域内部空间的扩充。

---

① 伊丽莎白·威尔逊：《梦想的装扮：时尚与现代性》，孟雅、刘锐、唐浩然译，重庆大学出版社，2021 年，第 25 页。

② 冷芸：《中国时尚：对话中国服装设计师》，中国纺织出版社，2014 年，第 158 页。

③ Paula Wallace：Guo Pei Couture Beyond，Rizzoli Electa，2017：9.

④ 吴晓枫：《后现代主义思潮对当代服装设计的影响》，《装饰》，2003 年，第 2 期，第 63 页。

⑤ 宁一中、J. 希利斯·米勒、兰秀娟：《耶鲁学派、解构主义及耶鲁学者——J. 希利斯·米勒先生访谈》，《外国文学研究》，2021 年，第 3 期，第 4 页。

东方元素在时装设计中创造性转化的价值及启示

19 世纪晚期席卷欧洲的日本风潮被称为"日本主义"。20 世纪初期敦煌莫高窟的发现促进了时装设计师对中国的关注。西方时装设计师在这样的环境中汲取养分改造着自己的传统。如美术史上印象画派的大师们从欧洲以外的艺术中汲取灵感那样，20 世纪初期的时装设计师通过对东方元素的运用代替欧洲服装在走向立体化过程中遗失的珍宝，时装设计师运用东方元素的实践给予了时装设计变革的力量。时装设计中对东方元素的运用从以西方设计师为主导演变为东西方设计师共同主导。20 世纪 70 年代以后，东方设计师的参与促进了时装设计中运用东方元素在作品风格、设计方法方面走向多元化。东西方时装设计师的共同参与让时装设计中运用东方元素的范围不断扩大，并促进了西方时装设计师对东方元素的运用不断深入。这无疑使运用东方元素的时装设计作品风格变得更加多样，运用手法变得更加丰富，即便是典型的东方传统款式也在不同时代不同时装设计师手中演绎出不同的风格。时装设计师通过对东方元素的转化获得了设计上的独特性，基于这种独特性所带来的连锁反应，我们得以窥探东西方文化如何维护自己，以及如何弥补各自所缺乏的东西。

一、东方元素在时装设计中的创造性转化在服装史中的价值

时装设计中对东方元素的创造性转化不是简单的东方主义的复兴。

东方元素在时装设计中的创造性转化促进了时装设计师对时装设计的美学内涵深入探索。东方时装设计师用自己的方式在时尚体系中倡导与西方传统不一样的时尚。东方时装设计师运用东方元素的历程与其对西方时尚传统中身体与服装、女性与男性、高雅与通俗、服装与非服装等问题的质疑相伴而生。东方时装设计师的设计实践无疑促进了时装设计实践对上述问题的边界的拓展，

同时促进了时装设计构建新的美学内涵。安德鲁·博尔顿认为，西方时装设计师更多地被时尚而不是被逻辑驱使去追求一种表面的美学，即某种并非被文化语境制约的本质①。但时装设计对东方元素转化时所采用的方法以及策略显示了安德鲁·博尔顿所说的仅仅是诸多西方时装设计师对东方元素转化的一个方面。让-保罗·高缇耶对东方元素的创造性转化让我们看到了比表面美学更深刻的内涵。乔治·阿玛尼的实践为我们展示了西方时装设计师如何在表面之外以更深刻的方式促进东西方文化的融合。三宅一生将东方思想在时装设计中的创造性转化表明时装设计不仅是一种视觉实践，通过用服装的内在精神取缔外部视觉刺激，时装设计可以从表面的视觉体验飞升至身心自由的精神境地。时装设计师对东方元素的创造性转化促进了解构主义风格成为一种更广泛的风格。东西方时装设计师将东方元素在时装设计中的创造性转化促进了东方韵味这种风格的形成，尽管对于诸多时装风格而言，东方韵味这种风格是极小的一个分支，但决不能否认的是东方韵味这一时装设计风格是独特的，具有其他时装设计风格难以比拟且深刻的东方思想内涵。

东西方时装设计师对东方元素的创造性转化促进了双方的文化视野不断扩大，促进了双方在这个过程中汲取对方的优势用于实现对自我的变革。时装设计中对东方元素的运用历程表明作为设计要素的东方元素类别在时装设计中不断扩充，对每一种设计要素类别的运用不断深入，东西方时装设计师运用各种方法结合时代的精神将东方元素运用在时装设计中。东方元素在时装设计中的创造性转化被纳入对西方古典范畴、服饰文化传统、时尚体制秩序的否定、嘲弄及破坏的语境中，成为一种对僵化的时尚传统范畴的批评的力量。西方时装设计师在 21 世纪以来在设计中对东方元素的运用表明，尽管传统依然根深蒂固，但以让-保罗·高缇耶为首的西方时装设计师的实践对一直以来西方存在的对东方的刻板印象进行了反思，这种自我批判的方式促进了西方时装设计师实现对自我的超越。借助西方时装时尚体系，东方时装设计师对东方元素的创造性转化被纳入比自身传统更广阔的对话平台，这促进了扭转西方时装设计师在设计中运用东方元素时对东方的刻板印象，更促进了东方传统文化与时代精神的深度融合。

东方元素在时装设计中的创造性转化促进了对国际化时装语言的重建。在时尚传统由封闭走向开放的历程中，时装设计师通过对东方元素在时装设计中

---

① 安德鲁·博尔顿：《镜花水月：西方时尚里的中国风》，胡杨译，湖南美术出版社，2017 年，第 19 页。

的创造性转化获得的变革力量无疑是一个强有力的推进动力。东西方时装设计师在时装设计中对东方元素的运用都为时尚注入了新鲜血液。时装设计中东方元素的创造性转化对东西方文化差异带来了时尚应该怎样塑造身体、身份、审美趣味等方面的问题，东西方时装设计师就此展开了激烈的讨论，甚至是一场博弈。基于这样的博弈，时尚的可能性被扩展，服饰之美的内涵被扩充，时尚场域的容量被扩大、弹性被增强。

时装设计师对东方元素的创造性转化有力地提升了时尚场域对新鲜事物的吸纳能力，促进了时装设计师对美的多元性探索。时装设计运用东方元素的历程亦是服饰审美观念从单一变为多元的历程。在这个过程中，以保罗·波烈为首的时装设计师对东方元素的运用提供了诸多不同于西方服装传统的设计思路，启发了西方时装设计师将欧洲以外其他地区的文化、传统融入时装设计中。日本设计师最早让时尚界看到了与西方不一样的审美理念，而后随着这些设计师的作品持续发布所带来的影响力，更多的设计师参与到了其中。

20世纪80年代川久保玲和山本耀司的设计预示了时装设计中反华丽和反美学风格的到来，更宣告了无性别主义和反消费主义的诞生①。在质疑什么是时尚、什么是风格，粉碎固有的美的观念、抨击品位的概念等方面，20世纪80年代的"日本主义"本质上是朋克时尚的延续。如果说朋克借助了亚文化之力塑造了一个新的身份，那么第一代闯荡巴黎的日本设计师则促进塑造了一个新的日本民族身份。在未来，来自中国和印度的时装设计师对东方元素的运用也将在时尚领域开启对自我民族身份的重建。

流行是在国际时装品牌发布新品的系列活动以及大众对国际品牌服饰选择性趋附的双向活动中实现的，运用东方元素时装设计作品的消费者因全球化的影响而遍布世界各地。时装设计中对东方元素的创造性转化促进了人们日常生活着装行为及观念的变化。无论是山本耀司还是川久保玲，他们的设计都让人们的日常生活更多地与前卫关联在一起。东方元素无疑促进了欧美地区的大众打破因欧洲传统文化的影响而形成的对黑色、黄色近乎僵化的认识。人们在日常生活中逐渐接受黑色服装主要是20世纪80年代起受日本设计师影响的结果。"山本耀司在重新调整过去三十年中黑色在社会中所扮演的角色方面，起到了比其他任何设计师都大的作用。"② 时装设计中对黄色运用的频率似乎显

---

① 邦尼·英格利希：《日本时装设计师：三宅一生、山本耀司和川久保玲的作品及影响》，李思达译，重庆大学出版社，2022年，第64页。
② 邦尼·英格利希：《日本时装设计师：三宅一生、山本耀司和川久保玲的作品及影响》，李思达译，重庆大学出版社，2022年，第79页。

示出当下时代西方文化对过去黄色所蕴含的消极意义已经极大地被消除了。日本时装设计师促进了有残缺特征的破烂风的掀起，这些着装风格在大众的生活中留下了深刻的烙印，模糊了日常生活中人们对服装新与旧、美与丑的界线。

二、东方元素在时装设计中创造性转化的学术价值

东方元素在时装设计中的转化显示了一种比东方主义、后殖民主义及汉学主义理论更复杂的情形：东方元素转化的生产者是东西方时装设计师，但时装设计生产活动并不完全是在西方的意识形态、认识论、方法论的指导下进行的，东方时装设计师在将东方元素转化到时装设计中时所运用的设计方法并不完全依赖于西方时装设计中已有的传统。在以西方为主导的时尚行业中，东方时装设计师关于东方元素的运用与西方的对话依赖于以法国巴黎为中心的时尚体制。法国时尚体制给予了巴黎生产品位、塑造优秀时装设计师的特权。基于对这种特权的保护，法国时尚体制不得不通过不断地改革来容纳新的时尚观念，并不断地促进新的时尚产生。这就无法避免地带来了对旧传统的挑战，促使时尚走向多元。东方时装设计师以现代时尚语言运用东方元素的态度、方法，通常被视为对西方时装设计师就有关问题的探讨所做出的回应。面对西方对时装流行的强大制造能力，在大多数情况下，三宅一生、川久保玲、山本耀司、马可等东方设计师的"回应"显示了他们对西方时装文化传统关于身体意识、审美趣味、身份的反叛。东方时装设计师将东方元素创造性地转化到时装设计中时借用了巴黎的时装体系，展现了东方文化博大的底蕴，但也在设计中融入了西方服饰元素。

让－保罗·高缇耶、山本耀司、川久保玲、马可等时装设计师对东方元素的创造性转化表明，后现代美学的戏谑所具有的内涵之一是以倒置或狂欢化或对传统秩序否定的方式追求表面美学之外的真相。时装设计师对东西方历史及过去的碎片式拼凑所获得的偶然性或破坏性外观成了一种创造。时装设计师对东方元素的运用将过去及当下的各种资料随意组合，呈现了一种错位的逻辑，这种有"拾荒"特征的设计以一种对历史线性破坏的方式混合形成新事物在当下被用于构建时代的意义。

在消费文化的表层之下，三宅一生、川久保玲、马可等时装设计师对东方元素在时装设计中的创造性转化呈现了他们在美学与资本主义景观幻象之间的抗争。时装设计是一种自我毁灭的终极活动，新设计对旧设计的毁灭让时尚呈现出恋物特征，对象是被消费的商品而非其他。在诸多设计师对东方元素的创

造性转化中，马可在时装设计中运用东方思想对时尚的本质暴露，这对时尚从业者及大众而言无疑是一种深刻的警醒。

时装设计中对东方元素的创造性转化是探索时尚现代性的"自反"特征的重要路径。"时尚清晰地体现了资本主义消费的矛盾性"①，时装设计师对东方元素创造性转化过程中对身体、性别、自我与他者、审美趣味等问题的塑造中展示了现代性所具有的自我审视内涵。"如果我们即将走到尽头，就会有无限的能力在当下重塑主体，尤其是通过自我塑造。"② 时尚的现代性本质决定了它不会被过去及现在束缚。时装设计中对东方元素的创造性转化是在时代变化之下催生出对自我的探寻，是对变化中的自我及社会的呈现。一些理论家将这样的自我塑造称为"自反"，并将其作为现代性的内在特征。"尽管时尚景观掩盖了商业交易，但同时，它也可以成为设计自我的蓝图。"③ 时装设计师对东方元素的创造性转化不仅投射着过去，同时还展示着未来，并在这一过程中深刻地展示了时装设计师塑造自我的自觉意识。

三、东方元素在时装设计中创造性转化的启示

东方时装设计师至今为止对东方元素的创造性转化所获得的成就表明，不论是有意还是无意，民族文化遗产都是东方时装设计师在时尚体系里收获着最高赞美的有效武器。东方时装设计师对东方元素的创造性转化显示了传统思想在东西方的博弈中给予了设计师强大的力量，当这种力量以面向未来的方式与时装设计结合时，历史文化的种子即在当下时代开花。良好的延展性是传统美学具有生命力的表现。在微观层面上，时装品牌在过去运用东方元素的款式基础上进行衍义，其本质是对该品牌美学传统的延伸，这一方式让品牌在适应时代新变化的过程中为消费群体提供了新的选择。在宏观层面上，对于西方时装品牌而言，对东方元素的转化是其诸多设计实践的一方面，但对于东方设计师而言，具有延展性的传统美学是其服装品牌的立身之本。基于对东方传统文化思想内涵的挖掘，三宅一生、川久保玲及山本耀司在时尚界站稳了脚跟。面对一个由西方占据统治地位的时尚领域，东方设计师在让自身获得认可的过程中都有效地运用了自己的"民族牌"。东方时装设计师在作品中呈现的有别于所

---

① 卡洛琳·埃文斯：《前沿时尚》，孙诗淇译，重庆大学出版社，2021年，第57页。
② 卡洛琳·埃文斯：《前沿时尚》，孙诗淇译，重庆大学出版社，2021年，第281页。
③ 卡洛琳·埃文斯：《前沿时尚》，孙诗淇译，重庆大学出版社，2021年，第281页。

在时代主流的东方文化独特性，以及设计师的民族身份无疑促进了东方时装设计师走向成功。

东方时装设计师在探索具有自己民族特点的服饰美学方面有着不可推卸的责任。得益于日本杰出的时装设计师，世界时装史上关于日本元素的时装已经跨过了"日本主义"和"异国情调"的阶段。在当下更具普遍性和前端性的时尚中，日本时装占据了一席①。"破、解、离"是日本走向巴黎第一代设计师的美学，走在了时尚的尖端，但不可否认的是，这是一种来自弱者的抵抗②。时装设计师对东方元素的创造性转化方法及策略为新兴设计师提供了有价值的参考。当下越来越多的中国及印度时装设计师走上国际舞台，这让我们看到未来时装设计中对东方元素的创造性转化将有更丰富、更深入的探索成果。

时尚场域有着吸纳相反力量而扩大场域张力的特征，在过去被称为前卫的时装设计如今已经成为一种风格。"理念可以被构想为处理时尚体系、身体和性别意识等问题的方式。从 20 世纪 90 年代开始，许多主题时装系列便采用在行为艺术背景下发展起来的一系列方法。"③ 将传统文化与当代艺术所围绕的问题同已有的做法展开对话，这是在巴黎获得成功的日本设计师以及受其影响的设计师为当下的服装设计实践提供的重要参考。反叛成就了时尚界对川久保玲的认可。川久保玲说她绝对不会放弃的是自己的叛逆能力，如果她停止反叛，那她就不可能创造任何新东西了④。留给青年设计师去探索的真正前卫是在已知当下一切现实的情况下依然不断给予人们窥视未来的答案和惊喜。

---

① 鹫田清一：《古怪的身体》，吴俊伸译，重庆大学出版社，2015 年，第 189 页。
② 鹫田清一：《古怪的身体》，吴俊伸译，重庆大学出版社，2015 年，第 204 页。
③ 邦尼·英格利希：《日本时装设计师：三宅一生、山本耀司和川久保玲的作品及影响》，李思达译，重庆大学出版社，2022 年，第 252 页。
④ 川村由仁夜：《巴黎时尚界的日本浪潮》，施霁涵译，重庆大学出版社，2018 年，第 190 页。

参考文献

图书：

[1] 西美尔. 时尚的哲学 [M]. 费勇，吴䘏，译. 北京：文化艺术出版社，2001.

[2] 巴特. 流行体系 [M]. 敖军，译. 上海：上海人民出版社，2016.

[3] 布尔迪厄. 区分：判断力的社会批判 [M]. 刘晖，译. 北京：商务印书馆，2015.

[4] 福塞尔. 格调：社会等级与生活品味 [M]. 梁丽真，乐涛，译. 北京：北京联合出版公司，2017.

[5] 罗卡莫拉，斯莫里克. 时尚的启迪：关键理论家导读 [M]. 陈涛，李逸，译. 重庆：重庆大学出版社，2021.

[6] 威尔逊. 梦想的装扮 [M]. 孟雅，刘锐，唐浩然，译. 重庆：重庆大学出版社，2021.

[7] 埃文斯. 前沿时尚 [M]. 孙诗淇，译. 重庆：重庆大学出版社，2021.

[8] 恩特维斯特尔. 时髦的身体 [M]. 郜元宝，译. 桂林：广西师范大学出版社，2005.

[9] 盖奇，卡米拉. 时尚的艺术与批评 [M]. 孙诗淇，译. 重庆：重庆大学出版社，2019.

[10] 鹫田清一. 古怪的身体 [M]. 吴俊伸，译. 重庆：重庆大学出版社，2015.

[11] 鹫田清一. 时尚的迷宫 [M]. 吴俊伸，译. 重庆：重庆大学出版社，2019.

[12] 扬. 文化挪用与艺术 [M]. 杨冰莹，译. 武汉：湖北美术出版社，2019.

［13］林毓生. 中国传统的创造性转化［M］. 北京：生活·读书·新知三联书店，2011.

［14］费孝通. 文化与文化自觉［M］. 北京：群言出版社，2012.

［15］宗白华. 美学与艺术［M］. 上海：华东师范大学出版社，2017.

［16］李泽厚. 美的历程［M］. 北京：生活·读书·新知三联书店，2009.

［17］宗白华. 美学散步［M］. 上海：上海人民出版社，1981.

［18］蔡子谔. 中国服饰美学史［M］. 石家庄：河北美术出版社，2001.

［19］蒋勋. 美的沉思［M］. 长沙：湖南美术出版社，2014.

［20］金丹元. 禅意与化境［M］. 沈阳：辽宁美术出版社，2018.

［21］大西克礼. 日本美学三部曲：侘寂［M］. 曹阳，译. 北京：北京理工大学出版社，2020.

［22］王受之. 世界时装史［M］. 北京：中国青年出版社，2003.

［23］弗格. 时尚通史［M］. 陈磊，译. 北京：中国画报出版社，2020.

［24］王受之. 时尚时代［M］. 北京：中国旅游出版社，2008.

［25］李当岐. 西洋服装史［M］. 北京：高等教育出版社，1995.

［26］李当岐. 服装学概论［M］. 北京：高等教育出版社，2005.

［27］周锡保. 中国古代服饰史［M］. 北京：中国戏剧出版社，1984.

［28］袁仄. 中国服装史［M］. 北京：中国纺织出版社，2005.

［29］华梅. 中国服装史［M］. 北京：中国纺织出版社，2018.

［30］包铭新，曹喆. 国外后现代服饰［M］. 南京：江苏美术出版社，2001.

［31］周梦. 传统与时尚：中西服饰风格解读［M］. 北京：生活·读书·新知三联书店，2011.

［32］高桥健自. 图说日本服饰史［M］. 李建华，译. 北京：清华大学出版社，2016.

［33］李楠. 现代女装之源：1920 年代中西方女装比较［M］. 北京：中国纺织出版社，2012.

［34］泷泽静江. 和服之美［M］. 杜贺裕，译. 厦门：鹭江出版社，2018.

［35］博尔顿. 镜花水月：西方时尚里的中国风［M］. 胡杨，译. 长沙：湖南美术出版社，2017.

［36］川村由仁夜. 巴黎时尚界的日本浪潮［M］. 施霎涵，译. 重庆：重庆大学出版社，2018.

［37］博尔顿，川久保玲. 川久保玲：边界之间的艺术［M］. 王旖旎，译. 重庆：重庆大学出版社，2019.

[38] 英格利希. 日本时装设计师：三宅一生、山本耀司和川久保玲的作品及影响 [M]. 李思达，译. 重庆：重庆大学出版社，2022.

[39] 王晓威. 国际时装大师与作品 [M]. 北京：中国轻工业出版社，2011.

[40] 田口淑子. 关于山本耀司的一切 [M]. 许建明，译. 桂林：广西师范大学出版社，2016.

[41] 山本耀司，宫智泉. 做衣服：破坏时尚 [M]. 吴迪，译. 长沙：湖南人民出版社，2014.

[42] 山本耀司，满田爱. 山本耀司：我投下一枚炸弹 [M]. 化滨，译. 重庆：重庆大学出版社，2014.

[43] 文德斯，北野武. 山本耀司 [M]. 史阳梦，译. 北京：新星出版社，2018.

[44] 迪奥. 迪奥的时尚笔记 [M]. 潘娥，译. 重庆：重庆大学出版社，2015.

[45] 胡元斌. 服装大师皮尔·卡丹 [M]. 沈阳：辽海出版社，2017.

[46] 冷芸. 中国时尚：对话中国服装设计师 [M]. 北京：中国纺织出版社，2014.

[47] 高丝兰. 让-保罗·高缇耶：一个朋克的多愁善感 [M]. 潘娥，廖雨辰，译. 重庆：重庆大学出版社，2015.

[48] 刘晓刚. 品牌服装设计 [M]. 上海：东华大学出版社，2019.

[49] 戈布林. 时尚的自白 [M]. 邓悦现，译. 重庆：重庆大学出版社，2019.

[50] 田自秉，吴淑生，田青. 中国纹样史 [M]. 北京：高等教育出版社，2003.

[51] 郑军，余丽慧. 中国传统装饰图案 [M]. 上海：上海辞书出版社，2017.

[52] 黄炎藩. 潮绣 [M]. 广州：岭南美术出版社，2014：89.

[53] 曾启雄. 绝色：中国人的色彩美学 [M]. 南京：译林出版社，2019.

[54] 日本文化学园服饰博物馆. 世界服饰纹样图鉴 [M]. 王平，常耀华，译. 北京：机械工业出版社，2020.

[55] 王金华. 中国传统服饰：清代服装 [M]. 北京：中国纺织出版社，2015.

[56] 中国服装协会. 2019—2020中国服装行业发展报告 [M]. 北京：中国纺织出版社，2020.

［57］中国服装协会. 2020—2021 中国服装行业发展报告［M］. 北京：中国纺织出版社，2021.

［58］中国服装协会. 2021—2022 中国服装行业发展报告［M］. 北京：中国纺织出版社，2022.

［59］中国服装协会. 2022—2023 中国服装行业发展报告［M］. 北京：中国纺织出版社，2023.

［60］中国服装协会. 2023—2024 中国服装行业发展报告［M］. 北京：中国纺织出版社，2024.

［61］贡布里希. 艺术的故事［M］. 范景中，杨成凯，译. 南宁：广西美术出版社，2008.

［62］张晨阳，张珂. 中国古代服饰辞典［M］. 北京：中华书局，2015.

［63］吴山. 中国历代服装染织、刺绣辞典［M］. 南京：江苏美术出版社，2011.

［64］王受之. 世界现代设计史［M］. 北京：中国青年出版社，2015.

［65］李砚祖. 艺术设计概论［M］. 武汉：湖北美术出版社，2009.

［66］朱活. 古钱小辞典［M］. 北京：文物出版社，1995：230.

［67］梁思成.《营造法式》注释［M］. 北京：生活・读书・新知三联书店，2013：554.

［68］乐文斯基. 世界上最具影响力的服装设计师［M］. 周梦，郑姗姗，译. 北京：中国纺织出版社，2014.

［69］ADAM G. Fashion and Orientalisrn：Dress，Textiles and Culture from the 17th to the 21th Century［M］. New York：Bloomsbury Academic，2013.

［70］CRANE，DIANA. The Transformation of the Avant－Garde：the New York Art Word 1940－1985［M］. Chicago：University Chicago Press，1987.

［71］CARNEGY V. Fashion of a Decade：The 1980s［M］. New York：Chelsea House，2007.

［71］ANNE M. Fashion of a Decade：The 1990s［M］. New York：Chelsea House，2007.

期刊：

［1］刘京臣. "两创"：扬中华优秀传统文化的根本遵循［J］. 文学遗产，2018

(5)：25—33.

[2] 王新. 论民间艺术创造性转化的类型与机制 [J]. 中国文艺评论，2018 (7)：11.

[3] 吴郑宏. "文化挪用"在时尚设计视域的创建研究 [J]. 美术大观，2020 (10)：142—145.

[4] 赵奎英. 当代艺术发展引发的四大美学问题 [J]. 文艺理论与批评，2022 (4)：4—21.

[5] 潘长学，胡新叶. 从当下存在看艺术的未来——当代挪用艺术创作美学维度的理论溯源与审美批判 [J]. 艺术百家，2021 (1)：49—58.

[6] 刘晓刚. 设计风格与风格设计 [J]. 中国纺织大学学报，1996 (3)：5—8.

[7] 刘晓刚. 关于前卫、创意、实用的划分 [J]. 中国纺织大学学报，1997 (6)：75—77.

[8] 吴群涛. 朋克文化身份的"三重变奏"[J]. 武汉理工大学学报（社会科学版），2016 (3)：348—353.

[9] 徐少飞，王德庆. 浅析后现代背景下的中英服装设计思路——以维维安·韦斯特伍德和马可为例 [J]. 设计，2015 (23)：83—85.

[10] 吴晓枫. 后现代主义思潮对当代服装设计的影响 [J]. 装饰，2003 (2)：62—63.

[11] 孙涛，吴志明. 东西方服装设计师运用中国服饰元素的差异分析 [J]. 东华大学学报（社会科学版），2005 (3)：44—47.

[12] 宁一中，米勒，兰秀娟. 耶鲁学派、解构主义及耶鲁学者——J. 希利斯·米勒先生访谈 [J]. 外国文学研究，2021 (3)：1—12.

[13] 淳晓燕. 从纹饰图案符号解析 MANISH ARORA 品牌的印度文化内涵 [J]. 艺术与设计（理论），2018 (9)：29—31.

[14] 陈琳卓，孙佳仪. 传统门襟装饰纹样及其工艺研究 [J]. 艺术研究，2022 (2)：147—149.

[15] 李宏复. 潮绣的传承与商品化 [J]. 文化遗产，2010 (3)：78—84.

[16] 罗洁，廖煜容. 广绣与潮绣的艺术风格与工艺比较研究 [J]. 装饰，2022 (1)：114—118.

[17] 曲琛. 文化视域下高级定制时装美学价值与艺术形式研究 [J]. 美术大观，2020 (7)：148—149.

[18] 夏翔. 奢侈品中的设计价值 [J]. 新美术，2016 (11)：111—114.

［19］费瑟斯通，虞建华. 奢侈品动力论［J］. 陕西师范大学学报（哲学社会科学版），2012（6）：30-37.

［20］王焱. 奢侈品设计研究［J］. 艺术百家，2006（2）：82-85+79.

［21］谷鹏飞，赵琴. 中国当代服饰审美风尚与主体身份认同关系的嬗变［J］. 社会科学战线，2012（6）：147-153.

［22］陈立胜. 身体：作为一种思维的范式［J］. 东方论坛，2002（2）：12-20.

［23］胡悦晗. 服饰品位与身体观——民国时期上海知识群体的生活习性（1927—1937）［J］. 史学理论研究，2015（3）：82-92.

［24］戴耕. 身体与服装：西方服饰文化透视［J］. 深圳大学学报（人文社会科学版），2004（3）：112-115.

学位论文：

［1］刘晓刚. 基于服装品牌的设计元素理论研究［D］. 上海：东华大学，2005.

［2］李宁. 关于中国元素在高级定制时装中的应用研究［D］. 上海：东华大学，2010.

［3］毋海娟. 中国元素在高级时装中的应用与反思［D］. 北京：北京服装学院. 2012.

［4］柳文海. 传统文化元素在当代服装设计中的运用［D］. 武汉：湖北美术学院，2019.

［5］郑欣. 东方元素在郭培时装中的运用［D］. 哈尔滨：哈尔滨师范大学，2019.

［6］白永芳. 哈尼族女性传统服饰及其符号象征［D］. 北京：中央民族大学，2005.

［7］黄敏婕. 藏族邦典色彩构成研究及现代应用［D］. 杭州：浙江理工大学，2020.

［8］陈灵姗. 中国传统铜钱纹拼布研究［D］. 北京：北京服装学院，2020.

［9］施晓凤. 潮绣图案艺术风格研究［D］. 广州：广东工业大学，2017.

［10］张莹. 禅学思想对日本现代服饰的影响研究［D］. 杭州：浙江理工大学，2015.

［11］王嘉睿. 现代服装设计中侘寂美学风格研究［D］. 上海：东华大学，2021.

[12] 邓乔云. "反时尚"设计理念在时装设计中的表现与应用［D］. 北京：中央美术学院，2019.

[13] 王朋. 极简主义风格在服装设计中的应用与研究［D］. 武汉：武汉纺织大学，2014：20.

[14] 韩琳娜. 保罗·波烈女装设计的身体观研究［D］. 武汉：武汉纺织大学，2013.

[15] 金艳. 媒体服饰话语中身份认同的建构与消解［D］. 武汉：华中科技大学，2009.

[16] 黄雨水. 奢侈品品牌传播研究［D］. 杭州：浙江大学，2011.